江苏省"十四五"重点出版物出版规划项目
国家自然科学基金青年科学基金项目（42201271）
国家自然科学基金青年科学基金项目（42201277）
国家自然科学基金青年科学基金项目（41807059）
中国资源型城市转型发展与乡村振兴研究中心（高端智库）（2021WHCC03）资助

东北低山丘陵区土壤侵蚀格局及耕地退化防治

祝元丽　王冬艳　石璞◎著

中国矿业大学出版社
·徐州·

图书在版编目(CIP)数据

东北低山丘陵区土壤侵蚀格局及耕地退化防治 / 祝元丽，王冬艳，石璞著. — 徐州 ：中国矿业大学出版社，2024. 7. — ISBN 978 - 7 - 5646 - 6352 - 0

Ⅰ. S157;F323.211

中国国家版本馆 CIP 数据核字第 2024K3C886 号

书　　名　东北低山丘陵区土壤侵蚀格局及耕地退化防治

著　　者　祝元丽　王冬艳　石　璞

责任编辑　姜　翠

出版发行　中国矿业大学出版社有限责任公司

（江苏省徐州市解放南路　邮编 221008）

营销热线　(0516)83885370　83884103

出版服务　(0516)83995789　83884920

网　　址　http://www.cumtp.com　**E-mail**:cumtpvip@cumtp.com

印　　刷　苏州市古得堡数码印刷有限公司

开　　本　710 mm×1000 mm　1/16　**印张** 15　**字数** 270 千字

版次印次　2024 年 7 月第 1 版　2024 年 7 月第 1 次印刷

定　　价　66.00 元

（图书出现印装质量问题，本社负责调换）

前　言

东北低山丘陵区是我国黑土资源集中分布区域的重要组成部分，具有显著的农业利用优势，对保障新形势下我国的粮食和生态安全至关重要。1949 年以来，大规模、高强度的土地开发利用以及开垦过程中水土保持措施的缺失导致黑土区成为我国土壤侵蚀问题较为严重的地区之一。尤其是低山丘陵区，因其漫川漫岗的地形条件，成为土壤侵蚀发生的重灾区，严重影响了其耕地生产力和区域生态系统服务功能。因此，提高土壤侵蚀表征指标的精度、揭示区域土壤侵蚀强度的空间分布格局是遏制黑土退化、实现黑土资源可持续利用的关键科学问题之一。目前，区域土壤侵蚀格局的研究多围绕土壤侵蚀模型展开，其中土壤可蚀性这一关键因子的量化主要依赖于低密度点状土壤信息数据，难以准确表征其空间连续分布特征，从而使土壤侵蚀强度计算和空间格局分析精度大大降低。同时，黑土退化是自然因素和人为因素共同作用的结果，不合理的土地利用是加剧区域土壤侵蚀的重要因素之一。以往的研究多局限于针对不同土地利用类型的土壤侵蚀量估算，不足以全面揭示土壤侵蚀对土地利用变化的响应关系。针对以上问题，建立高时效、高空间分辨率的土壤可蚀性量化与空间表征方法，在对土壤侵蚀格局进行高精度空间表征和侵蚀热点区识别的基础上，揭示土地利用对耕地土壤侵蚀空间分异特征的影响，是探讨黑土退化机理，制定黑土区耕地利用与保护政策的基础，可以为国家黑土地保护工程的实施提供理论和数据支撑。

本书选择东北低山丘陵区的长春市九台区为研究区，旨在从县域尺度开展土壤侵蚀格局及其对土地利用变化响应关系的研究。首先，通过建立以多时相哨兵二号（Sentinel-2）遥感为核心的土壤有机碳（soil organic carbon，SOC）高精度反演方法，为土壤可蚀性因子高精度量化和高分辨率空间表征提供数据支撑；其次，将基于高光谱遥感反演的土壤可蚀性因子数据引入通用土壤流失方程(revised universal soil loss equation,RUSLE),实现研究区土壤侵蚀强度的测算和空间格局分析,识别侵蚀热点区;然后,基于地理加权回归(geographical weighted regression,GWR)模型,探究土壤侵蚀格局与土地利用变化因子的关系,分析土地利用强度和耕地景观破碎度对土壤侵蚀的影响;最后,基于生态安全约束强度设置不同退耕情景,通过对比各情景下耕地数量、质量与生态效益,拟定退耕方案,为区域水土保持措施的精准落地和宏观土地管理政策的制定提供依据。

(1) 基于高光谱遥感反演的土壤可蚀性因子空间表征

SOC含量与土壤可蚀性之间具有极显著的相关性,因此常被作为核心指标进行RUSLE中土壤可蚀性因子的计算。但受限于研究区高分辨率SOC数据的缺失以及传统湿式化学方法进行大尺度、多频次SOC量化的高成本,目前尚缺乏土壤可蚀性因子高效测算和空间精细表征的方法体系。

针对此瓶颈,本书立足哨兵二号遥感反演地表土壤参数的最新研究进展,建立以多时相哨兵二号图谱特征为核心的SOC高精度量化和高分辨率空间制图方法,为土壤可蚀性因子的空间可视化提供数据支撑。研究结果表明:通过哨兵二号裸土像元提取与多时相合成、偏最小二乘法SOC反演模型构建、预测值不确定性分析等核心手段,实现了基于多时相哨兵二号裸土图谱特征的SOC含量预测($R^2=0.62$,RMSE$=0.17$),生成了研究区10 m分辨率的耕地表土SOC分布图。与单一日期遥感反演相比,多时相裸土像元光谱数据集可以提供鲁棒性更强、耕地覆盖范围更大、精度更高的SOC预测模型;与基于近地高光谱数据的SOC预测模型对比发现,星陆双基SOC高光谱反演预测中起决定性作用的波段呈高度一致性(均为短波红外波段),进一步印证了以哨兵二号数据进行SOC含量预测的稳定性和可行性。以像元级SOC分布数据为基础,进一步建立了土壤可蚀性因子测算和高分辨率空间表征新方法,生成了研究区土壤可蚀性因子的空间分布图,为RUSLE的深化应用和土壤侵蚀空间格局分析奠定了坚实的数据基础。

(2) 研究区土壤侵蚀空间格局及侵蚀热点区坡面土壤有机碳迁移-再分布规律

高精度、高时效的土壤侵蚀格局空间表征和侵蚀热点区识别对于查明区域土壤侵蚀程度和范围以及区域水土保持措施的精准落地至关重要。本书以RUSLE框架为基础,在高分辨率土壤可蚀性因子的数据支撑下,开展研究区土壤侵蚀量的估算和其空间分布特征研究，把不同侵蚀强度理解为各种侵蚀强度镶嵌而成的侵蚀景观，进行了土壤侵蚀景观格局分析。另外，本书在土壤侵蚀热点区，进行了坡面尺度下土壤侵蚀驱动的SOC空间迁移、再分布和转化规律研究。

研究发现：2019年研究区耕地土壤总体侵蚀状况以微度和轻度侵蚀为主，受极强度和剧烈侵蚀影响的耕地范围所占比例相对较小，土壤侵蚀模数的平均值为7.09 $t \cdot hm^{-2} \cdot a^{-1}$。综合土壤侵蚀空间聚集性和热点分析结果来分析土壤侵蚀空间分布特征得知：研究区耕地土壤侵蚀强度较严重的地区集中分布于东南部以及东北部的坡耕地。随着海拔高度和地形坡度的增加，微度和轻度侵蚀地区所占比例逐渐减小，而极强度和剧烈侵蚀所占比例逐渐增大，这与地势复杂区水力和耕作侵蚀互作引发的SOC时空迁移和流失导致的土壤可蚀性升高密切相关。微度和轻度土壤侵蚀类型的分布较为集中，但是形状比较复杂，极强度和剧烈侵蚀的分布零散，并且景观形状较为简单。

为进一步探究土壤侵蚀与土壤团聚结构以及SOC稳定性的耦合作用机理，本书在土壤侵蚀热点区选取典型坡耕地，从坡面尺度对土壤侵蚀-沉积过程驱动的SOC迁移和再分布规律进行探索。通过对坡面不同位置（即稳定区、侵蚀区和沉积区）土壤团聚体粒级、各粒级SOC含量和碳稳定同位素比值（$\delta^{13}C$）进行测定，发现侵蚀引起的沿下坡方向细颗粒土壤物质的优先迁移导致沉积区的黏土+粉土颗粒百分比升高、各粒级SOC含量升高、“年轻”不稳定SOC含量（以$\delta^{13}C$指征）同步增加。该研究结果说明，精准农田管理背景下的坡耕地土壤管理与保护需要考虑侵蚀强度和土壤碳库的高度空间异质性，采取因地制宜的土壤固碳和水土保持措施。

（3）土地利用强度和耕地景观破碎度变化的耕地土壤侵蚀空间响应

本书在分析研究区1996—2019年土地利用变化主要特征的基础上，采用GWR模型从土地利用强度和景观破碎度的角度分析土地利用变化对低山丘陵区耕地土壤侵蚀的影响。研究发现：九台区在1996—2019年土地利用发生了较大的变化，尤其是1996—2009年，耕地的流失与补充交替进行，建设用地面积逐渐增加而生态用地则逐渐减少。在自然因素和社会经济因素的双重影响下，耕地的变化频率最高，并且由林地转化而来的耕地具有最大的平均土壤侵蚀模数。

首先，本书利用GWR模型分析外部因素对耕地土壤侵蚀强度和空间差异性的影响，结果表明地形坡度对土壤侵蚀的影响显著，具有很强的正效应；其次，研究表明土地利用强度与耕地景观破碎度的增加均对耕地土壤侵蚀状况具有明显的促进作用，尤其是在研究区坡耕地的主要分布区（沐石河街道、波泥河街道、上河湾镇、城子街街道、胡家回族乡、土们岭街道），这与此区域大量林地被占用转换为坡耕地，造成土地利用强度增大，边缘耕地逐渐破碎化这一现象密切相关。最后，根据研究区土壤侵蚀格局现状和对土地利用变化的响应，本书针对性地提出东北低山丘陵区耕地土壤侵蚀防治的措施建议，为低山丘陵区土地资源的可持续利用和人地关系协调发展提供科学依据。

本书共分7章：第1章为绪论，介绍了东北低山丘陵区土壤侵蚀格局及耕地退化防治的背景与意义、国内外研究进展、研究内容，由祝元丽、石璞等完成；第2章介绍了东北漫川漫岗黑土区保护，包括研究区概况和土壤制图、土壤侵蚀以及土地利用变化研究的理论基础与方法等，由王冬艳、祝元丽、石璞、苏浩等完成；第3章介绍了基于高光谱遥感反演的土壤属性制图，由祝元丽、石璞等完成；第4章介绍了东北低山丘陵区典型县域土壤侵蚀格局，由祝元丽、冯向阳等完成；第5章介绍了土地利用变化的土壤侵蚀空间响应，由祝元丽、吴朝琪完成；第6章介绍了东北低山丘陵区典型县域土壤退化风险与生态退耕格局，由李文博、胡冰清等完成；第7章在上述研究结果的基础上，提出了我国东北低山丘陵区黑土退化防治的对策和建议，由王冬艳、石璞和吴朝琪完成。

值此书出版之际，感谢国家自然科学基金青年科学基金项目（42201271、42201277、41807059）以及中国资源型城市转型发展与乡村振兴研究中心（高端智库）（2021WHCC03）等的资助，感谢中国矿业大学公共管理学院以及吉林大学地球科学学院各位领导、老师和同事的支持，特别感谢李效顺教授、李永峰教授、闫庆武教授、陈龙高教授等的帮助。另外，感谢冯向阳、吴朝琪、朱莹、李晓青和柳博在文字校对等方面所做的工作。

本研究成果还在不断更新和提升之中，可能还不成熟，因此部分章节的本章小结会有部分的研究展望。另外，由于作者水平有限，书中难免存在疏漏和表述不当之处，恳请各位专家和读者批评指正！

著　者

2024年3月

目　录

1 绪　论

1.1 研究背景与意义

1.1.1 研究背景

土壤侵蚀被广泛认为是全球范围内最严重的土地退化问题之一。据研究报道,全球已有超过 1/4 的耕地面积受到土壤侵蚀和土地退化的影响(Le et al.,2016)。土壤侵蚀通过对地表土和土壤有机质的剥蚀而造成养分的流失,不仅会造成农用地生产力的下降,而且随径流泥沙迁移的污染物和营养元素极易造成地表水质的恶化。同时,土壤侵蚀过程对陆地碳循环的扰动还会制约土壤生态系统对气候变化的缓冲作用,影响全球生态系统安全(Pimentel et al.,1995;Chappell et al.,2016)。我国是世界上水土流失现象较为严重的国家之一(Wang et al.,2016),黄土丘陵沟壑区、东北低山丘陵区、长江上游流域等诸多区域均存在不同程度的土壤侵蚀问题,造成土壤资源的流失和生态环境的恶化。其中,东北黑土区更是过去20年我国土壤侵蚀速率增加最快的地区(Yue et al., 2016; Liu et al., 2020)。因此,探究黑土区土壤侵蚀空间格局、查明土壤侵蚀强度和范围是探讨黑土退化机理,制定黑土区耕地利用与保护政策的基础,对保障我国的粮食安全和生态安全具有重要意义。

1.1.1.1 东北低山丘陵区土壤侵蚀问题日趋严重

低山丘陵是整个东北粮食主产区的主体地貌类型之一。尤其在松嫩平原的边缘地带,黑土资源分布集中,土壤肥沃,是我国重要的商品粮生产地区。然而,由于该地区漫川漫岗的地形条件、耕地的高强度开发利用以及开垦过程中水土保持措施的缺失,土壤侵蚀和水土流失问题日趋严重,具体表现为片蚀、沟蚀、冻融侵蚀等复合型侵蚀的密集化分布和大范围覆盖，造成区域土壤贫瘠化、土壤结构退化等现象，严重制约土地生产力和区域生态系统的服务功能（韩晓增 等，2018；张兴义 等，2013；汪景宽 等，2007）。已有研究表明，自20世纪50年代开始大规模土地复垦以来，土壤侵蚀导致大范围的表层土壤流失，黑土平均厚度从最初的60～70 cm减少到现在的20～30 cm（Fang et al.，2012；Fang et al.，2017a），部分地区甚至出现“破皮黄”的现象，导致土壤有机碳等养分含量下降、土壤质量和土地生产力显著降低。在此背景下，东北黑土地的耕地保护以及土壤侵蚀防治受到国家以及社会各界越来越多的重视。2009年，水利部颁布了《黑土区水土流失综合防治技术标准》，这是我国第一个区域性水土流失防治技术标准；《中华人民共和国国民经济和社会发展第十四个五年规划和2035年远景目标纲要》中提出，科学推进水土流失和荒漠化、石漠化综合治理；实施黑土地保护工程，加强东北黑土地保护和地力恢复。因此，开展东北低山丘陵区土壤侵蚀格局的相关研究有助于国家黑土地保护政策的制定和区域土壤侵蚀防治措施的精准实施（杨维鸽，2016；冯志珍 等，2017；刘兴土 等，2009）。

1.1.1.2 土壤侵蚀格局的精细表征需要高分辨率土壤可蚀性因子数据支撑

在对土壤侵蚀时空分异特征的探索中，学者们通常借助土壤侵蚀模型对侵蚀过程的发生机理及其防治措施（例如，修建梯田、增加植被覆盖、实施免耕等）进行研究，其中以修正后的通用土壤流失方程（RUSLE）的应用最为广泛。该方程中的土壤可蚀性因子反映土壤在侵蚀外力作用下保持其结构完整性的能力，是评价土壤对侵蚀敏感程度的重要指标。众多研究显示，SOC含量与土壤可蚀性因子呈显著相关性，因此常被作为核心指标进行RUSLE中土壤可蚀性因子的计算。但受限于高分辨率SOC数据的缺失，以及传统湿式化学方法大尺度、多频次SOC量化的高成本，有关土壤可蚀性这一关键因子的量化通常依赖于低密度点状数据，难以准确表征其空间分布和演变特征。

在此背景下，欧洲航天局旗下的哨兵二号（Sentinel-2）遥感为土壤理化属性的时空监测和高分辨率空间精细表征提供了新的机会。通过建立裸土光谱反射率与土壤发色团之间的物理响应关系，初期探索证实利用哨兵二号图谱特征进行大尺度、高分辨率数字土壤制图（尤其是SOC）的广阔前景（Gholizadeh et al.，2018；Castaldi et al.，2019；Vaudour et al.，2019）。此外，随着高光谱遥感技术的不断成熟，发射更高分辨率的星载传感器已被纳入多个国家的既定航天任务(例如,中国天宫系列、德国 EnMAP 等)。因此,研发以哨兵二号遥感为核心的 SOC 和土壤可蚀性因子反演方法,掌握图像处理和模型构建的前沿技术,对于我国建设先进的土壤调查与监测网络具有深远的意义。

1.1.1.3 土壤侵蚀对土地利用变化的响应关系

土壤侵蚀是自然因素和人为因素共同作用的结果,不合理的土地利用是加剧区域土壤侵蚀的重要因素之一,查清土地利用变化对于土壤侵蚀的影响对于探索区域侵蚀机理、识别人为可控侵蚀驱动因素至关重要(Bagarello et al.,2012;Klein et al.,2013;Adhikary et al.,2014)。有关土壤侵蚀对土地利用变化响应关系的研究多集中于不同土地利用类型的土壤侵蚀量估算,尚缺乏面向土地利用强度、景观破碎度与土壤侵蚀之间响应关系的探索。因此,在对土壤侵蚀格局进行空间表征和侵蚀热点区识别的基础上,查明土地利用强度和耕地景观破碎度对耕地土壤侵蚀空间分异特征的影响,从而采取科学的土地管理手段管控区域土壤侵蚀、提高土壤质量,有利于土地资源的可持续利用,实现区域可持续发展(杨子生 等,2005;李定强 等,1999)。实现黑土区耕地资源可持续管理与保护的目标,有助于水土保持措施的制定以及生态文明背景下的耕地保护与农业资源的可持续利用。

1.1.2 研究意义

本书选择位于典型东北低山丘陵区的长春市九台区为研究区,旨在从县域尺度开展土壤侵蚀格局及其对土地利用变化响应关系以及生态退耕方案探索的研究。本书立足于高光谱遥感土壤参数反演的研究进展,通过建立以多时相哨兵二号遥感模型为核心的 SOC 空间连续制图方法,进行以 SOC 为核心评价指标的土壤可蚀性因子高分辨率空间表征,并与修正的通用土壤流失方程相结合,实现东北低山丘陵区典型县域土壤侵蚀空间特征分析和侵蚀热点区的识别,为区域水土保持措施的精准落地以及国家黑土地保护重大工程的实施提供依据。另外,本书引入地理加权回归(geographically weighted regression,GWR)模型,探究东北低山丘陵区耕地土壤侵蚀的关键驱动因子及其叠加作用机制,分析土地利用强度和景观破碎度指标对耕地土壤侵蚀的控制机制,在人为可控因素方面为土壤侵蚀的根源治理提供依据。本书基于生态安全约束强度设置不同退耕情景,通过对比各情景下耕地数量、质量与生态效益，拟定退耕方案，为区域水土保持措施的精准落地和耕地资源的可持续管理奠定理论和数据基础。

1.2 研究现状

1.2.1 东北地区耕地资源利用现状与侵蚀问题综述

中国东北黑土区作为世界上仅有的三大黑土区之一（阎百兴 等，2019），是我国重要的商品粮生产基地，玉米、大豆和粮食总产分别占全国总产量的30%、56%和25%，是国家粮食安全的“压舱石”，其耕地资源的合理利用与保护是关乎国家粮食和生态安全的重大课题。其中，不稳定耕地的存在不仅使单位耕地的综合生产力降低，而且会干扰国家维护粮食安全与耕地红线保护政策的制定与实施，使维持区域生态平衡的难度加大（赵爱栋 等，2016a；赵爱栋 等，2016b；郝润梅 等，2014；张红旗 等，2021）。漫川漫岗区内独特的自然地理环境条件使部分耕地不能长期作为耕地，且长期耕种可能对生态环境造成破坏。相较于此，稳定耕地资源才是我国耕地基础的关键所在，也是实现农业稳产增产目标的重要依仗（赵爱栋 等，2016a；赵爱栋 等，2016b）。总而言之，东北黑土地作为耕地中的“大熊猫”，其稳定耕地资源的质量建设与保护工作理应成为构建粮食安全体系的核心要素之一（本书中将其定义为五年连续耕种的耕地资源）。此外，随着高强度人类活动对黑土资源的压力不断增大，以土壤侵蚀、贫瘠化为核心的黑土退化问题日渐凸显（韩晓增 等，2018），引起生态环境恶化，在世界范围内愈来愈引起关注。自20世纪50年代大规模土地复垦以来，土壤侵蚀导致大范围的表层土壤流失，黑土平均厚度从最初的60～70 cm减少到现在的20～30 cm（Fang et al.，2017b），部分地区甚至出现“破皮黄”的现象，黑土在物理性质（Li et al.，2019）、化学性质（Duan et al.，2011）和生物性质（Yu et al.，2011）等方面严重退化，导致土壤有机碳等养分含量下降、土壤质量和土地生产力显著降低（Ostovari et al.，2018）。东北黑土区土壤侵蚀主要发生在漫川漫岗区。该区域的主要特点为坡长坡缓，侵蚀沟道密集、水土流失严重，自然植被和土壤退化的问题均比较严峻，是土壤侵蚀防治的重点区。东北地区DEM与土壤侵蚀强度对照图见图1-1。因此，科学评估东北漫川漫岗区稳

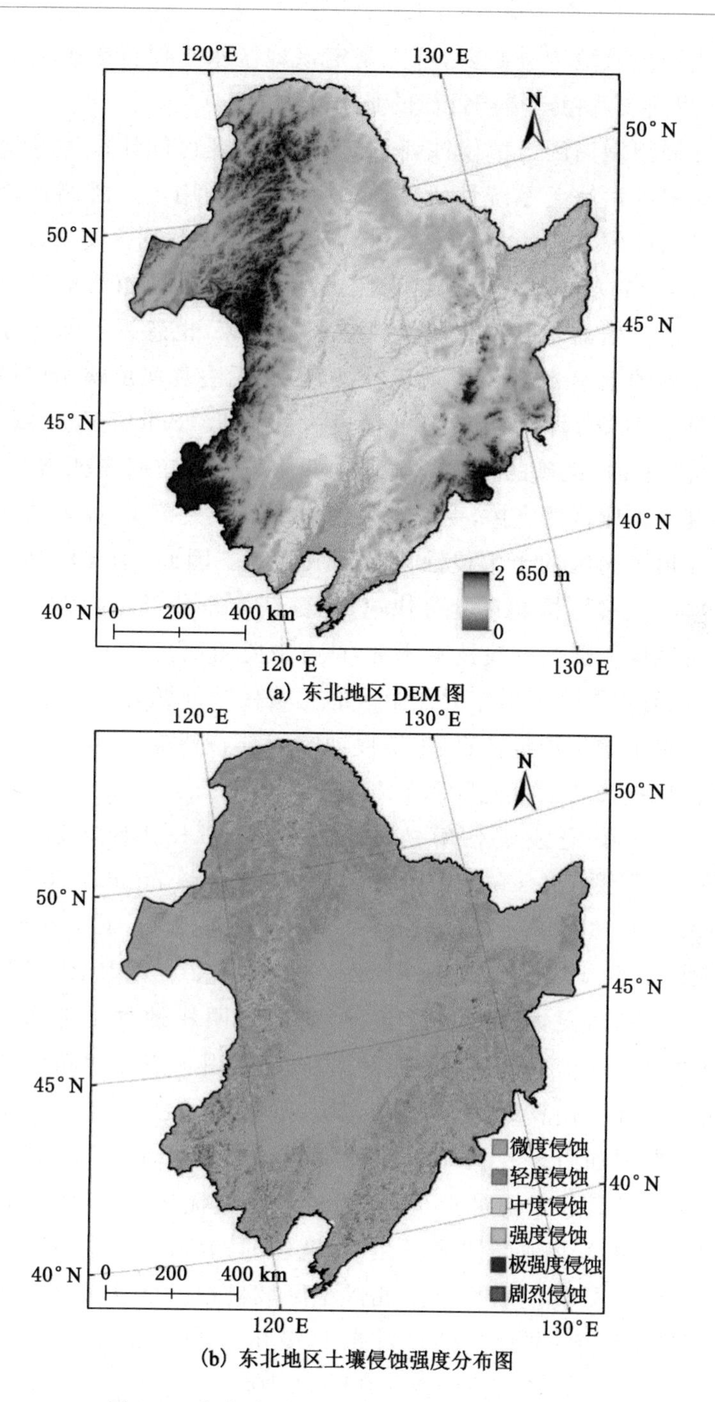

图 1-1 东北地区 DEM 与土壤侵蚀强度对照图

定耕地土壤侵蚀风险十分必要，可为制定该地区水土保持措施提供重要依据，是实现我国农业稳产增产目标的必由之路。

在东北漫川漫岗区土壤侵蚀评价研究中，土壤可蚀性作为科学评估侵蚀强度的关键因素缺乏系统性研究，多数研究仍采用了广泛调查数据与经验模型计算搭配的方法(Ostovari et al.，2018)，其中数据主要来源于第二次土壤普查结果，该方法忽视了近年来黑土地受高强度垦殖活动以及自然环境影响后可能产生的基础理化属性时空演变现象，也忽视了除土壤质地与有机质含量外的土壤-作物系统环境特征，因此无法真实反映当前漫川漫岗区土壤可蚀性现状，评估结果的可信度大大降低(Salehi-Varnousfaderani et al.，2022)；实时、准确的土壤基础理化性质数据的空间表征需要大范围、高密度土壤调查取样的支撑，受成本限制而难以扩大范围，以上情况对科学评估东北漫川漫岗区的土壤侵蚀风险形成阻碍。因此，结合机器学习与遥感-模型融合等手段，构建一套可快速、稳健获取东北漫川漫岗区稳定耕地资源土壤可蚀性的遥感反演技术体系，具有重要的现实意义。

目前，已有许多学者对东北黑土区的土壤侵蚀问题开展了大量研究，其中主要集中在土壤侵蚀量估算、土壤侵蚀空间分布特征、土壤侵蚀影响因素分析以及土壤侵蚀防治措施等四个方面。

第一，在土壤侵蚀量估算方面，存在 RUSLE、USLE 以及 WEPP、CREAMS 等模型(Bosco et al.，2015；Karamage et al.，2017；Martin-Fernandez et al.，2011；Panagos et al.，2015；Park et al.，2011)，其中 RUSLE、USLE 的应用最为广泛。例如，Yang 等(2003)用 RUSLE 研究了吉林省黑土区降雨侵蚀土壤退化状况，研究表明耕地种植玉米比种植大豆具有较少的土壤流失量；柳艺博等(2009)利用 USLE 对东北黑土区的土壤侵蚀量进行了估算；刘远利等(2010)基于黑龙江省宾县试验站 2008 年气象观测数据和野外径流小区监测资料，利用 WEPP 模型估算东北黑土区次降雨径流量和土壤流失量，并通过与土壤流失量实测资料对比，评价 WEPP 模型在东北地区的适用性；王禹(2010)综合利用 ^{137}Cs 和 ^{210}Pb 复合示踪技术以及 USLE，研究了东北黑土区坡耕地 50～100 年来的侵蚀速率；顾治家等(2020)利用 CSLE 对东北漫川漫岗区的土壤侵蚀进行了评价。

第二，在土壤侵蚀空间分布特征方面，焦剑(2010)研究了整个东北地区土壤侵蚀的空间分布特征，研究得出以下结论：① 东北地区土壤侵蚀强度呈现出自东南方向向西北方向递减的趋势；② 与松花江流域相比，辽河流域的土壤侵蚀现象更为严重，而松花江流域中土壤侵蚀较为严重的区域分布在耕地集中分布的低山丘陵区；③ 辽河干流西侧的丘陵地带和辽河流域东侧降雨丰沛的地区土壤侵蚀现象较为严重。

第三，在土壤侵蚀影响因素分析方面，目前多数研究认为东北地区的土壤侵蚀的原因主要包括四点。① 地形地貌因素：漫川漫岗区以及低山丘陵区具有地势起伏、坡面缓长的地形特点。Wang 等(2017)指出黑土区坡面坡度为3°～5°时，坡面沟壑密度最大，而黑土区沟壑密度与坡长的关系也表现出随坡长的增加呈先升高后降低的趋势。② 土壤因素：黑土本身具有土质疏松的特性，土壤黏粒和有机碳的含量高，孔隙度大，抗蚀能力差。张宪奎等(1992)通过对比黑土、暗棕壤以及白浆土的抗蚀特性，得出有机质含量高的黑土抗蚀特性最差的结论。③ 气候因素：东北地区属于温带季风气候，夏季温热多雨，单次降雨强度较大。④ 人类活动加剧、过度毁林开荒以及掠夺式粗放经营等人为因素。研究表明，长时间不合理的土地利用方式是造成东北地区黑土侵蚀的重要原因，可通过辨析土壤侵蚀对土地利用变化的响应，及时调整不合理的土地利用、管理方式来达到趋利避害的目的。

第四，在土壤侵蚀防治措施方面，由于东北黑土区坡耕地存在着严重的土壤侵蚀现象，而该区域的坡耕地主要分布于低山丘陵和漫川漫岗区(张兴义 等，2020a)。针对该地区的显著地形特征，相关学者总结了一系列的土壤侵蚀防治措施，并取得了显著的效果。王磊等(2019)基于野外大型坡面径流场观测和室内模拟降雨试验，对比分析了中国黑土区顺坡宽垄和窄垄耕作的坡面土壤侵蚀状况的差异，结果发现：与传统的顺坡窄垄相比，顺坡宽垄具有较好黑土坡耕地防治坡面土壤侵蚀效果。2009 年水利部颁布的《黑土区水土流失综合防治技术标准》针对地形坡度展开研究：坡度在 3°以下的坡耕地采取等高改垄的措施，大于等于 3°且小于 5°的坡耕地采取修筑坡式梯田、植被覆盖地埂的措施，大于等于 5°且小于 8°的坡耕地采用修建水平梯田的方式防治水土流失，大于等于 8°且小于 15°的坡耕地可以通过修筑台田、栽种树木的方式防治水土流失，15°及以上的陡坡耕地可实施退耕还林。另外，在已有研究的基础上，针对东北黑土的特点，形成了一系列具有东北黑土特色的土壤侵蚀防治措施:5°以下的坡耕地,实施横坡垄作以及垄作区田措施;截流沟以及地下暗排等坡面径流调控技术以及沟道防护措施;少耕、免耕、休耕以及秸秆还田等耕作措施。东北漫川漫岗区土壤侵蚀影响因素研究总结见表 1-1。

表 1-1　东北漫川漫岗区土壤侵蚀影响因素研究总结

主控因素	参考文献
地形地貌因素	闫业超 等,2008;顾广贺 等,2015;许晓鸿 等,2017;Wang et al.,2017;张兴义 等,2020b
土壤因素	张宪奎 等,1992;姜义亮 等,2013;Ouyang et al.,2018;梁春林 等,2020
气候因素	高峰 等,1989;张宪奎 等,1992;郑粉莉 等,2016;乔治 等,2012;姜艳艳 等,2020
人为因素	Ouyang et al.,2018;Fang et al.,2017a;Li et al.,2020

综上所述,东北黑土区土壤侵蚀研究多集中于探讨土壤侵蚀机理、空间分布特征、防治措施以及土地利用类型变化对于土壤侵蚀的影响,然而在东北低山丘陵区典型县域尺度土地利用强度、景观变化等方面对土壤侵蚀造成影响的研究工作上仍显不足。

1.2.2　土壤侵蚀模拟与定量研究进展

1.2.2.1　国外土壤侵蚀模拟与定量研究进展

土壤侵蚀定量计算对于制定有效的水土流失政策和措施是必不可少的,目前土壤侵蚀定量计算方法包括侵蚀模型和放射性核素示踪法。

根据模拟过程、计算方法等的不同,通常将土壤侵蚀模型分为两类:物理模型和经验模型。近年来,许多学者对土壤侵蚀量的估算展开研究,为土壤侵蚀空间分布研究奠定了基础。有学者在 1877 年建立了试验区,定性地描述了地形因子、植被覆盖管理因子等对土壤流失的影响(Meyer et al.,1984)。1917 年,Miller 等人通过在密苏里农业试验站建立第一个径流测验小区,开启了土壤侵蚀定量观测的历史(刘宝元,2010;朱连辉,2018)。20 世纪 30 年代,黑风暴灾害的暴发加速了土壤侵蚀研究的进展,自此开启了土壤侵蚀定量估算研究。Smith 等(1941)将植被覆盖因子和水土保持措施因子融入土壤侵蚀定量计算。1947 年,Musgrave 等人综合地形(坡度、坡长)

因子、土壤可蚀性因子、降雨因子以及植被覆盖因子等建立了 Musgrave 模型(Musgrave et al.,1947;伊燕平,2017)。1948 年,Smith 和 Whitt 提出了包含土壤属性数据、地形数据、水土保持措施数据的土壤侵蚀定量计算模型。1965 年,Wischmeier 和 Smith 在大量土壤流失试验区探测资料的基础上,公布了通用土壤流失方程(universal soil loss equation,USLE),该方程对土壤侵蚀进行了定量估测,其中综合考虑了植被覆盖、土壤可蚀性、降雨、地形以及水土保持措施五大因子,是应用最广泛的经验土壤侵蚀方程。1997 年,美国农业部对上述方程因子进行改进,形成了修正水土流失方程(RUSLE)(Renard,1997)。与 USLE 相比,RUSLE 由于具有易于参数化和需要较少数据的特点而在学术界被逐渐广泛使用(Renard,1997)。

随后,基于土壤侵蚀机理的物理理论模型逐渐兴起,以复杂的数学公式为基础对固定时间段内的土壤侵蚀进行定量估算(符素华 等,2002;朱连辉,2018),从理论上来说比经验模型更加精确。应用最为广泛的是基于地理信息技术的水力侵蚀预报模型(water erosion prediction project,WEPP)(Laflen et al.,1991;Flanagan et al.,1997),它由坡面、流域和网络三大板块组成,可对侵蚀、搬运以及沉积等过程进行预测。另外,其他国家和地区针对当地的实际情况提出了其他的物理理论模型。例如,1996 年,De Roo 对荷兰南部的黄土区进行了系统的研究,开发了 LISEM 模型(limburg soil erosion model),该模型全面考虑了土地利用类型、植被、道路、土壤属性等因素,但是存在着模型参数不易获取的缺陷。1998 年,Morgan 提出了欧洲土壤侵蚀预报模型(European Soil Erosion Model,EUROSEM),该模型把细沟以及细沟间的两种类型的土壤侵蚀分开。1999 年,地中海土壤侵蚀预报模型(Jong et al.,1999)被提出,该模型用于坡面土壤流失量的预测。

最后,放射性核素示踪法于 1960 年开始逐渐应用到土壤侵蚀研究中。^{137}Cs、^{7}Be、^{210}Pb 是最常用的放射性示踪剂(Xu et al.,2015;Zheng et al.,2007),其中^{137}Cs 在所有的示踪核素中应用最广泛。20 世纪 50 年代末 60 年代初,在原子弹试验期间,^{137}Cs 被释放到大气中,并在这一时期主要以降雨的形式回落到地球表面。当^{137}Cs 沉降到地表之后,被土壤细颗粒迅速吸附和结合,并随着土壤颗粒在空间运移而产生再分布,因此,^{137}Cs 被广泛用作沉积物示踪剂,用于估算土壤侵蚀率(Walling et al.,1999)。在全球范围内,^{137}Cs 随着降雨量和纬度的变化而变化,且仅适用于表土土壤的侵蚀量估算，限制了其在全球范围内的使用。近年来，天然放射性核素^{7}Be和^{210}Pb基于其物理化学性质和特殊的土壤地球化学特征，作为新兴土壤侵蚀示踪物被广泛应用到土壤侵蚀过程追踪、空间分布等研究中。

1.2.2.2 国内土壤侵蚀模拟与定量研究进展

我国土壤侵蚀经验统计模型基本上是在RUSLE或者USLE的基础上修正完成的。江忠善等(1996)以陕北黄土丘陵区的小流域作为研究对象，在径流小区实测数据的基础上，建立土壤侵蚀估算模型，并进行了小流域土壤侵蚀强度空间分异规律研究；李双才等(2004)基于USLE研究黄土高原丘陵区不同的土地利用方式对土壤侵蚀状况的影响；邓玉娇等(2006)利用USLE计算得到湖北房县土壤侵蚀程度图。章文波等(2003)基于黄土高原子洲径流实验站团山沟的实测数据，对USLE进行修改之后，建立中国土壤流失方程(CSLE)，该方程在计算中国土壤流失量方面具有更强的实用性。国内的学者在土壤侵蚀物理理论模型方面进行了大量的研究，其中大部分研究同样是基于黄土丘陵区径流小区观测数据(牟金泽 等，1983；蔡强国等，1996)。包为民等(1994)提出了大流域水沙耦合模拟物理概念模型，分为产流、汇流、产沙和汇沙等四个部分，实测资料的模拟表明模型的计算结果较好(蔡强国 等，2003)。段建南 等(1998)借鉴国内外物理土壤侵蚀建模的经验与技术，在计算机技术的基础上，建立了坡耕地土壤侵蚀过程数学模型(SLEMSEP)，并在晋西北砖窑沟试验区得到了验证，可进行长期模拟土壤侵蚀过程(蔡强国 等，2003)。由于物理理论模型是基于侵蚀力学、地貌学等理论知识建立的侵蚀概念模型，两者之间数学关系的建立存在一定困难(Renard，1997)，导致SLEMSEP模型应用范围受到限制。近年来，随着计算机技术迅速发展，国内学者将人工智能技术应用到土壤侵蚀模型中。例如，人工神经网络理论，将USLE中的地形、植被覆盖、气候、土壤等因子作为参数输入量，计算研究区域的土壤侵蚀量，并被证明是切实可行的(张科利 等，1995)。

放射性核素示踪法在国内土壤侵蚀定量计算的过程中得到了广泛应用。Li等(2011)基于天然放射性核素^{7}Be示踪法，对中国东北地区不同耕作方式下的土壤侵蚀量进行了对比研究，发现免耕和作物残茬等保护性耕作措施能起到降低土壤侵蚀量的作用。He等(2007)综合使用^{210}Pb和^{137}Cs两种核素研究发现，水土保持措施的采取对于降低土壤侵蚀量起到了重要作用。

综上所述，随着近年来对土壤侵蚀机理认识的逐步深入，国外已建立较为成熟的土壤侵蚀定量估算模型，国内土壤侵蚀定量估算的多种方法均处在研究阶段。事实证明，各种土壤侵蚀模型和方法有各自特定的使用条件限制，最重要的是针对研究区的区域尺度、自然环境条件等区域特点选用合适的土壤侵蚀模型。

1.2.2.3 土壤可蚀性因子计算及获取方法综述

土壤可蚀性是指土壤抵抗降雨和径流分离及迁移的能力(Gao et al.，2017)，代表了土壤对侵蚀的敏感性(Wang et al.，2019)，被国内外学者公认为土壤侵蚀预报模型的基础核心因子，在土壤侵蚀研究中占有重要地位。土壤可蚀性研究备受研究者关注且研究者开展了大量试验研究，同时取得了显著的进展。天然降雨的标准小区直接测定法是确定 *K* 因子最好的方法，但是人工降雨的成本高、花费时间长，导致这种方法在很多地区无法推广实施(Zhang et al.，2019a)；在实验室模拟降雨条件下测量的方法存在耗时费力的缺点，不适用于区域土壤可蚀性测量。因此，国内外不少学者相继提出基于土壤理化性质指标和经验模型计算方法预测土壤可蚀性因子(Zhang et al.，2008；Zhang et al.，2019b；Auerswald et al.，2014)。其中，Wischmeier 等(1978)通过分析土壤粉粒、砂粒、结构系数、入渗等级和有机质含量等 5 项指标与 *K* 因子值间的关系，提出了根据诺谟图及其关系估算 *K* 值的方法。诺谟图需要较多参数，其中土壤结构系数和土壤渗透级别数据较难获得。针对上述情况，Sharpley 等(1990)提出的 EPIC 模型通过土壤有机碳和土壤质地计算土壤可蚀性得到了广泛的应用，但仍无法获取区域土壤可蚀性空间数据。另外，土壤团聚体稳定性被学术界广泛证明是一种有效揭示土壤可蚀性的指标，因此众多学者围绕其进行了深入的研究(Le Bissonnais et al.，2007；Ma et al.，2014；Li et al.，2013；Ma et al.，2015；Xiao et al.，2017)，具体表示土壤团聚体平均重量直径(mean weight diameter，MWD)和几何平均直径(geometric mean diameter，GMD)等指标，其中湿筛测量法是被证明可以用来量化土壤团聚体稳定性指标最常用的方法，但开展此类耗时耗力的测量所需的大量资源意味着大范围多频次的采样工作无法在区域空间量化工作中得到广泛应用。除了 *K* 因子和团聚体稳定性以外，大量研究还利用其他指标从不同的角度量化了土壤可蚀性，例如土壤结构稳定性指数 SOC 胶结剂指数、黏粒比等，上述指数均可量化土壤可蚀性(Dong et al.，2022)，但它们只反映了土壤可蚀性的一个方面，无法做到客观全面的衡量。因此，需要结合多个基于土壤内在性质和侵蚀动力的土壤可蚀性指标形成综合指数才可以更全面、真实地反映目前的土壤可蚀性状况(Guo et al.，2022；Wang et al.，2018；Wang et al.，2021)。

土壤可蚀性计算及获取方法总结见图 1-2。由上述内容及图 1-2 可知，综合土壤可蚀性指数的计算需要多种土壤基础理化性质数据，大多依赖于全国第二次土壤调查数据，忽略了东北地区长期高强度垦殖活动对土壤理化性质时空分异造成的显著影响，规模性调查数据虽翔实但难以反馈东北黑土可蚀性动态变化信息的情况，因此其真实的空间表征需要大范围、高密度土壤调查取样的支撑，但受成本限制而难以扩展到大范围。数字土壤制图(digital soil mapping，DSM)以 McBratney(2003)提出的土壤景观模型 SCORPAN 理论框架为基础，通过田间采样和实验室测试分析获取土壤理化性质数据，利用卫星遥感和近地传感等信息获取方式采集土壤光谱数据，建立基于点状土壤数据和环境协同变量的预测模型来表征未知区域的土壤环境空间变化(Li et al.，2020)。随着计算机、GIS 技术以及土壤计量学的迅速发展，数字土壤制图能够实现大尺度、实时的土壤属性快速制图研究，并在国内外都得到了广泛的研究和应用，包括土壤有机碳、土壤质地、pH 值以及土壤容重等诸多属性。数字土壤制图目前已经成为土壤制图的主要手段(史舟 等，2018；张甘霖 等，2020)，可为经验模型中土壤可蚀性指标的计算提供大尺度、实时的数据基础。

1.2.2.4 土壤侵蚀景观格局研究进展

景观生态学是研究景观单元的类型组成、空间配置及其与生态学过程相互作用的综合性学科(Molles，2004)。将不同强度的土壤侵蚀视为景观的一种元素，把不同侵蚀强度理解为各种侵蚀强度镶嵌而成的侵蚀景观，进而运用景观指数来揭示侵蚀景观结构与周围环境之间的关系(王库 等，2003)，因此本书在土壤侵蚀模拟与定量研究的基础上，利用景观指数对土壤侵蚀景观格局进行研究。土壤侵蚀过程改变了景观的复杂性，从而形成土壤侵蚀景观格局(陈世发，2018)。土壤侵蚀景观格局的研究对区域土壤侵蚀防治具有重要的研究意义。Wang 等(2009)指出，土壤侵蚀景观格局研究中常用的指标包括聚集度指数、多样性指数以及形状指数。汪明冲等

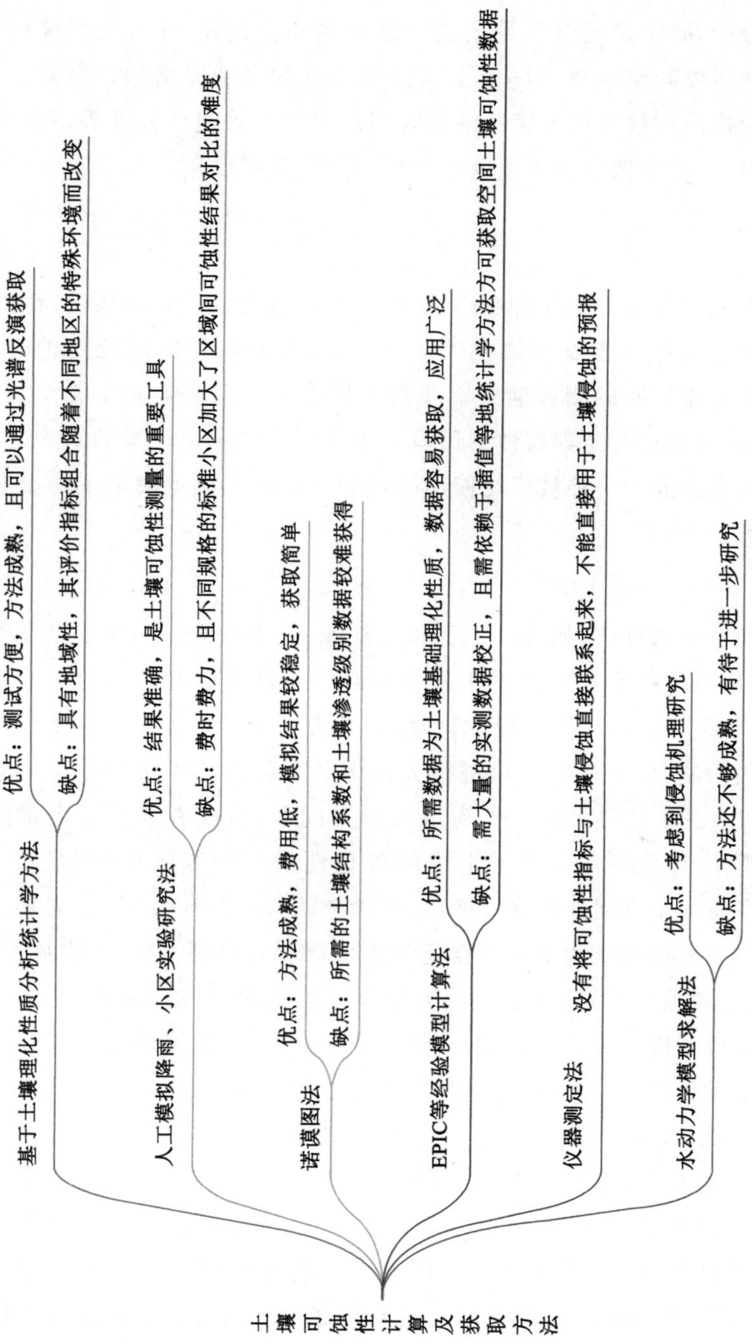

土壤可蚀性计算及获取方法

- 基于土壤理化性质分析统计学方法
  - 优点：测试方便，方法成熟，且可以通过光谱反演获取
  - 缺点：具有地域性，其评价指标组合随着不同地区的特殊环境而改变
- 人工模拟降雨、小区实验研究法
  - 优点：结果准确，是土壤可蚀性测量的重要工具
  - 缺点：费时费力，且不同规格的标准小区加大了区域间可蚀性结果对比的难度
- 诺谟图法
  - 优点：方法成熟，费用低，模拟结果较稳定，获取简单
  - 缺点：所需的土壤结构系数和土壤渗透级别数据较难获得
- EPIC等经验模型计算法
  - 优点：所需数据为土壤基础理化性质，数据容易获取，应用广泛
  - 缺点：需大量的实测数据校正，且需依赖于插值等地统计学方法方可获取空间土壤可蚀性数据
- 仪器测定法
  - 没有将可蚀性指标与土壤侵蚀直接联系起来，不能直接用于土壤侵蚀的预报
- 水动力学模型求解法
  - 优点：考虑到侵蚀机理研究
  - 缺点：方法还不够成熟，有待于进一步研究

图1-2 土壤可蚀性计算及获取方法总结

(2009)基于遥感与地理信息系统技术对黄土丘陵沟壑区土壤侵蚀的景观格局进行了分析,研究发现该区域土壤侵蚀景观高度破碎,并且景观破碎度、景观异质性指数和斑块总数随着土壤侵蚀强度的增加而增加。因此,选取合适的景观格局指数分析土壤侵蚀景观格局以及土壤侵蚀强度等特征对景观格局的响应,对于揭示土壤侵蚀空间格局具有重要意义。

1.2.3 基于高光谱反演的土壤可蚀性因子量化研究进展

土壤可蚀性作为一个综合性因子,与土壤的理化性质密不可分,因此利用土壤理化性质进行土壤可蚀性因子计算是目前较成熟、较稳定的方法。以往的土壤理化性质的测算通常需要烦琐的野外样品采集和实验室分析,如何快速、准确地进行土壤属性的反演成为土壤侵蚀定量计算的重中之重,目前光谱技术已成为一种被广泛使用的快速、准确、低成本测定主要土壤性质的方法。

1.2.3.1 基于多源高光谱技术的土壤参数反演研究进展

传统的土壤属性(例如,SOC 含量、土壤水分、土壤质地、pH 值以及重金属含量等)信息的获取通常依赖于繁复的野外土样采集和昂贵的实验室分析仪,过程复杂、耗时长、经济成本较高,并且失去了实时性。由于受到上述众多条件的限制,现实研究难以进行大范围和多频次的土壤属性信息监测(史舟 等,2018;朱登胜,2008)。为解决此类问题,研究者进行了大量的研究。土壤反射光谱综合反映了土壤的理化性质和内部结构(刘焕军 等,2019),成了研究土壤属性新途径的基础(徐金鸿 等,2006)。可见,光和近红外光谱的波长范围通常为土壤主要化学组成(例如,土壤水分、有机质、铁氧化物、碳酸盐和黏粒等)与电磁辐射发生相互作用的范围。因此,土壤反射率与某种土壤属性信息有着特殊的数学关系。例如,张娟娟等(2011)通过对 5 种土壤类型的土壤样本进行光谱研究之后发现,在 1 360～1 400 nm、800～930 nm、530～680 nm 波段上土壤反射光谱率与土壤的全氮含量具有较强的相关系数,这为农田土壤养分含量的监测奠定了良好的基础。Bowers 等(1965)研究发现,随着土壤颗粒变小,光谱反射率反而增加。从以上研究可以看出,土壤信息可以从土壤反射光谱特征中得到一定程度的回应。在了解土壤样本高光谱反射特征的基础上,利用高光谱特征来评估和检测土壤信息成了一种新的高效率替代方法。国内外学者通过采集土壤样本可见-近红外光谱(Vis-NIR)数据,进行了大量的土壤近地探测技术的研究,成功地预测了 SOC、全氮、pH 值、CEC 以及机械组成等土壤属性状况(Wetterlind et al.,2010;史舟 等,2014)。而有学者将土壤团聚体稳定性作为揭示土壤可蚀性的指标,其中 Barthès 等(2002)以及 Le Bissonnais 等(2007)均采用团聚体稳定性作为土壤可蚀性指标,并从不同的空间尺度证明了其用于土壤侵蚀机理研究的有效性。虽然在光谱区间内没有明显的吸收光谱特征,但由于受到 SOC 含量、土壤质地等影响,也可以利用高光谱特性进行量化(Gomez et al.,2013;Erktan et al.,2016)。但在野外条件下利用可见-近红外光谱进行土壤团聚体稳定性的测算由于受到光照、地表粗糙度、土壤水分等影响,容易造成结果的偏差。因此,部分学者的早期工作已经显示出利用可见-近红外光谱特性进行土壤团聚体稳定性测算的潜力,但均是在高度可控的实验室条件下开展。到目前为止,成功应用土壤可见-近红外光谱预测土壤团聚体稳定性的研究还很少(Shi et al.,2020)。

高光谱遥感技术在土壤领域的应用除上述通过近地探测获取土壤光谱进行土壤理化性质以及土壤质量评价等以外,通过机载或者星载传感器获取遥感光谱信息进行高分辨土壤属性制图成为新的研究热点。随着卫星与航空遥感的星地光谱传感技术蓬勃发展(史舟 等,2018),土壤光学遥感探测技术利用 SOC、土壤质地以及土壤矿物质等土壤属性在可见-近红外波段具有特征波段的特性,通过建立遥感光谱信息数据与土壤属性数据的关系来进行裸土土壤属性的反演(史舟 等,2014),用以解决日益增长的大尺度、高密度土壤信息数据的需求与高成本之间的矛盾(Shi et al.,2020)。由于受植被覆盖的限制,卫星遥感在以往的研究中多用于农闲裸土以及大面积退化土壤的直接探测,或用于辅助土壤制图工作(史舟 等,2018),Moore 等(1993)首次将遥感数据应用到土壤厚度等属性的制图中,从此之后,遥感影像数据开始被广泛应用于土壤属性信息的预测,其中包含土壤水分、土壤矿物质以及 SOC 等(Grunwald et al.,2015)。事实证明,将多光谱和超光谱卫星遥感数据应用于土壤监测和数字制图,与近地和航空高光谱遥感相比,具有高回访周期、大尺度综合监测、高分辨率遥感等优点,能够更好地做到结果分类和数据简化(Gianinetto et al.,2004;Yokoya et al.,2016)。在过去的几年中,对各种高光谱、多光谱和超光谱传感器图像获得的光谱数据进行分析,已被证明是评估地表土壤特征的有效方法(Castaldi et al. ,2016;Gomez et al. ,2018)。

在利用遥感技术进行土壤成分的估测方面,国内外的研究人员大多采用的是 Landsat TM 与 ETM+系列遥感影像,基于哨兵二号遥感影像的土壤属性反演研究还不多见。然而哨兵二号遥感影像分辨率更高,并且对 SOC 变化高度敏感,由于 SOC 含量与土壤可蚀性之间的显著相关性,常被作为核心指标进行 RUSLE 中土壤可蚀性因子的计算,因此利用哨兵二号遥感影像进行 SOC 空间反演具有很大的发展空间。Gholizadeh 等(2018)将哨兵二号遥感影像的 10 个波段与各种光谱指数相结合,构建了 SOC 预测模型,该模型显示出足够的预测精度,尤其是在 SOC 含量较高以及变化范围较大的区域。Castaldi 等(2019)和 Vaudour 等(2019)也有类似的发现,强调了哨兵二号遥感光谱在野外尺度下预测 SOC 空间格局的能力。刘焕军等(2018)采用 Sentinel-2 以及 Landsat 8 遥感光谱信息基于神经网络的方法建立了土壤有机质的反演模型,经检验具有较好的预测精度和稳定性。但由于哨兵二号遥感卫星 2015 年才发射升空,其在数字土壤制图领域的应用才刚刚起步,还需进行大量深入的研究。例如,目前的研究多采用单时相哨兵二号遥感影像进行 SOC 反演,这导致生成的 SOC 分布图仅能覆盖特定日期呈裸露状态的耕地范围,空间不连续;在遥感影像裸土像元的提取过程中应充分考虑土壤水分、地表秸秆残留、地表粗糙度等"噪声"干扰,否则容易出现 SOC 预测模型表现力不稳定等问题。本书将在已有研究的基础上,充分考虑以上两点问题,利用多时相哨兵二号遥感领域前沿进展,开展裸土像元自动提取与多时相合成,实现 SOC 的空间精细表征,为土壤可蚀性因子高精度量化和高分辨率空间表征提供数据支撑。

1.2.3.2 土壤光谱预测模型概述

建立预测模型的方法分为线性和非线性两种:应用较多的偏最小二乘回归法(PLSR)、主成分分析法(PCA)、多元线性逐步回归法(MLSR)等,以上方法属于线性建模方法(纪文君 等,2012;Farifteh et al. ,2007;Mouazen et al. ,2010;Gomez et al. ,2008)。其中,MLSR 模型的原理是通过选取土壤目标属性的敏感特征波段信息来建模,但由于选取的波段较少,存在容易丢失重要光谱信息的缺点(金慧凝,2017),并在建模的过程中容易出现模型过拟合现象。有研究表明，与 MLSR 模型相比，PLSR 和 PCA 使用全部波段的光谱信息，虽然具备更高的预测精度，但是存在模型过于复杂、不易理解的缺点(刘磊 等，2011；林新，2008)。PLSR 是一种基于因子分析的非参数回归方法，可以有效地解决自变量之间的多重共线性问题，尤其适用于样本变量小、自变量数目多的光谱分析(史舟 等，2014)。另外，建立土壤属性高光谱预测模型的非线性方法，是一种在土壤属性信息与土壤光谱数据之间建立非线性拟合的方法，在适用范围上远远不及线性建模方法，其中包括人工神经网络(ANNs)、支持向量机回归(SVR)、随机森林(RF)(张录达 等，2005；Wetterlind et al.，2010)等。沈润平等(2009)研究得出，利用 ANNs 建立预测模型的精确度明显优于 MLSR 模型。RF 建模方法是一个树形分类器的集合，输出的结果采用简单多数投票法。

1.2.4 土地利用变化对土壤侵蚀影响的研究概述

土壤侵蚀与土地利用变化的关系研究是全球环境问题研究的热点，同时也是国际地圈与生物计划和全球环境变化的人文因素计划的核心研究计划之一(伊燕平，2017)。土壤侵蚀受多种因素的影响，包括降雨、土地利用和流域表面的变化以及地形和土壤类型等因素(Ochoa et al.，2016；Wang et al.，2016)。其中，土壤侵蚀常常与从自然生态系统到管理生态系统的土地利用变化过程交织在一起(Zhang et al.，2019)，土地利用变化通过改变微地形、地表植被覆盖状况等特征来影响该地区诱发土壤侵蚀的动力以及土壤抗侵蚀能力(关君蔚，1996；Zare et al.，2017；郭碧云 等，2012)。其中，森林砍伐、陡坡开荒或者草地过度放牧等不合理的土地利用方式成为诱发甚至加强区域土壤侵蚀的因素。土壤侵蚀和土地利用变化的个体效应以及它们之间的耦合关系至今还没有被理清。

1.2.4.1 国外土地利用变化对土壤侵蚀影响的研究现状

国外学者起初采用传统的径流小区法研究土地利用与土壤侵蚀两者之间的关系，通过比较不同土地利用类型的土壤侵蚀特点来得出结论，但是由于传统的径流小区方法存在着局限性，因此无法在大尺度空间上得到应用。放射性同位素示踪法在土壤侵蚀的研究上得到了广泛的推广，能够更清晰反映土壤侵蚀的空间分布特征(Walling et al.，1999；Porto et al.，2006)，进而比较不同土地利用类型的土壤侵蚀结果，被很多欧美国家的学者争相使用(Ritchie et al. ,1974;Walling et al. ,1990)。近年来,信息技术的飞速发展,为土壤侵蚀研究带来更大的契机,将土壤流失方程与“3S”技术的有机结合得到广泛的应用。两者关系的研究逐步朝着多元化、多尺度的方向发展(Jong et al. ,1999)。

国外的相关研究主要是关于土地利用类型、植被覆盖状况与土地管理措施对土壤侵蚀的影响(Mehri et al. ,2018),研究指出,林地和草地在降低土壤可蚀性和降低土壤侵蚀风险方面已被广泛证明是有效的。Garcia-Ruiz 等(2015)对全球 4 000 多个地点公布的土壤数据进行了综合分析,得出耕地土壤侵蚀率最高、森林和灌木丛土壤侵蚀率最低的结论。González Hidalgo 等(1997)研究指出,不同的植被覆盖类型对土壤侵蚀状况可以产生不同程度的影响,植被覆盖度的增加会在一定程度上削弱土壤侵蚀。很多学者也进行了土地利用管理措施对土壤侵蚀的影响研究,例如排水措施、土壤改良、耕作管理和地表覆盖等措施,通过降低裸露土壤的可蚀性和地表径流效率来防止农田土壤侵蚀(Doan et al. ,2015)。与裸土农田相比,秸秆覆盖农田的地表径流和侵蚀量明显减少(Rahma et al. ,2017),种植作物以增加土地覆盖率被认为是防止农田水土流失的有效措施(Sharma et al. ,2017)。

1.2.4.2 国内土地利用变化对土壤侵蚀影响的研究现状

目前,国内的专家对土地利用变化与土壤侵蚀之间的响应关系也进行了一系列研究。一是利用“3S”技术对全球或者区域尺度的土壤侵蚀进行了调查和动态分析(杨勤科 等,2006;刘志红,2007),探讨其与土地利用变化之间的响应关系。姚华荣等(2006)采用地理信息系统(Geographic Information System,GIS)技术手段,分析了澜沧江流域土地利用变化对土壤侵蚀程度的影响;周自翔等(2006)依托 GIS 软件,基于空间网格法与统计分析法,对黄土高原土地利用强度与土壤侵蚀状况之间的关系进行了研究;邹亚荣等(2002)在 GIS 和遥感(Remote Sensing,RS)支持下,将土壤利用强度与土地利用图相叠加,得出不合理的土地利用方式是土壤侵蚀严重的重要原因的结论。二是基于土壤侵蚀定量计算模型的分析方法,大多数是在 USLE 或者 RUSLE 的基础上,通过模型的关键因子计算以此衡量土壤侵蚀与土地利用变化之间的关系。物理理论模型的计算因子涉及土地利用因素,因此可以有效反映土地利用方式变化对土壤侵蚀的影响。代堂刚等

(2014)基于SWAT模型,研究了不同的土地利用方式转换下的土壤侵蚀情况,并为后期的水土流失防治奠定了基础。三是放射性核素示踪法,傅伯杰等(2002)基于^{137}Cs和^{210}Pb示踪法,在黄土高原丘陵区对土地利用变化与土壤侵蚀之间的耦合关系进行了研究。

研究表明,在水土流失严重的区域实施造林种草措施对于降低区域土壤侵蚀量极为重要。姚华荣等(2006)采用GIS空间叠加分析方法对澜沧江流域南段不同土地利用类型上的土壤侵蚀程度及其相应的变化进行统计分析,结果表明,相比于有林地、灌木林地、疏林地以及中高覆盖草地相比,耕地、其他林地和低覆盖度草地上土壤受侵蚀的可能性较大。高杨等(2012)基于SWAT模型对晋江西溪流域的土地利用变化对土壤侵蚀的影响进行了研究,认为在地形、气候、土壤条件保持一致的条件下,林地具有最好的减低土壤侵蚀量效果,然后依次是园地、耕地和草地,建设用地减沙的效果最差。王森(2018)利用InVEST模型探讨了不同的土地利用变化对土壤侵蚀的影响,研究证实,耕地面积的减少对强度、极强度以及剧烈等严重土壤侵蚀面积的减少占主导作用,而林地和草地面积的增加对微度和轻度土壤侵蚀面积占主导作用,间接证实了林草措施对流域减沙具有重要作用。李茂娟等(2019)以侵蚀沟裂度为指标,从土地利用变化角度评价位于东北典型黑土区的克东县近50年来沟蚀变化状况,结果发现,耕地、草地和建设用地的沟蚀状况伴随着林地和未利用地的开垦而加剧,并随着近10年来“退耕还林”的推行和用地状况的改善,沟蚀仍存在发展减缓的趋势。

许多学者对土壤侵蚀与景观格局之间的关系进行了探讨(傅伯杰 等,2002)。例如,通过对景观破碎化指标的研究得知,不合理的人类活动导致区域景观格局发生变化,造成土壤侵蚀严重,从而对区域生态环境造成影响(王永军 等,2005;张明亮 等,2007)。张明亮等(2007)通过对锦云川流域1996—2004年土地利用景观格局指数的变化与水土流失的关系进行研究,得知提高景观的异质性程度对于有效控制土壤侵蚀起到了积极作用。

目前的土地利用变化对土壤侵蚀的影响研究主要集中于对不同土地利用类型土壤侵蚀量的简单统计,针对耕地土壤侵蚀对土地利用变化的深入研究较少。

1.2.5 生态退耕的研究概述

1.2.5.1 生态退耕的概念

1999 年，四川、陕西、甘肃 3 省率先开展了退耕还林还草试点，由此揭开了我国退耕还林的序幕。2002 年，国务院西部开发办公室召开退耕还林工作电视电话会议，确定全面启动退耕还林工程。虽然"退耕"一词在当时使用普遍，但学者们并未对其概念进行界定。退耕和生态退耕的概念由张蓬涛等(2006)首次界定，后续研究在其基础上逐渐达成一致。生态退耕等同于狭义的"退耕"，是以生态恢复为目的，根据区域社会经济和自然环境需求对不宜耕农田进行科学、有序退耕还林、还草、还水等过程(孙丕苓 等，2022a；孙丕苓 等，2022b)。目前，大多数研究将生态退耕的对象定义为不宜耕农田，少部分研究认为生态退耕的对象是人为干扰强烈的农地(谷长磊等，2013)以及已对生态环境造成不利影响或预计将造成不利影响的耕地(张蓬涛 等，2006)。笔者认为，生态退耕的对象应为不宜耕农田，其包含人为干扰强烈的农地和对生态环境不利的耕地，从更深层次讲，生态退耕的对象还应包括生产力低下的耕地。本质上讲，生态退耕是人类主导的行为，旨在寻求最优土地利用方式，转变不宜耕农田的利用方式，以期实现生态系统整体价值和社会经济价值的最大化。生态退耕既是保护生态环境的要求，也是保护耕地生产力的一种有效措施(王进洲，2001)。生态退耕不仅对植被演替、土壤环境、水土流失等生态功能具有重要影响，而且对区域经济发展与粮食安全意义重大(孙晓兵，2017)。

1.2.5.2 退耕格局优化及权衡分析

在生态退耕过程中，生态效益增加与经济效益损失的矛盾无法避免。一些生态退耕工程中存在地块选择不当问题，使得经济效益的损失没有充分转化为生态效益的增加，导致退耕工程难以为区域经济-生态协调发展提供动力(许尔琪 等，2021)。因此，如何制定最具成本-效益的退耕还林方案，对退耕的空间格局进行优化，以平衡生态、经济和粮食安全之间的矛盾，是指导退耕还林工程精准落地的重要基础(喻丹 等，2023)。相关研究主要以生态安全约束为主要依据，通过建立最小累积阻力模型(李恒凯 等，2020)、需求压力指数(王永艳 等，2014)等方法评价耕地空间适宜性并构建退耕格局，在此基础上依据多情景比照（陈红 等，2019）、潜力测算（宋戈 等，2019）等途径拟定退耕方案、制定退耕建议。此外，多数研究还采用基于情景分析的方法对退耕还林工程进行优化配置，即依据一定的准则条件形成几个退耕还林空间配置方案，再根据评价结果进行方案比选、择优。例如，胡冰清等（2024）设置了自然发展情景和不同退耕强度等四种退耕情景；赵爱栋等（2016a）设置了生态安全情景、综合协调情景和耕地保护情景三种退耕情景，评估了不同情景下不稳定耕地退耕影响及退耕可行性。

生态退耕工程对区域生态系统的整体服务功能具有提升作用，但不同生态服务功能之间存在复杂的协同与权衡关系（Shi et al.，2021），可能会制约工程成效的发挥。例如，Peng 等（2019）研究发现，退耕区碳储量和土壤保持的增加是以粮食产量和水产量的大幅下降为代价的，故生态退耕工程可能导致生态系统服务不平衡的加剧。于航等（2023）研究证明，在黄土高原区开展生态退耕工程时生态服务功能存在权衡与协同的问题。因此，分析生态退耕工程导致的生态系统服务之间的权衡协同关系，是保证生态退耕工程可持续发展的关键。Wu 等（2019）研究证明，生态系统固碳能力与水量调节能力存在协同关系，土壤保持能力与固沙能力之间存在权衡关系。退耕还林后黄土高原的产水量和食物供给之间呈协同关系，产水量和生境质量之间呈权衡关系，生境质量和食物供给之间也呈权衡关系（He et al.，2020），因此，平衡多种生态系统服务之间的权衡关系对于生态系统的恢复至关重要（Feng et al.，2020）。除了研究各生态系统服务功能的权衡关系，相关研究还进一步探索了这种关系的函数表达（Feng et al.，2020）以及各种权衡关系背后的驱动因子（Feng et al.，2021）。Feng 等（2017）还通过分析不同植被对权衡关系的影响进而选取最适宜恢复的植被。

1.2.5.3 退耕效益与影响

1. 土地利用变化

生态退耕对区域土地利用最直接的影响为耕地减少，绿地增加。生态退耕本质上是对土地利用结构的调整（邓元杰，2022），因此，退耕区的土地利用变化成为诸多学者关注的热点。目前，对生态退耕引起的区域土地利用变化研究主要涉及土地利用/覆被变化（Chen et al.，2022）、合理性评价

(汪滨 等,2017)、影响程度(陈国建,2006)、生态风险变化(Shen et al. ,2013)等方面。大多数研究基于遥感数据对生态退耕工程的土地利用变化进行分析,得出了较为一致的结论:在实施退耕后,土地利用变化均表现为林地和草地的面积不断扩大,而耕地的面积在缩小(Luo et al. ,2020)。例如,杨亮彦等(2022)研究发现,退耕还林期间榆林市耕地面积下降,林、草地面积增加。除了从数量上对土地利用变化进行分析外,一些研究进行了深层次的挖掘。例如,有研究发现生态退耕工程加快了区域土地利用的年变化率(蔺小虎 等,2015)。

2. 生态环境变化

生态退耕工程的实施显著改善了区域生态环境,对推进生态文明建设、促进区域经济和社会发展发挥了重要作用(Guo et al,2021)。有研究证明,生态退耕工程是区域生态环境的变化的显著驱动因素(Tang et al. ,2023)。生态退耕工程期间,陕北地区的植被净初级生产量和碳储量显著提高(Song et al. ,2012),表明生态退耕工程产生了良好的生态效益。

生态退耕的直接目标是提高区域的林地、草地等绿地的覆盖面积,因此退耕区的植被覆盖变化情况成为生态退耕实施效果的重要评价指标(李慧颖,2019)。归一化植被指数(NDVI)、植被覆盖度(FVC)和植被净初级生产力(NPP)常被用作评价退耕区植被覆盖情况的指标(Huang et al. ,2023)。研究证明,由于生态退耕工程的实施,区域植被覆盖水平得到明显提高(Huang et al. ,2023)。例如,Yang 等(2018)研究发现,生态退耕工程实施后,榆林市的 NDVI 年均值由 0.20 提高到了 0.33。Zhao 等(2019)研究发现 2000—2013 年延安市和榆林市累计造林面积与年 NDVI 呈较强相关性。Wang 等(2017)研究发现,由于生态退耕工程的实施,黄土高原树木覆盖面积比例由 73%变化至 88%。生态退耕工程提高区域植被覆盖水平,进而带来一系列良好的生态效益。首先,在没有植被覆盖的条件下,土壤极易发生侵蚀,且侵蚀模数大(朱青 等,2021),植被恢复能很好地提高土壤的抗侵蚀性(He et al. ,2022),减少水土流失(Yang et al. ,2017)。例如,Yang 等(2017)研究发现,榆林市在生态退耕项目实施后土壤流失呈现明显的递减趋势;Zeng 等(2020)研究发现,生态退耕工程的实施加强了土壤固碳和土壤保持功能。另外,植被恢复还会增加土壤有机碳的含量,在一定程度上抵消了土壤侵蚀对土壤有机碳含量的负面影响(Wang et al. ,2021)。有研究显示，土壤有机碳含量在生态退耕后最初的 4～5 年略微减少，然后随着植被恢复逐渐增加(Zhang et al.，2010)。将耕地转化为多年生植被地可以增加土壤有机碳积累。例如，Chang 等(2011)研究发现，黄土高原在生态退耕期间顶部 20 cm 土层的 SOC 以 0.712 Tg/C 的速度增加。

植被恢复的同时还会影响区域的生态系统服务。生态系统服务是指人类能从生态系统中获取的直接或间接的效益，包括供给服务、调节服务、文化服务和支持服务，是人类生存和发展必不可少的一部分(Shen et al.，2023)。多数研究表明，生态退耕对区域生态环境改善作用明显，促进了区域生态系统服务功能的完善(岳耀杰 等，2014；李长生 等，2022)。例如，李慧杰等(2020)研究发现，生态退耕期间武陵山区各项生态服务功能物质量均以 15 倍左右的速度增长。谢怡凡等(2020)对延安市生境质量分析发现，生态退耕工程对区域生境质量提高有显著的推动作用。但也有研究认为，由于生态退耕改变了区域土地利用模式，林草地的生态系统服务价值增加的同时损害了其他土地利用类型的面积，导致区域生态系统服务价值的总量下降(Li et al.，2022)。此外，作为生态退耕的主要利益相关者，农民作为土地的主要管理者，既是项目的受益者，也是受到任何负面后果影响的人。有学者从农民的角度评估了生态退耕对环境的影响，发现一些农民因自身需求被忽视对生态退耕带来的环境变化并不满意，不愿意参与未来的退耕(Li et al.，2022)。

3. 粮食安全

生态退耕过程中，耕地面积必然会减少，从而引发了学者对粮食安全问题的思考。生态退耕工程使耕地面积、播种总面积和人均耕地面积均有所下降(Han et al.，2014)，但是在粮食种植面积减少的同时，由于种植结构的调整、投资的增加和技术的改进等诸多措施的出台，且生态退耕的农田多为坡度陡峭的不宜耕农田(Yuan et al.，2014)，所以更多的生产资料被投向优质耕地，生产效率提高，粮食总产量和单位面积粮食产量不断提高。有研究显示，由于生态项目从耕地(坡度≥25°)中移除的陡峭农田的粮食产量仅占中国每年粮食总产量的 3%左右，由此导致的粮食总产量下降已通过在更合适的土地上使用改良的农业技术得到补偿。此外，即使考虑到退出耕种的面积，生态退耕地区 25 个省份的粮食总产量从 2000 年到 2007 年增长了 6.5%(Cao，2011)。Lu 等(2013)对华南地区的研究发现，将 25°以上的不宜耕农田全部转为林地或草地，并不会危害华南地区的粮食安全。生态退耕项目实施后，黄土高原的粮食生产效率的区域分化正在缩小，由此可见，生态退耕工程对粮食安全没有产生显著的负面影响，但在生态退耕实施过程中，仍应平衡粮食安全和生态环境效益，加强生态管理(Han et al. ,2022)。

4. 退耕后农户生计

当生态退耕工程为区域生态环境带来良好效益的同时，我们也必须重点研究退耕后农户的生计问题。有研究显示，自 1999 年以来，生态退耕的土地预留干预措施一直在影响中国黄土丘陵区农户的生计(Li et al. , 2016)。如果过分强调生态效益而忽视农民对口粮和经济收益的基本需求，就会导致生态建设与区域经济发展的不协调。这不仅不能调动农民参与植被建设的积极性和主动性，反而会引起农民的反对甚至对抗情绪(刘庆博 等,2010)。因此，即使在行政干预的情况下强制退耕，也难以长期维持。因此，退耕的补偿机制也成为早期学者的研究热点(秦艳红 等,2006;张宝文 等,2011)。早期的研究主要关注补偿机制的构建(支玲 等,2004)、补偿标准的确立(黄富祥 等,2002)、补偿方式的确定(王欧 等,2005)以及补偿资金筹措来源等方面。生态补偿机制相对成熟后，后续的研究主要分析补偿机制存在的问题，并从不同角度入手提出完善生态退耕补偿机制的措施(冉瑞平,2007)。生态退耕的补偿机制有直接补偿和间接补偿两种方式。直接补偿是农户因退耕还林口粮和收入下降而应该得到的粮食和现金补偿，由政府及有关部门支付给退耕农户个人(Cao et al. ,2009)。间接补偿是逐渐产生效应的，受损者在这个过程中陆续得到实际的好处，例如就业指导和帮助、提供就业岗位、技术援助等(张树川 等,2005)。生态补偿政策一方面通过劳动力转移的形式促进农户再就业，进而提高农户收入，另一方面通过农业结构调整，进而促进农户收入，但生态补偿政策在促进农民收入稳定可持续增长、优化地区产业结构等方面仍存在不足(卢文秀 等,2023)。有研究显示，农民对生态退耕政策不满的主要原因是补贴不够(Xie et al. ,2020)，比起对生态退耕政策是否满意，多数农民更关心的是自己能否盈利(Li et al. , 2022)，然而目前的补贴可能无法满足农民的期望(Wang et al. ,2019)，但是不断增加补贴可能不是提高农民参与意愿的最佳方式，因为农民一旦将土地视为商品，总是会期望更高的补贴(Zhang et al. ,2019a)。因此，探索长期有效可持续补贴政策仍是未来研究的重点。

1.3 研究内容与技术路线

1.3.1 研究内容

本书选择吉林省长春市九台区为研究区域，从县域尺度开展土壤侵蚀空间格局及其对土地利用变化响应关系的研究。通过建立以多时相哨兵二号遥感为核心的土壤有机碳(SOC)高精度反演方法，为土壤可蚀性因子高精度量化和高分辨率空间表征提供数据支撑；将基于高光谱遥感反演的土壤可蚀性因子数据引入通用土壤流失方程(RUSLE)，实现研究区土壤侵蚀模数的测算和空间格局分析，进而识别侵蚀热点区；利用地理加权回归模型，探究土壤侵蚀格局与土地利用变化因子的关系，分析土地利用强度和耕地景观破碎度变化对耕地土壤侵蚀的影响，为区域水土保持措施的精准落地和宏观土地管理政策的制定提供依据。

(1) 基于哨兵二号高光谱遥感反演的土壤可蚀性因子空间表征研究

土壤侵蚀模数的高精度量化和空间表征需要高分辨率土壤可蚀性因子的支撑。基于SOC含量与土壤可蚀性因子之间的极显著相关性，首先开展以哨兵二号卫星遥感为核心的SOC高精度量化与空间连续制图方法研究；通过裸土像元提取与多时相合成、SOC预测模型构建、不确定分析，建立研究区SOC含量预测的一体化框架，并与近地光谱传感数据进行模型精度对比，以验证遥感反演预测SOC的可行性；最后，利用高分辨率SOC分布数据，构建土壤可蚀性因子大范围、高时效、低成本估算的新方法，为RUSLE土壤侵蚀模拟提供数据支撑。

(2) 研究区土壤侵蚀空间格局及侵蚀热点区有机碳迁移-再分布规律研究

将高分辨率土壤可蚀性因子数据输入RUSLE框架，开展研究区土壤侵蚀模数的测算研究；利用探索性空间分析方法，对土壤侵蚀的空间聚集程度进行评价，实现土壤侵蚀热点区的识别，并把不同侵蚀强度理解为各种侵蚀强度镶嵌而成的侵蚀景观，进行了土壤侵蚀景观格局的分析，正确揭示区域土壤侵蚀空间分布特征。

在侵蚀热点区选取典型坡耕地，从坡面尺度开展土壤侵蚀驱动的SOC空间迁移-再分布规律研究。通过对不同坡面位置的土壤团聚结构、团聚体粒级SOC含量、碳稳定同位素比值($\delta^{13}C$)、土壤质地的分析，研究坡耕地土壤侵蚀强度和SOC数量、质量的空间异质性成因，为农田尺度土壤固碳和水土保持措施的实施提供依据。

(3) 土地利用变化的土壤侵蚀空间响应研究

选取影响研究区土壤侵蚀状况的自然因素、社会经济因素变化以及土地利用因素变化(土地利用强度、景观破碎度)作为解释变量，以空间网格作为研究的基本单元，利用GWR模型分析研究区耕地土壤侵蚀的主控因素，探究不同解释变量对耕地土壤侵蚀影响的空间差异性，并从土地管理的角度有针对性地对东北低山丘陵区县域耕地土壤侵蚀状况提出防治措施。最后采用MCR模型、SWAT模型等，对漫川漫岗地形条件下的黑土退化风险与基础生态约束格局进行探索，模拟不同强度的退耕情景并提出县域退耕建议。

1.3.2 技术路线

本书首先通过建立以多时相哨兵二号遥感为核心的土壤有机碳高精度反演方法，为土壤可蚀性因子高精度量化和高分辨率空间表征提供数据支撑；并将基于高光谱遥感反演的土壤可蚀性因子数据引入通用土壤流失方程，进行研究区土壤侵蚀强度的测算和空间格局分析，识别侵蚀热点区。其次，本书基于地理加权回归模型，探究土壤侵蚀格局与土地利用变化因子的关系，分析土地利用强度和耕地景观破碎度对土壤侵蚀的影响。最后，本书基于生态安全约束强度设置不同退耕情景，通过对比各情景下耕地数量、质量与生态效益，拟定退耕方案为区域水土保持措施的精准落地和宏观土地管理政策的制定提供依据。东北低山丘陵区土壤侵蚀格局及耕地退化防治技术路线图见图1-3。

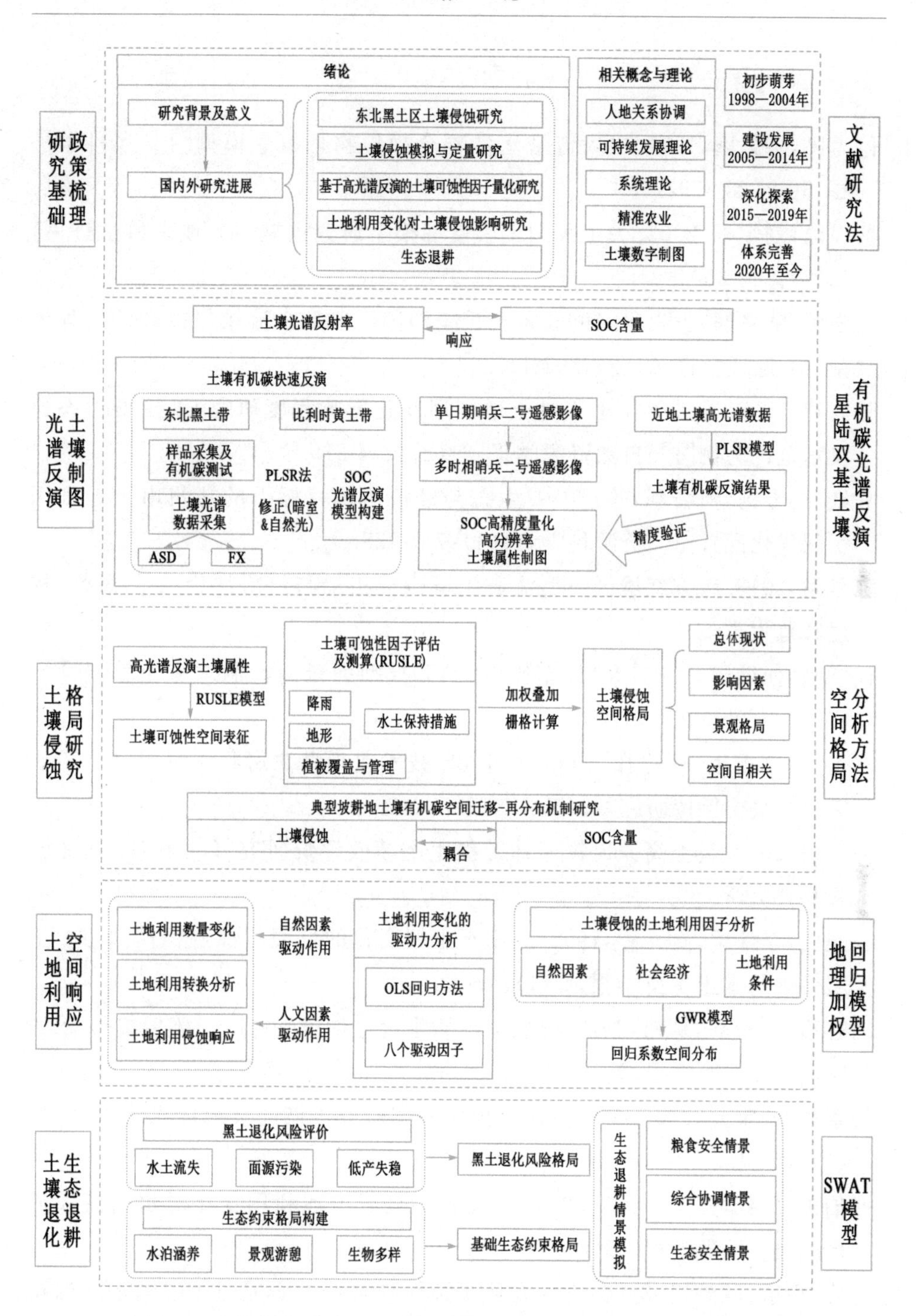

图 1-3 东北低山丘陵区土壤侵蚀格局及耕地退化防治技术路线图

本章参考文献

包为民,陈耀庭,1994.中大流域水沙耦合模拟物理概念模型[J].水科学进展,5(4):287-292.

蔡强国,刘纪根,2003.关于我国土壤侵蚀模型研究进展[J].地理科学进展,22(3):242-250.

蔡强国,陆兆熊,王贵平,1996.黄土丘陵沟壑区典型小流域侵蚀产沙过程模型[J].地理学报,51(2):108-117.

陈国建,2006.退耕还林还草对土地利用变化影响程度研究:以延安生态建设示范区为例[J].自然资源学报,21(2):274-279.

陈红,史云扬,柯新利,等,2019.生态与经济协调目标下的郑州市土地利用空间优化配置[J].资源科学,41(4):717-728.

陈世发,2018.南方红壤区典型流域土壤侵蚀格局与风险评价[D].福州:福建师范大学.

代堂刚,任继周,王杰,2014.基于 SWAT 模型的云南渔洞水库土壤侵蚀研究[J].人民长江,45(5):83-86.

邓玉娇,薛重生,林锦祥,2006.基于 3S 技术实现湖北房县土壤侵蚀定量研究[J].水土保持研究,13(6):208-209,212.

邓元杰,2022.黄土高原退耕还林工程生态绩效评价研究[D].杨凌:西北农林科技大学.

段建南,李保国,石元春,1998.应用于土壤变化的坡面侵蚀过程模拟[J].土壤侵蚀与水土保持学报,4 (1):47-53.

冯志珍,郑粉莉,易祎,2017.薄层黑土微生物生物量碳氮对土壤侵蚀-沉积的响应[J].土壤学报,54(6):1332-1344.

符素华,刘宝元,2002.土壤侵蚀量预报模型研究进展[J].地球科学进展,17(1):78-84.

傅伯杰,邱扬,王军,等,2002.黄土丘陵小流域土地利用变化对水土流失的影响[J].地理学报,57(6):717-722.

高峰,詹敏,战辉,1989.黑土区农地侵蚀性降雨标准研究[J].中国水土保持(11):19-21,63.

高杨,陈兴伟,张红梅,2012.基于子流域土地覆被变化的产流产沙效应模拟[J].水土保持通报,32(4):75-79.

谷长磊,刘琳,邱扬,等,2013.黄土丘陵区生态退耕对草本层植物多样性的影响[J].水土保持研究,20(5):99-103.

顾广贺,王岩松,钟云飞,等,2015.东北漫川漫岗区侵蚀沟发育特征研究[J].水土保持研究,22(2):47-51,57.

顾治家,谢云,李骜,等,2020.利用CSLE模型的东北漫川漫岗区土壤侵蚀评价[J].农业工程学报,36(11):49-56.

关君蔚,1996.水土保护原理[M].北京:中国林业出版社.

郭碧云,王光谦,傅旭东,等,2012.黄河中游清涧河流域土地利用空间结构和分形模型[J].农业工程学报,28(14):223-228.

韩晓增,李娜,2018.中国东北黑土地研究进展与展望[J].地理科学,38(7):1032-1041.

郝润梅,马玲玲,2014.关于内蒙古半干旱地区弃耕的思考:以和林格尔县为例[J].中国土地科学,28(10):48-54,96-97.

胡冰清,李文博,祝元丽,2024.基于多退耕情景的吉林省中部黑土区固碳潜力与增汇格局研究[J].水土保持研究,31(3):230-238,246.

黄富祥,康慕谊,张新时,2002.退耕还林还草过程中的经济补偿问题探讨[J].生态学报,22(4):471-478.

纪文君,李曦,李成学,等,2012.基于全谱数据挖掘技术的土壤有机质高光谱预测建模研究[J].光谱学与光谱分析,32(9):2393-2398.

江忠善,王志强,刘志,1996.应用地理信息系统评价黄土丘陵区小流域土壤侵蚀的研究[J].水土保持研究,3(2):84-97.

姜艳艳,常诚,张大伟,等,2020.东北黑土区水土流失现状及成因分析[J].黑龙江科学,11(18):152-153.

姜义亮,郑粉莉,王彬,等,2013.东北黑土区片蚀和沟蚀对土壤团聚体流失的影响[J].生态学报,33(24):7774-7781.

焦剑,2010.东北地区土壤侵蚀空间变化特征研究[J].水土保持研究,17(3):1-6,63,289.

金慧凝,2017.松嫩平原土壤水分光谱特性分析与预测模型研究[D].哈尔滨:东北农业大学.
李长生,严金明,2022.生态退耕背景下黄河流域耕地变化与农业生产和生态环境关系研究[J].中国农业资源与区划,43(10):1-8.
李定强,刘平,吴志峰,等,1999.可持续的土地管理概念与水土保持可持续发展前景[J].水土保持研究,6(2):19-25.
李恒凯,刘玉婷,李芹,等,2020.基于MCR模型的南方稀土矿区生态安全格局分析[J].地理科学,40(6):989-998.
李慧杰,牛香,王兵,等,2020.生态系统服务功能与景观格局耦合协调度研究:以武陵山区退耕还林工程为例[J].生态学报,40(13):4316-4326.
李慧颖,2019.基于遥感和InVEST模型的辽宁省退耕还林工程生态效应评估[D].长春:吉林大学.
李茂娟,李天奇,朱连奇,等,2019.50年来东北黑土区土地利用变化对沟蚀的影响:以克东地区为例[J].地理研究,38(12):2913-2926.
李双才,罗利芳,张科利,等,2004.黄土沟壑丘陵区退耕对土壤侵蚀影响的模拟研究[J].水土保持学报,18(1):74-77.
梁春林,王彬,张文龙,2020.东北黑土区坡耕地土壤团聚体稳定性与结构特征[J].中国水土保持科学,18(6):43-52.
林新,2008.绿茶主要成分近红外光谱分析方法研究[D].武汉:华中农业大学.
蔺小虎,姚顽强,邱春霞,2015.黄土丘陵沟壑区退耕驱动下土地利用变化:以陕西省安塞县纸坊沟流域为例[J].山地学报,33(6):759-769.
刘宝元,毕小刚,符素华,等,2010.北京土壤流失方程[M].北京:科学出版社.
刘焕军,孟祥添,王翔,等,2019.反射光谱特征的土壤分类模型[J].光谱学与光谱分析,39(8):2481-2485.
刘焕军,潘越,窦欣,等,2018.黑土区田块尺度土壤有机质含量遥感反演模型[J].农业工程学报,34(1):127-133.
刘磊,沈润平,丁国香,2011.基于高光谱的土壤有机质含量估算研究[J].光谱学与光谱分析,31(3):762-766.
刘庆博,支玲,2010.退耕还林补偿问题研究综述[J].世界林业研究,23(1):

44-49.
刘兴土,阎百兴,2009.东北黑土区水土流失与粮食安全[J].中国水土保持(1):17-19.
刘远利,郑粉莉,王彬,等,2010.WEPP模型在东北黑土区的适用性评价:以坡度和水保措施为例[J].水土保持通报,30(1):139-145.
刘志红,2007.基于遥感与GIS的全国水蚀区水土流失评价[D].北京:中国科学院大学.
柳艺博,常庆瑞,2009.RS与GIS在东北黑土区土壤侵蚀研究中的应用[J].西北林学院学报,24(5):166-170.
卢文秀,吴方卫,2023.生态补偿能够促进农民增收吗:基于2008—2019年新安江流域试点的经验数据[J].农业技术经济(11):4-18.
牟金泽,孟庆枚,1983.陕北部份①中小流域输沙量计算[J].人民黄河(4):35-37.
乔治,徐新良,2012.东北林草交错区土壤侵蚀敏感性评价及关键因子识别[J].自然资源学报,27(8):1349-1361.
秦艳红,康慕谊,2006.退耕还林(草)的生态补偿机制完善研究:以西部黄土高原地区为例[J].中国人口·资源与环境,16(4):28-32.
冉瑞平,2007.论完善退耕还林生态补偿机制[J].生态经济(学术版),23(5):299-301,308.
沈润平,丁国香,魏国栓,等,2009.基于人工神经网络的土壤有机质含量高光谱反演[J].土壤学报,46(3):391-397.
史舟,王乾龙,彭杰,等,2014.中国主要土壤高光谱反射特性分类与有机质光谱预测模型[J].中国科学(地球科学),44(5):978-988.
史舟,徐冬云,滕洪芬,等,2018.土壤星地传感技术现状与发展趋势[J].地理科学进展,37(1):79-92.
宋戈,刘燕妮,张文琦,等,2019.基于可改良限制因子的耕地质量等别提升潜力研究[J].农业工程学报,35(14):261-269.
孙丕苓,彭田田,沈丹丹,2022a.2000—2020年黄河流域生态退耕时空分异

① 原标题为“部份”,应为“部分”。

特征[J]. 黄河文明与可持续发展(1):47-59.
孙丕苓,曲琳,刘庆果,等,2022b. 中国北方农牧交错带生态退耕时空分异及驱动因素[J]. 资源科学,44(5):943-954.
孙晓兵,2017. 生态退耕背景下延安市土地利用变化及景观可持续研究[D]. 哈尔滨:东北农业大学.
汪滨,张志强,2017. 黄土高原典型流域退耕还林土地利用变化及其合理性评价[J]. 农业工程学报,33(7):235-245,316.
汪景宽,李双异,张旭东,等,2007. 20 年来东北典型黑土地区土壤肥力质量变化[J]. 中国生态农业学报,15(1):19-24.
汪明冲,潘竟虎,赵军,2009. 基于 RS 与 GIS 的黄土丘陵沟壑区土壤侵蚀的景观格局分析:以黄土高原水保二期世行贷款庆城项目区为例[J]. 佛山科学技术学院学报(自然科学版),27(3):60-64.
王进洲,2001. 对我市国土资源与生态退耕的几点认识[C]//周光召. 新世纪新机遇 新挑战:知识创新和高新技术产业发展:下册. 北京:中国科学技术出版社.
王库,史学正,于东升,等,2003. 基于景观格局分析的兴国县土壤侵蚀演变研究[J]. 水土保持学报,17(4):94-97.
王磊,师宏强,刘刚,等,2019. 黑土区宽垄和窄垄耕作的顺坡坡面土壤侵蚀对比[J]. 农业工程学报,35(19):176-182.
王欧,宋洪远,2005. 建立农业生态补偿机制的探讨[J]. 农业经济问题,26(6):22-28,79.
王森,2018. 延安市土地利用变化及其土壤保持功能效应研究[D]. 北京:中国科学院大学.
王永军,李团胜,刘康,等. 2005. 榆林地区景观格局分析及其破碎化评价[J]. 资源科学,27(2):161-166.
王永艳,李阳兵,邵景安,等,2014. 基于斑块评价的三峡库区腹地坡耕地优化调控方法与案例研究[J]. 生态学报,34(12):3245-3256.
王禹,2010. 137Cs 和 210Pbex 复合示踪研究东北黑土区坡耕地土壤侵蚀速率[D]. 北京:中国科学院大学.
谢怡凡,姚顺波,邓元杰,等,2020. 延安市退耕还林(草)工程对生境质量时空格局的影响[J]. 中国生态农业学报(中英文),28(4):575-586.
徐金鸿,徐瑞松,夏斌,等,2006. 土壤遥感监测研究进展[J]. 水土保持研究,13(2):17-20.
许尔琪,李婧昕,2021. 干旱区水资源约束下的生态退耕空间优化及权衡分析:以奇台县为例[J]. 地理研究,40(3):627-642.
许晓鸿,崔斌,张瑜,等,2017. 吉林省侵蚀沟分布与环境要素的关系[J]. 水土保持通报,37(3):93-96.
闫业超,张树文,岳书平,2008. 东北黑土区土壤侵蚀模拟中的地形因子尺度分析[J]. 干旱区资源与环境,22(11):180-184.
阎百兴,欧洋,祝惠,2019. 东北黑土区农业面源污染特征及防治对策[J]. 环境与可持续发展,44(2):31-34.
杨亮彦,黎雅楠,范鸿建,2022. 榆林市土地利用/覆被时空格局变化及退耕还林工程对其的效应[J]. 自然资源情报,(9):37-44.
杨勤科,李锐,曹明明,2006. 区域土壤侵蚀定量研究的国内外进展[J]. 地球科学进展,21(8):848-855.
杨维鸽,2016. 典型黑土区土壤侵蚀对土壤质量和玉米产量的影响研究[D]. 北京:中国科学院大学.
杨子生,刘彦随,卢艳霞,2005. 山区水土流失防治与土地资源持续利用关系探讨[J]. 资源科学,27(6):146-150.
姚华荣,崔保山,2006. 澜沧江流域云南段土地利用及其变化对土壤侵蚀的影响[J]. 环境科学学报,26(8):1362-1371.
伊燕平,2017. 气候变化与土地利用/覆被变化对东辽河流域土壤侵蚀的影响研究[D]. 长春:吉林大学.
于航,金磊,谭炳香,等,2023. 黄土高原退耕还林生态服务权衡协同分析:以安塞县为例[J]. 生态学杂志,42(3):544-551.
喻丹,董晓华,彭涛,等,2023. 基于减沙效益和经济效益的流域退耕还林方案优化[J]. 农业工程学报,39(13):260-270.
岳耀杰,闫维娜,王秀红,等,2014. 区域生态退耕对生态系统服务价值的影响:以宁夏盐池为例[J]. 干旱区资源与环境,28(2):60-67.
张宝文,关锐捷,2011. 中国建立农业生态环境补偿机制现状与对策[J]. 农村经营管理(6):21-23.
张甘霖,史舟,朱阿兴,等,2020.土壤时空变化研究的进展与未来[J].土壤学报,57(5):1060-1070.
张红旗,李达净,2021.西北干旱区不稳定耕地概念与分类研究:以新疆昌吉州为例[J].地理研究,40(3):597-612.
张娟娟,田永超,姚霞,等,2011.基于高光谱的土壤全氮含量估测[J].自然资源学报,26(5):881-890.
张科利,曹其新,细山田健三,等,1995.神经网络理论在土壤侵蚀预报方面应用的探讨[J].土壤侵蚀与水土保持学报,1(1):58-63,72.
张录达,金泽宸,沈晓南,等,2005.SVM回归法在近红外光谱定量分析中的应用研究[J].光谱学与光谱分析,25(9):1400-1403.
张明亮,王海霞,2007.山区小流域景观格局变化及其水土流失效应[J].水土保持研究,14(3):251-253.
张蓬涛,封志明,成升魁,2006.论退耕的概念[J].林业经济问题,26(1):1-4.
张树川,左停,李小云,2005.关于退耕还林(草)中生态效益补偿机制探讨[J].经济问题(11):49-51.
张宪奎,许靖华,卢秀琴,等,1992.黑龙江省土壤流失方程的研究[J].水土保持通报,12(4):1-9,18.
张兴义,刘晓冰,2020a.中国黑土研究的热点问题及水土流失防治对策[J].水土保持通报,40(4):340-344.
张兴义,乔宝玲,李健宇,等,2020b.降雨强度和坡度对东北黑土区顺坡垄体溅蚀特征的影响[J].农业工程学报,36(16):110-117.
张兴义,隋跃宇,宋春雨,2013.农田黑土退化过程[J].土壤与作物,2(1):1-6.
章文波,刘宝元,2003.基于GIS的中国土壤侵蚀预报信息系统[J].水土保持学报,17(2):89-92.
赵爱栋,许实,曾薇,等,2016a.不稳定耕地利用困境:基于粮食安全、农民收入和生态安全间的权衡:以甘肃省景泰县为例[J].资源科学,38(10):1883-1892.
赵爱栋,许实,曾薇,等,2016b.干旱半干旱区不稳定耕地分析及退耕可行性评估[J]. 农业工程学报,32(17):215-225.

郑粉莉,边锋,卢嘉,等,2016. 雨型对东北典型黑土区顺坡垄作坡面土壤侵蚀的影响[J]. 农业机械学报,47(2):90-97.

支玲,李怒云,王娟,等,2004. 西部退耕还林经济补偿机制研究[J]. 林业科学,40(2):2-8.

周自翔,任志远,2006. GIS 支持下的土地利用与土壤侵蚀强度相关性研究:以陕北黄土高原为例[J]. 生态学杂志,25(6):629-634.

朱登胜,吴迪,宋海燕,等,2008. 应用近红外光谱法测定土壤的有机质和 pH 值[J]. 农业工程学报,24(6):196-199.

朱连辉,2018. 北方村庄压煤山丘区土地利用变化及土壤侵蚀关系研究[D]. 北京:中国地质大学(北京).

朱青,周自翔,刘婷,等,2021. 黄土高原植被恢复与生态系统土壤保持服务价值增益研究:以延河流域为例[J]. 生态学报,41(7):2557-2570.

邹亚荣,张增祥,周全斌,等,2002. 基于 GIS 的土壤侵蚀与土地利用关系分析[J]. 水土保持研究,9(1):67-69,75.

ADHIKARY P P, TIWARI S P, MANDAL D, et al., 2014. Geospatial comparison of four models to predict soil erodibility in a semi-arid region of Central India[J]. Environmental earth sciences,72(12):5049-5062.

AUERSWALD K,FIENER P,MARTIN W,et al.,2014. Use and misuse of the K factor equation in soil erosion modeling:an alternative equation for determining USLE nomograph soil erodibility values[J]. Catena,118:220-225.

BAGARELLO V,DI STEFANO C,FERRO V,et al.,2012. Estimating the USLE soil erodibility factor in Sicily,south Italy[J]. Applied engineering in agriculture,28(2):199-206.

BARTHÈS B,ROOSE E,2002. Aggregate stability as an indicator of soil susceptibility to runoff and erosion; validation at several levels[J]. Catena,47(2):133-149.

BOSCO C,DE RIGO D,DEWITTE O,et al.,2015. Modelling soil erosion at European scale: towards harmonization and reproducibility[J]. Natural hazards and earth system sciences,15(2):225-245.

BOWERS S A,HANKS R J,1965. Reflection of radiant energy from soils [J]. Soil science,100(2):130-138.

CAO S X,2011. Impact of China's large-scale ecological restoration program on the environment and society in arid and semiarid areas of China: achievements,problems,synthesis,and applications[J]. Critical reviews in environmental science and technology,41(4):317-335.

CAO S X,XU C G,CHEN L,et al.,2009. Attitudes of farmers in China's northern Shaanxi Province towards the land-use changes required under the grain for green project,and implications for the project's success[J]. Land use policy,26(4):1182-1194.

CASTALDI F,HUENI A,CHABRILLAT S,et al.,2019. Evaluating the capability of the Sentinel 2 data for soil organic carbon prediction in croplands[J]. ISPRS journal of photogrammetry and remote sensing,147: 267-282.

CASTALDI F,PALOMBO A,SANTINI F,et al.,2016. Evaluation of the potential of the current and forthcoming multispectral and hyperspectral imagers to estimate soil texture and organic carbon[J]. Remote sensing of environment,179:54-65.

CHANG R Y,FU B J,LIU G H,et al.,2011. Soil carbon sequestration potential for "grain for green" project in Loess Plateau, China [J]. Environmental management,48(6):1158-1172.

CHAPPELL A, BALDOCK J, SANDERMAN J, 2016. The global significance of omitting soil erosion from soil organic carbon cycling schemes[J]. Nature climate change,6:187-191.

CHEN X,YU L,DU Z R,et al.,2022. Distribution of ecological restoration projects associated with land use and land cover change in China and their ecological impacts[J]. The science of the total environment,825:153938.

DE JONG S M,PARACCHINI M L,BERTOLO F,et al.,1999. Regional assessment of soil erosion using the distributed model SEMMED and remotely sensed data[J]. Catena,37(3/4):291-308.

DOAN T T,HENRY-DES-TUREAUX T,RUMPEL C,et al. ,2015. Impact of compost,vermicompost and biochar on soil fertility,maize yield and soil erosion in Northern Vietnam:a three year mesocosm experiment[J]. The science of the total environment,514:147-154.

DONG L B, LI J W, ZHANG Y, et al. , 2022. Effects of vegetation restoration types on soil nutrients and soil erodibility regulated by slope positions on the Loess Plateau[J]. Journal of environmental management, 302:113985.

DUAN X W,XIE Y,OU T H,et al. ,2011. Effects of soil erosion on long-term soil productivity in the black soil region of northeastern China[J]. Catena,87(2):268-275.

ERKTAN A, LEGOUT C, DE DANIELI S, et al. , 2016. Comparison of infrared spectroscopy and laser granulometry as alternative methods to estimate soil aggregate stability in mediterranean badlands[J]. Geoderma, 271:225-233.

FANG H Y,2017a. Impact of land use change and dam construction on soil erosion and sediment yield in the black soil region, northeastern China [J]. Land degradation & development,28(4):1482-1492.

FANG H Y,SUN L Y,2017b. Modelling soil erosion and its response to the soil conservation measures in the black soil catchment, Northeastern China[J]. Soil and tillage research,165:23-33.

FANG H Y, SUN L Y, QI D L, et al. , 2012. Using 137Cs technique to quantify soil erosion and deposition rates in an agricultural catchment in the black soil region, Northeast China [J]. Geomorphology, 169/170: 142-150.

FARIFTEH J, VAN DER MEER F, ATZBERGER C, et al. , 2007. Quantitative analysis of salt-affected soil reflectance spectra:a comparison of two adaptive methods (PLSR and ANN) [J]. Remote sensing of environment,110(1):59-78.

FENG Q, DONG S Y, DUAN B L, 2021. The effects of land-use change/conversion on trade-offs of ecosystem services in three precipitation zones [J]. Sustainability, 13(23): 13306.

FENG Q, ZHAO W W, FU B J, et al., 2017. Ecosystem service trade-offs and their influencing factors: a case study in the Loess Plateau of China [J]. The science of the total environment, 607/608: 1250-1263.

FENG Q, ZHAO W W, HU X P, et al., 2020. Trading-off ecosystem services for better ecological restoration: a case study in the Loess Plateau of China[J]. Journal of cleaner production, 257: 120469.

FLANAGAN D C, LAFLEN J M, 1997. The USDA water erosion prediction project (WEPP)[J]. Eurasian soil science, 30(5): 524-530.

GAO L Q, BOWKER M A, XU M X, et al., 2017. Biological soil crusts decrease erodibility by modifying inherent soil properties on the Loess Plateau, China[J]. Soil biology and biochemistry, 105: 49-58.

GARCÍA-RUIZ J M, BEGUERÍA S, NADAL-ROMERO E, et al., 2015. A meta-analysis of soil erosion rates across the world[J]. Geomorphology, 239: 160-173.

GHOLIZADEH A, SABERIOON M, BEN-DOR E, et al., 2018. Monitoring of selected soil contaminants using proximal and remote sensing techniques: background, state-of-the-art and future perspectives [J]. Critical reviews in environmental science and technology, 48(3): 243-278.

GIANINETTO M, LECHI G, 2004. The development of Superspectral approaches for the improvement of land cover classification [J]. IEEE transactions on geoscience and remote sensing, 42(11): 2670-2679.

GOMEZ C, ADELINE K, BACHA S, et al., 2018. Sensitivity of clay content prediction to spectral configuration of VNIR/SWIR imaging data, from multispectral to hyperspectral scenarios [J]. Remote sensing of environment, 204: 18-30.

GOMEZ C, LAGACHERIE P, COULOUMA G, 2008. Continuum removal versus PLSR method for clay and calcium carbonate content estimation from laboratory and airborne hyperspectral measurements[J]. Geoderma, 148(2):141-148.

GOMEZ C, LE BISSONNAIS Y, ANNABI M, et al., 2013. Laboratory Vis-NIR spectroscopy as an alternative method for estimating the soil aggregate stability indexes of mediterranean soils[J]. Geoderma, 209/210:86-97.

GONZÁLEZ HIDALGO J C, RAVENTOS J, ECHEVARRIA M T, 1997. Comparison of sediment ratio curves for plants with different architectures[J]. Catena, 29(3/4):333-340.

GRUNWALD S, VASQUES G M, RIVERO R G, 2015. Fusion of soil and remote sensing data to model soil properties[J]. Advances in agronomy, 131:1-109.

GUO K, NIU X, WANG B, 2022. A GIS-based study on the layout of the ecological monitoring system of the grain for green project in China[J]. Forests, 14(1):70.

GUO M M, CHEN Z X, WANG W L, et al., 2021. Revegetation induced change in soil erodibility as influenced by slope situation on the Loess Plateau[J]. The science of the total environment, 772:145540.

HAN H Q, YANG J Q, LIU Y, et al., 2022. Effect of the grain for green project on freshwater ecosystem services under drought stress[J]. Journal of mountain science, 19(4):974-986.

HAN L, ZHU H L, 2014. Effects of the grain for green project on grain production in Ansai County[C]//2014 Seventh international joint conference on computational sciences and optimization. Beijing: IEEE: 684-687.

HE J, SHI X Y, FU Y J, et al., 2020. Spatiotemporal pattern of the trade-offs and synergies of ecosystem services after Grain for Green Program: a case study of the Loess Plateau, China[J]. Environmental science and pollution research, 27(24):30020-30033.

HE J Y, JIANG X H, LEI Y X, et al., 2022. Temporal and spatial variation and driving forces of soil erosion on the Loess Plateau before and after the implementation of the grain-for-green project: a case study in the Yanhe River Basin, China[J]. International journal of environmental research and public health, 19(14): 8446.

HE X B, XU Y B, ZHANG X B, 2007. Traditional farming system for soil conservation on slope farmland in southwestern China[J]. Soil and tillage research, 94(1): 193-200.

HUANG W Y, WANG P, HE L, et al., 2023. Improvement of water yield and net primary productivity ecosystem services in the Loess Plateau of China since the "grain for green" project[J]. Ecological indicators, 154: 110707.

KARAMAGE F, ZHANG C, LIU T, et al., 2017. Soil erosion risk assessment in Uganda[J]. Forests, 8(2): 52.

KLEIN J, JARVA J, FRANK-KAMENETSKY D, et al., 2013. Integrated geological risk mapping: a qualitative methodology applied in St. Petersburg, Russia[J]. Environmental earth sciences, 70(4): 1629-1645.

LAFLEN J M, LANE L J, FOSTER G R, 1991. WEPP: a new generation of erosion prediction technology [J]. Journal of soil and water conservation, 46(1): 34-38.

LE BISSONNAIS Y, BLAVET D, DE NONI G, et al., 2007. Erodibility of Mediterranean vineyard soils: relevant aggregate stability methods and significant soil variables[J]. European journal of soil science, 58(1): 188-195.

LE Q B, NKONYA E, MIRZABAEV A, 2016. Biomass productivity-based mapping of global land degradation hotspots [M]// NKONYA E, MIRZABAEV A, VON BRAUN J. Economics of land degradation and improvement: a global assessment for sustainable development. Cham: Springer: 55-84.

LI H Q, LIAO X L, ZHU H S, et al., 2019. Soil physical and hydraulic properties under different land uses in the black soil region of Northeast

China[J]. Canadian journal of soil science,99(4):406-419.

LI H Q,ZHU H S,QIU L P,et al. ,2020. Response of soil OC,N and P to land-use change and erosion in the black soil region of the Northeast China[J]. Agriculture,ecosystems & environment,302:107081.

LI K, ZHANG B Y, 2022. Spatial and temporal evolution of ecosystem service value in Shaanxi Province against the backdrop of grain for green [J]. Forests,13(7):1146.

LI Q R, AMJATH-BABU T S, ZANDER P, 2016. Role of capitals and capabilities in ensuring economic resilience of land conservation efforts:a case study of the grain for green project in China's Loess Hills[J]. Ecological indicators,71:636-644.

LI S,LOBB D A,KACHANOSKI R G,et al. ,2011. Comparing the use of the traditional and repeated-sampling-approach of the 137Cs technique in soil erosion estimation[J]. Geoderma,160(3/4):324-335.

LIU B Y,XIE Y,LI Z G,et al. ,2020. The assessment of soil loss by water erosion in China[J]. International soil and water conservation research,8(4):430-439.

LI X, GUO H F, FENG G W, et al. , 2022. Farmers' attitudes and perceptions and the effects of the grain for green project in China:a case study in the Loess Plateau[J]. Land,11(3):409.

LI X Y,SHANG B B,WANG D Y,et al. ,2020. Mapping soil organic carbon and total nitrogen in croplands of the Corn Belt of Northeast China based on geographically weighted regression Kriging model[J]. Computers and geosciences,135:104392.

LI Z X,YANG W,CAI C F,et al. ,2013. Aggregate mechanical stability and relationship with aggregate breakdown under simulated rainfall[J]. Soil science,178(7):369-377.

LUO Y,LÜ Y H,LIU L,et al. ,2020. Spatiotemporal scale and integrative methods matter for quantifying the driving forces of land cover change [J]. The science of the total environment,739:139622.

LU Q S,XU B,LIANG F Y,et al. ,2013. Influences of the grain-for-green project on grain security in Southern China[J]. Ecological indicators,34: 616-622.

MA R M, CAI C F, LI Z X, et al. , 2015. Evaluation of soil aggregate microstructure and stability under wetting and drying cycles in two Ultisols using synchrotron-based X-ray micro-computed tomography[J]. Soil and tillage research,149:1-11.

MA R M,LI Z X,CAI C F,et al. ,2014. The dynamic response of splash erosion to aggregate mechanical breakdown through rainfall simulation events in Ultisols (subtropical China)[J]. Catena,121:279-287.

MARTÍN-FERNÁNDEZ L, MARTÍNEZ-NÚ EZ M, 2011. An empirical approach to estimate soil erosion risk in Spain[J]. Science of the total environment,409(17):3114-3123.

MCBRATNEY A B,MENDONCA SANTOS M L,MINASNY B,2003. On digital soil mapping[J]. Geoderma,117(1/2):3-52.

MEHRI A, SALMANMAHINY A, TABRIZI A R M, et al. , 2018. Investigation of likely effects of land use planning on reduction of soil erosion rate in river basins: case study of the Gharesoo River Basin[J]. Catena,167:116-129.

MEYER L A,1984. Evolution of the universal soil loss equation[J]. Journal of soil and water conservation,39(2):99-104.

MOLLES M C, Jr. , 2004. Ecology: concepts and applications [M]. New York:McGraw Hill Higher Education.

MOORE I D,GESSLER P E,NIELSEN G A,et al. ,1993. Soil attribute prediction using terrain analysis [J]. Soil science society of America journal,57(2):443-452.

MOUAZEN A M, KUANG B, DE BAERDEMAEKER J, et al. , 2010. Comparison among principal component, partial least squares and back propagation neural network analyses for accuracy of measurement of selected soil properties with visible and near infrared spectroscopy[J].

Geoderma,158(1/2):23-31.

MUSGRAVE G W,1947. The quantitative evaluation of factors in water erosion:a first approximation[J]. Journal of soil and water conservation, 2:133-138.

OCHOA P A, FRIES A, MEJÍA D, et al., 2016. Effects of climate, land cover and topography on soil erosion risk in a semiarid basin of the Andes [J]. Catena,140:31-42.

OSTOVARI Y,GHORBANI-DASHTAKI S,BAHRAMI H A,et al.,2018. Towards prediction of soil erodibility, SOM and CaCO3 using laboratory Vis-NIR spectra:a case study in a semi-arid region of Iran[J]. Geoderma, 314:102-112.

OUYANG W,WU Y Y,HAO Z C,et al.,2018. Combined impacts of land use and soil property changes on soil erosion in a mollisol area under long-term agricultural development[J]. The science of the total environment, 613/614:798-809.

PANAGOS P,BORRELLI P,POESEN J,et al.,2015. The new assessment of soil loss by water erosion in Europe[J]. Environmental science & policy,54:438-447.

PARK S, OH C, JEON S, et al., 2011. Soil erosion risk in Korean watersheds, assessed using the revised universal soil loss equation[J]. Journal of hydrology,399(3/4):263-273.

PENG J,HU X X,WANG X Y,et al.,2019. Simulating the impact of Grain-for-Green Programme on ecosystem services trade-offs in Northwestern Yunnan,China[J]. Ecosystem services,39:100998.

PIMENTEL D, HARVEY C, RESOSUDARMO P, et al., 1995. Environmental and economic costs of soil erosion and conservation benefits[J]. Science,267(5201):1117-1123.

PORTO P, WALLING D E, CALLEGARI G, et al., 2006. Using fallout lead-210 measurements to estimate soil erosion in three small catchments in southern Italy[J]. Water, air, & soil pollution: focus,6(5):657-667.

RAHMA A E,WANG W,TANG Z J,et al. ,2017. Straw mulch can induce greater soil losses from loess slopes than no mulch under extreme rainfall conditions[J]. Agricultural and forest meteorology,232:141-151.

RENARD K G, 1997. Predicting soil erosion by water: a guide to conservation planning with the revised universal soil loss equation (RUSLE) [M]. Washington, D. C. : U. S. Department of Agriculture, Agricultural Research Service.

RITCHIE J C,MCHENRY J R,GILL A C,1974. Fallout 137CS in the soils and sediments of three small watersheds[J]. Ecology,55(4):887-890.

SALEHI-VARNOUSFADERANI B,HONARBAKHSH A,TAHMOURES M, et al. , 2022. Soil erodibility prediction by Vis-NIR spectra and environmental covariates coupled with GIS, regression and PLSR in a watershed scale,Iran[J]. Geoderma regional,28:00470.

SHARMA N K,SINGH R J,MANDAL D,et al. ,2017. Increasing farmer's income and reducing soil erosion using intercropping in rainfed maize-wheat rotation of Himalaya, India [J]. Agriculture, ecosystems and environment,247:43-53.

SHARPLEY A N,WILLIAMS J R,1990. EPIC-erosion/productivity impact calculator: 1. Model documentation [R]. Washington, DC: USDA Technical Bulletin.

SHEN J S, LI S C, WANG H, et al. , 2023. Understanding the spatial relationships and drivers of ecosystem service supply-demand mismatches towards spatially-targeted management of social-ecological system[J]. Journal of cleaner production,406:136882.

SHEN J X,WANG X H,2013. Spatial-temporal changes in ecological risk of land use before and after grain-for-green policy in Zhengning County, Gansu Province[J]. Journal of resources and ecology,4(1):36-42.

SHI P, CASTALDI F, VAN WESEMAEL B, et al. , 2020. Vis-NIR spectroscopic assessment of soil aggregate stability and aggregate size distribution in the Belgian Loam Belt[J]. Geoderma,357:113958.

SHI P, LI Z B, LI P, et al., 2021. Trade-offs among ecosystem services after vegetation restoration in China's Loess Plateau[J]. Natural resources research, 30(3): 2703-2713.

SMITH D D. 1941. Interpretation of soil conservation data for field use[J]. Agricultural engineering, 22: 173-175.

SONG F Q, KANG M Y, ZHENG Z L, et al., 2012. Variations of NPP and Carbon Stock Benefits before and after the Grain for Green Project in Northern Shaanxi [J]. Applied mechanics and materials, 195/196: 1237-1242.

TANG J Y, SUI L C, MA T, et al., 2023. GEE-based ecological environment variation analysis under human projects in typical China Loess Plateau region[J]. Applied sciences, 13(8): 4663.

VAUDOUR E, GOMEZ C, FOUAD Y, et al., 2019. Sentinel-2 image capacities to predict common topsoil properties of temperate and Mediterranean agroecosystems[J]. Remote sensing of environment, 223: 21-33.

WALLING D E, HE Q, 1999. Using fallout lead-210 measurements to estimate soil erosion on cultivated land[J]. Soil science society of America journal, 63(5): 1404-1412.

WALLING D E, QUINE T A, 1990. Calibration of caesium-137 measurements to provide quantitative erosion rate data [J]. Land degradation & development, 2(3): 161-175.

WANG D C, FAN H M, FAN X G, 2017. Distributions of recent gullies on hillslopes with different slopes and aspects in the Black Soil Region of Northeast China [J]. Environmental monitoring and assessment, 189 (10): 508.

WANG H, WANG J, ZHANG G H, 2021. Impact of landscape positions on soil erodibility indices in typical vegetation-restored slope-gully systems on the Loess Plateau of China[J]. Catena, 201: 105235.

WANG H, ZHANG G H, LI N N, et al., 2018. Soil erodibility influenced by natural restoration time of abandoned farmland on the Loess Plateau of China[J]. Geoderma,325:18-27.

WANG H,ZHANG G H,LI N N,et al.,2019. Variation in soil erodibility under five typical land uses in a small watershed on the Loess Plateau, China[J]. Catena,174:24-35.

WANG J J,LIU Z P,GAO J L,et al.,2021. The grain for green project eliminated the effect of soil erosion on organic carbon on China's Loess Plateau between 1980 and 2008 [J]. Agriculture, ecosystems & environment,322:107636.

WANG K, WANG H J, SHI X Z, et al., 2009. Landscape analysis of dynamic soil erosion in Subtropical China: a case study in Xingguo County,Jiangxi Province[J]. Soil and tillage research,105(2):313-321.

WANG X Y, ADAMOWSKI J F, WANG G D, et al., 2019. Farmers' willingness to accept compensation to maintain the benefits of urban forests[J]. Forests,10(8):691.

WANG X, ZHAO X L, ZHANG Z X, et al., 2016. Assessment of soil erosion change and its relationships with land use/cover change in China from the end of the 1980s to 2010[J]. Catena,137:256-268.

WANG Y H,KANG M Y,ZHAO M F,et al.,2017. The spatiotemporal variation of tree cover in the Loess Plateau of China after the 'grain for green' project[J]. Sustainability,9(5):739.

WANG Z J,JIAO J Y,RAYBURG S,et al.,2016. Soil erosion resistance of "grain for green" vegetation types under extreme rainfall conditions on the Loess Plateau,China[J]. Catena,141:109-116.

WETTERLIND J, STENBERG B, 2010. Near-infrared spectroscopy for within-field soil characterization: small local calibrations compared with national libraries spiked with local samples[J]. European journal of soil science,61(6):823-843.

WISCHMEIER W H,SMITH D D,1978. Predicting rainfall erosion losses: a guide to conservation planning [M]. Washington, D. C.: U. S.

Department of Agriculture,Science and Education Administration.

WU D,ZOU C X,CAO W,et al. ,2019. Ecosystem services changes between 2000 and 2015 in the Loess Plateau, China: a response to ecological restoration[J]. Plos one,14(1):0209483.

XIAO H,LIU G, ABD-ELBASIT M A M,et al. ,2017. Effects of slaking and mechanical breakdown on disaggregation and splash erosion [J]. European journal of soil science,68(6):797-805.

XIE H L,WU Q,2020. Farmers' willingness to leave land fallow from the perspective of heterogeneity:a case-study in ecologically vulnerable areas of Guizhou, China [J]. Land degradation & development, 31 (14): 1749-1760.

XU Y H,QIAO J X,PAN S M,et al. ,2015. Plutonium as a tracer for soil erosion assessment in Northeast China [J]. The science of the total environment,511:176-185.

YANG B,WANG Q J,2017. Soil erosion assessment in the core area of the Loss Plateau[J]. IOP conference series:earth and environmental science, 94:012117.

YANG B,WANG Q J,XU X T,2018. Evaluation of soil loss change after grain for green project in the Loss Plateau:a case study of Yulin,China [J]. Environmental earth sciences,77(8):304.

YANG X M,ZHANG X P,DENG W,et al. ,2003. Black soil degradation by rainfall erosion in Jilin,China[J]. Land degradation & development,14 (4):409-420.

YOKOYA N, CHAN J, SEGL K, 2016. Potential of resolution-enhanced hyperspectral data for mineral mapping using simulated EnMAP and sentinel-2 images[J]. Remote sensing,8(3):172.

YUAN W P,LI X L,LIANG S L,et al. ,2014. Characterization of locations and extents of afforestation from the grain for green project in China[J]. Remote sensing letters,5(3):221-229.

YUE Y,NI J R,CIAIS P,et al. ,2016. Lateral transport of soil carbon and land-atmosphere CO_2 flux induced by water erosion in China [J]. Proceedings of the national academy of sciences of the United States of America, 113(24): 6617-6622.

YU Z H, WANG G H, JIN J, et al., 2011. Soil microbial communities are affected more by land use than seasonal variation in restored grassland and cultivated Mollisols in Northeast China[J]. European journal of soil biology, 47(6): 357-363.

ZARE M, PANAGOPOULOS T, LOURES L, 2017. Simulating the impacts of future land use change on soil erosion in the Kasilian watershed, Iran [J]. Land use policy, 67: 558-572.

ZENG L, LI J, ZHOU Z X, et al., 2020. Optimizing land use patterns for the grain for green project based on the efficiency of ecosystem services under different objectives[J]. Ecological indicators, 114: 106347.

ZHANG B J, LI P L, XU Y, et al., 2019a. What affects farmers' ecocompensation expectations? an empirical study of returning farmland to forest in China[J]. Tropical conservation science, 12: 1-14.

ZHANG B J, ZHANG G H, ZHU P Z, et al., 2019b. Temporal variations in soil erodibility indicators of vegetation-restored steep gully slopes on the Loess Plateau of China [J]. Agriculture, ecosystems & environment, 286: 106661.

ZHANG K, DANG H, TAN S, et al., 2010. Change in soil organic carbon following the 'grain-for-green' programme in China[J]. Land gegradation & gevelopment, 21(1): 13-23.

ZHANG K L, SHU A P, XU X L, et al., 2008. Soil erodibility and its estimation for agricultural soils in China [J]. Journal of arid environments, 72(6): 1002-1011.

ZHANG K L, YU Y, DONG J Z, et al., 2019. Adapting & testing use of USLE K factor for agricultural soils in China[J]. Agriculture, ecosystems and environment, 269: 148-155.

ZHAO A Z, ZHANG A B, LIU J H, et al., 2019. Assessing the effects of drought and "grain for green"program on vegetation dynamics in China's Loess Plateau from 2000 to 2014[J]. Catena,175:446-455.

ZHENG J J, HE X B, WALLING D, et al., 2007. Assessing soil erosion rates on manually-tilled hillslopes in the Sichuan hilly basin using 137Cs and 210Pbex measurements[J]. Pedosphere,17(3):273-283.

2 东北漫川漫岗黑土区保护

2.1 研究区概况

2.1.1 地理位置

九台区，地处吉林省中部，隶属吉林省长春市，是长春市东部的一个新城区，位于北纬43°50′30″～44°31′30″，东经125°24′50″～126°29′50″。九台区背倚长白山脉、瞭望松辽平原，东及东北与吉林市舒兰市、长春市榆树市为界，南及东南同吉林市永吉县接壤，西与长春市二道区为邻，西南同长春市双阳区毗连，北及西北均与长春市德惠市搭界。九台区地处中国东北黑土区，是我国重要的商品粮生产基地。

2.1.2 自然概况

2.1.2.1 地形地貌

长春市九台区的西部和中部位于冲积平原的二级阶地，东部、西南部以及东南部处于低山丘陵区。全区整体上呈现西南高、东北低的自然地形。九台区内大小山岭均系长白山系哈达岭山脉的余脉。全区山岭多分布在东北部、东南部和西南部，其中九台区的位置最高点位于沐石河镇的八台岭，海拔高度为585 m。全区共有雾开河、松花江、饮马河、沐石河4条主要河流，均由南流向北，主要流入德惠市，因此形成了广阔的冲积平原。

2.1.2.2 土壤条件

九台区处于大黑山东北部，山岭均系长白山系哈达岭山脉之余脉，地势呈东向西北倾斜。成土条件的变化基本是由南向西北渐变。九台区土壤类型主要分 7 个土类、15 个亚类，其分布情况见图 2-1。东南部低山丘陵区的土壤类型以灰棕壤为主，属于岩性母质，该类土壤中的局部黄土沉积物上有零星分布的白浆土；研究区中部和西北部的台地地区，土壤类型以黑土为主，属于黄土状沉积物上发育的黑土，沿河岗地地形的土壤类型为草甸土；松花江及其支流饮马河、沐石河、雾开河之间较开阔的河谷平原上以草甸土和水稻土为主，属于九台区的主要水稻产区，江河沿岸漫滩阶地有冲积土分布。九台区（研究区）位置、高程与土壤类型分布图见图 2-1。

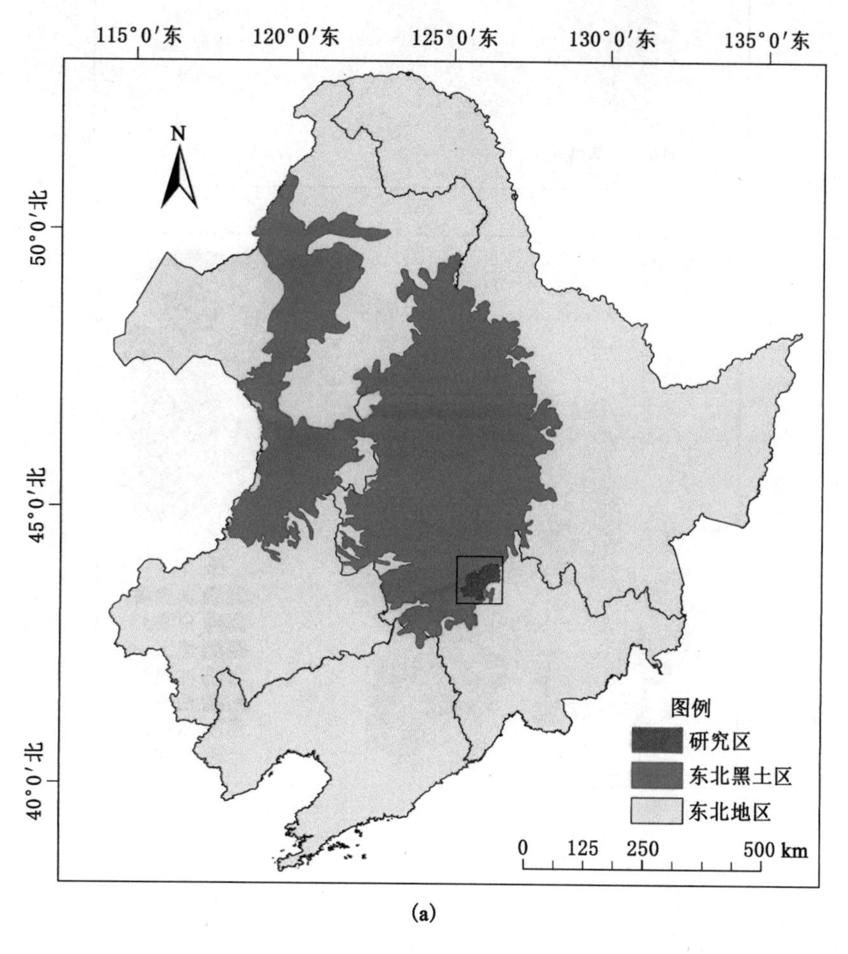

(a)

图 2-1 研究区位置、高程与土壤类型分布图

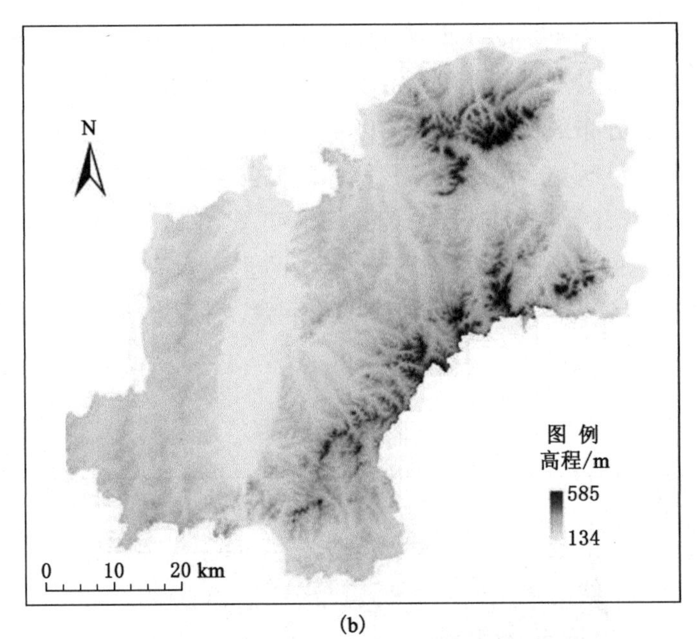

(b)

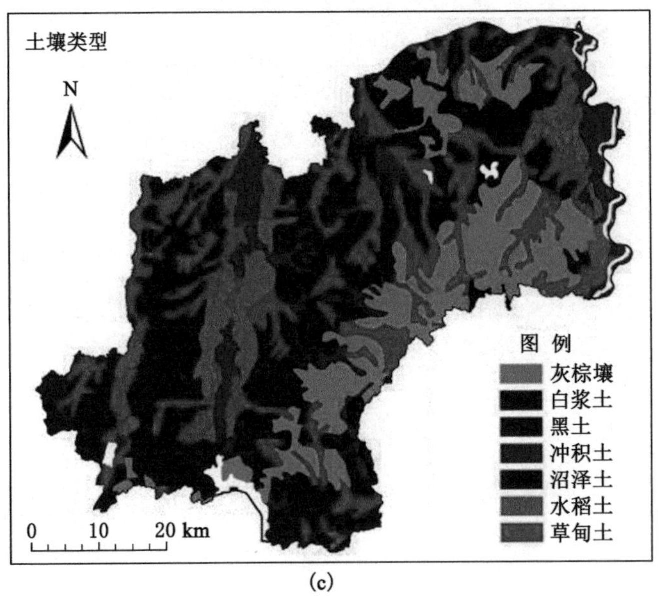

(c)

图 2-1（续）

2.1.2.3 植被特征

九台区多低山丘陵和高台平原，植被类型包括自然植被和人工植被。

自然植被多数为平缓丘陵地带的森林草甸草原。2009—2019 年九台区的植被类型以及植被结构和组成方面有了很大变化。《长春市统计年鉴(2010—2020 年)》显示，九台区自然植被逐年减少，人工植被逐年增加，全区整体植被覆盖率由 2009 年的 6.61%下降到 2019 年的 5.29%。农作物播种面积由 2009 年的 183 048 公顷下降至 2019 年的 171 464 公顷，其中 2016 年的农作物播种面积最大，为 202 879 公顷。九台区 2009—2019 年农作物播种总面积变化趋势见图 2-2。

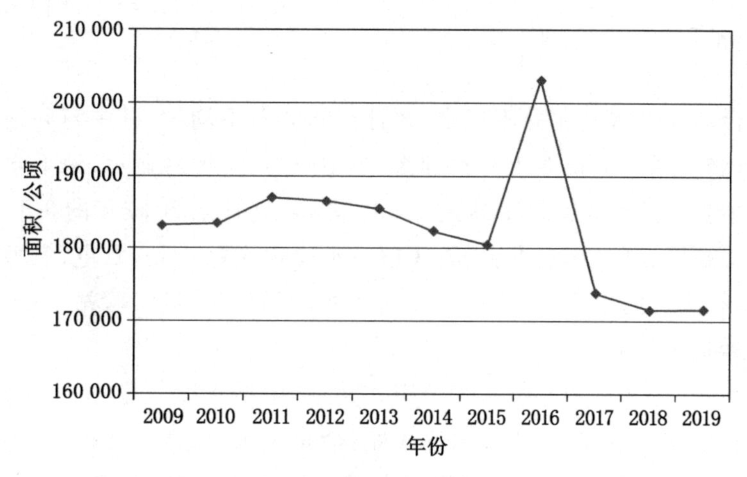

图 2-2 九台区 2009—2019 年农作物播种总面积变化趋势

2.1.2.4 气候水文特征

九台区属于季风气候区，春季干燥，夏季多雨，秋季凉爽，冬季寒冷。九台区 7 月份平均气温最高，1 月份平均气温最低(－16.3 ℃)。年平均降雨量 460 mm，年平均气温 4.7 ℃、平均气温年较差为 39.5 ℃，平均气温日较差 12.3 ℃，年较差大于 10 ℃，活动积温 2 880 ℃，多西南风向，平均风速 3.4 m/s。

九台区拥有一江三河(松花江、饮马河、沐石河、雾开河)等 30 多条河流，其中松花江总长度为 52.5 km，其流域面积占九台区总面积的 27%。沐石河和饮马河均是松花江下游的支流，其中沐石河总长度为 92 km。饮马河河流长度为 384 km，在九台区内的长度为 62.0 km。九台区主要河流特征值见表 2-1。

表 2-1　九台区主要河流特征值一览表

河流名	汇入		域内流域面积/km²	河长/km
	河流	岸别		
松花江	松花江	左	997.0	52.5
饮马河	松花江	左	1350.8	62.0
沐石河	松花江	左	628.1	47.2
雾开河	饮马河	左	399.1	34.5
小南河	饮马河	右	311.0	37.4

九台区地下水资源并不丰裕，并且空间分布不均匀，其中河谷地区地下水资源比较充裕。《长春市统计年鉴（2010—2020 年）》显示，地下水资源呈现逐年增长的趋势，由 2009 年的 1.982 亿 m^3 增长至 2019 年的 3.17 亿 m^3。

水文站网：九台区有九台、石头口门水库水文站 2 处，石屯、三家子水位站 2 处，石头口门水库、土们岭蒸发站 2 处，土们岭径流实验站 1 处，石头口门水库沙量站 1 处。

水库：九台区有中小型水库 7 座。其中，中型水库 3 座：五一水库、柴福林水库和牛头山水库；小Ⅰ型水库 4 座：李家窑水库、八一水库、青山水库和张家店水库。五一水库位于卡伦湖街道，坝址以上集水面积为 163.0 km^2，总库容为 4 360.0 万 m^3；柴福林水库位于沐石河街道河南村，坝址以上集水面积为 56.0 km^2，总库容为 1 439.0 万 m^3；牛头山水库位于其塔木镇，坝址以上集水面积为 161.8 km^2，总库容为 3 240.0 万 m^3。李家窑水库位于上河湾镇，坝址以上集水面积为 12.1 km^2，总库容为 153.8 万 m^3；八一水库位于沐石河街道，坝址以上集水面积为 22.5 km^2，总库容为 376.8 万 m^3；青山水库位于沐石河街道卢家村，坝址以上集水面积为 26.5 km^2，总库容为 379.1 万 m^3；张家店水库位于波泥河街道，坝址以上集水面积为 16.0 km^2，总库容为 126.3 万 m^3。九台区主要水库特征值见表 2-2。

表 2-2　九台区主要水库特征值一览表

水库名	位置	集水面积/km²	总库容/万 m³
五一水库	卡伦湖街道	163.0	4 360.0
柴福林水库	沐石河街道河南村	56.0	1 439.0

表 2-2（续）

水库名	位置	集水面积/km²	总库容/万 m³
牛头山水库	其塔木镇	161.8	3 240.0
李家窑水库	上河湾镇	12.1	153.8
八一水库	沐石河街道	22.5	376.8
青山水库	沐石河街道卢家村	26.5	379.1
张家店水库	波泥河街道	16.0	126.3

水资源：地表水资源量为 26 747 万 m^3，地下水资源量为 29 472 万 m^3，水资源总量为 51 888 万 m^3，地表水与地下水之间重复计算量为 4 331 万 m^3，地下水资源可开采量为 21 240 万 m^3。松花江过境水量为 140 亿 m^3。

2.1.3 社会经济概况

2017 年，九台撤市设区。九台区是我国重点商品粮生产以及出口基地。九台区地处交通走廊地带，是拉动吉林省经济文化交流的重点区域。九台区 2009—2019 年城镇人口与农业人口变化趋势见图 2-3。根据《长春市统计年鉴(2010—2020 年)》，九台区 2009—2019 年总人口数量由 71.04 万减少为 66.79 万。其中，2009—2019 年九台区城镇人口由 18.16 万增长到

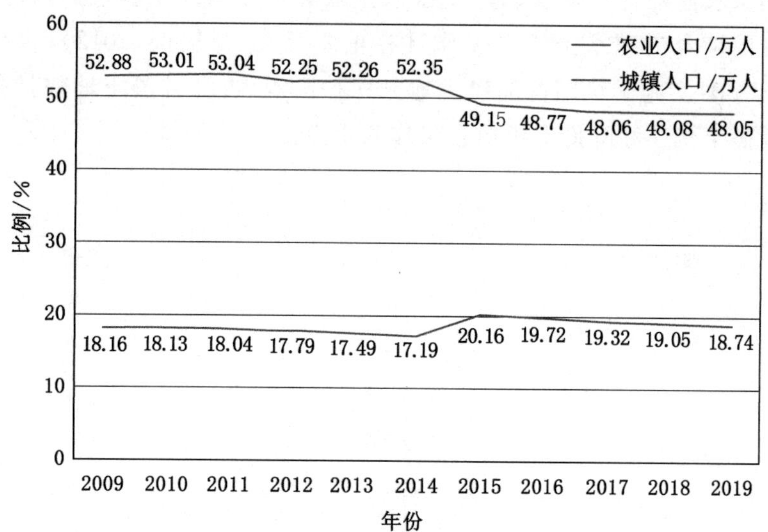

图 2-3 九台区 2009—2019 年城镇人口与农业人口变化趋势

18.74万，农业人口由52.88万减少为48.05万，可见九台区经历了从城镇人口到农业人口属性转换的过程。2019年九台区生产总值达到511.59亿元，三次产业结构调整为7.7∶48.2∶44.1，固定资产投资5 000万元以上的项目78个，其中上亿元项目47个。由以上数据可以看出，九台区社会经济稳定增长，与此同时产生了因土地利用不合理而加剧的土壤侵蚀问题。

2.1.4 东北低山丘陵区面临的土壤侵蚀问题

东北低山丘陵区地形地貌复杂，多种土壤侵蚀类型同时存在，包括风力、水力以及冻融侵蚀等，其中水力侵蚀最严重，这也是本书研究的土壤侵蚀类型。土壤侵蚀主要发生在坡耕地，而东北黑土区大约有7万km^2的坡耕地（阎百兴 等，2008）。东北黑土区耕地中有59.4%是坡耕地，坡耕地土壤侵蚀面积占东北黑土区总侵蚀面积的80%以上。由此可见，东北低山丘陵区的土壤侵蚀形势严重，耕地土壤中大量的营养元素随地表径流流失，黑土层变薄，土壤物理、化学、生物性质明显退化，致使农用地生产能力降低，甚至丧失，进而造成不同程度的粮食减产。土壤的物理、化学、生物性质变化见表2-3。在此背景下，国家农业综合开发办公室和水利部于2008年启动了国家农业综合开发东北黑土区水土流失重点治理工程，这对推进东北黑土区的综合治理水土流失工作具有重要意义（王福庆，2012）；吉林省于2018年7月实施了全国首部黑土地方保护法规《吉林省黑土地保护条例》，将防治黑土流失和降低有机质含量作为重点。

表2-3 土壤的物理、化学、生物性质变化表

土壤特性	指标	变化
物理性质	凋萎含水量	下降
	田间持水量	下降
	饱和持水量	下降
	渗透速度	下降
	孔隙度	下降
	通透性	下降
	容重	上升

表 2-3（续）

土壤特性	指标	变化
化学性质	pH 值	上升
	有机碳	下降
	全氮	下降
生物性质	微生物数量	下降
	酶活性	下降

2.2 黑土退化防治理论基础

2.2.1 基本概念界定

2.2.1.1 土地利用与土地利用变化

土地是指由地球陆地表面一定立体空间内的气候、土壤、基础地质、地形地貌、水文、植被等自然要素构成的自然地理综合体，包含人类活动对其改造和利用的结果(刘黎明，2004)。

土地利用有狭义和广义之分，广义的土地利用是指人类根据自己的目的施加于土地的一切活动，狭义的土地利用是指对地球表面上的农田、林地、草地等土地的经济利用(李边疆，2007)。土地利用变化则是指人类通过改变土地利用和土地管理的方式，导致土地覆被发生的改变。

现有研究大多数集中于土地利用类型变化导致土壤侵蚀发生的改变，仅限于针对不同土地利用类型的土壤侵蚀量简单统计以及不同土地利用类型变化的土壤侵蚀改变的简单对比。本书探讨的是耕地土壤侵蚀对土地利用空间变化的响应。该土地利用变化不是指简单的土地利用覆被类型变化，而是指在此过程中产生的土地利用强度变化以及土地利用景观破碎度的改变。

2.2.1.2 土地退化

土地退化是指土地由于受到各种自然因素特别是人为因素的干扰、破坏而造成原有的内部结构、理化性状的改变，土地质量持续性下降甚至完全丧失物理、化学和生物学特征的过程(于伟 等，2001)。

目前大多数研究者根据土地退化的成因和后果划分土地退化类型。联合国粮农组织将土地退化粗分为土壤侵蚀、土壤盐碱化、有机废料、传染性生物、工业无机废料、农药、放射性废料、重金属、肥料和洗涤剂等引起的十大类土地退化(姜宛贝,2017)。由此可见,土壤侵蚀作为土地退化的主要类型之一,对东北地区宝贵的黑土资源造成永久的、不可恢复的破坏。

2.2.1.3 土壤侵蚀与水土流失

欧美国家基本上采用"土壤侵蚀",我国多采用"水土流失"(杨子生,2001)。《中国大百科全书·水利卷》将土壤侵蚀定义为:在风力、水力、冻融和重力等外营力的作用下,土壤及其母质被破坏、搬运及沉积的过程;水土流失是指在外营力作用下在陆地表面上发生的水土资源损失和土地生产力破坏。从二者的定义可以看出,土壤侵蚀的范畴略小于水土流失,差别在于土壤侵蚀的概念中并没有强调除土壤资源以外的水资源和土地生产力的破坏和损失(杨子生,2001)。本书中的土壤侵蚀是指,在水力侵蚀下的土壤流失状况。

2.2.2 理论基础

2.2.2.1 人地关系协调理论

人地关系协调理论是在以往的人地关系理论的基础上衍生出来并不断发展完善的,是一种适应时代发展的新型人地关系理论(冯年华,2002),主张进行人类与自然地理环境的关系分析,达到人类活动与自然环境高度和谐统一的目的。人地关系协调理论一方面主张人类活动要遵循自然环境发展规律,避免出现生态环境恶化以及资源浪费等问题;另一方面指出人类活动是刻画自然地理环境的外在动力(杨青山 等,2001),面对不合理的人地关系要进行相应的调整,及时采取补救措施。

随着人类认识、利用和改造自然的能力不断提高,二者的关系经历了和谐→失衡→重新和谐的动态平衡过程(卓玛措,2005)。随着社会经济的不断发展,人地失衡的现象逐渐涌现,在直接反映人类活动与自然环境相互影响的土地利用方面(Fischer et al. ,2016)显得尤为突出。因此,土地利用必须时刻关注区域人地关系的实际发展阶段及其特殊性,关于土地利用变化的研究应当作为研究人地关系地域系统的重要切入点。不合理的土地利用加速土壤侵蚀，实质上是人类不合理的土地利用造成了生态环境的恶化以及自然资源的破坏，是低山丘陵区常见的人地关系不协调现象。在考虑不同类型土地的实际供给能力的基础上，避免不合理的土地使用模式和强度而造成的资源环境负担显得尤为重要。

2.2.2.2 可持续发展理论

可持续发展的概念于1987年由世界环境与发展委员会（World Commission on Environment and Development，WCED）正式提出（白立敏，2019）。1992年，《21世纪议程》推动了可持续发展理论的落实。可持续发展理论本着“公平性、持续性、共同性”三大基本原则，被定义为“在满足当代需要的基础之上，又不对后代满足其需要的能力造成危害的发展”，最终目的是公平、高效、多维、共同、协调发展。

土地资源及其利用在可持续发展过程中肩负着特殊的历史使命（姜志德，2001）。1990年，土地可持续利用的概念在首次国际土地持续利用系统研讨会上被正式提出，得到了学术界的普遍认同和响应。土地可持续利用的内涵可以概括为：采取一定的技术经济手段，协调区域土地利用与区域自然环境、社会经济的关系，协调土地的生产与生态功能，既不降低土地自身的质量，又不影响人类因社会经济和环境发展对土地的需要（崔峰，2013；刘黎明，2004）。土地可持续利用不仅是经济可持续发展的前提，而且是农业可持续发展的基础。随着社会经济的快速发展，人地矛盾逐渐激化，愈加集约的农业活动对农业生态环境造成了不可逆的破坏（李文博，2018），其中土壤退化作为严重的全球性环境问题之一，严重阻碍了农业可持续发展。土壤侵蚀作为全球范围内最普遍的主要土壤退化形式之一（Garcia-Ruiz et al.，2017），不仅会造成土壤肥力的下降，还会将大量土壤物质从土壤带到地表水体中，造成土壤流失和附近水体污染物超载（Hancock et al.，2015；Di Stefano et al.，2016），对土地可持续利用以及生态环境造成了极大的威胁。因此，进行土壤侵蚀定量计算、空间分析并研究其对土地利用变化的响应是实现土地可持续利用的重要手段。对于拥有黑土资源，肩负国家粮食安全重任的东北低山丘陵区来说，从土地利用角度出发阻控土壤侵蚀发展，实现区域土地可持续利用以及农业可持续发展尤为重要。因此，可持续发展理论是低山丘陵区土壤侵蚀及其土地利用变化响应研究的重要理论基础。

2.2.2.3 系统理论

1937 年理论生物学家贝塔朗菲提出了一般系统论原理，奠定了系统论发展的理论基础。1948 年，系统论开始被广泛应用，渗透到人类生活的各个领域，使人类的思维方式发生了翻天覆地的变化。系统是由若干个要素以一定结构形式联结构成的具有某种功能的有机整体。在这一定义中出现了要素、功能、系统和结构 4 个基本概念，在此基础上包含了系统与环境之间、要素之间以及要素与系统之间 3 个方面关系。

土地作为一个完整的复杂系统，受人类活动的影响，与外界环境不断地进行着物质和能量的交换（崔峰，2013）。研究土地利用变化与土壤侵蚀之间响应关系的根本是揭示土地利用系统与外部环境关系的规律，并利用这些规律去控制、管理整个系统。系统论的出现对于了解土地利用系统与土壤侵蚀之间的内在联系以及矛盾，从总体协调的角度出发为合理利用土地资源、防治区域土壤侵蚀提供了方法论的基础和科学的理论依据。

2.2.2.4 精准农业系统

精准农业系统是指在各种空间信息技术以及人工智能技术的支持下，准确地对不同空间区域的农业因地、因时采取不同的现代化农业管理方案，以最合理的投入获得最大或者同等的经济收益的同时，最大限度地减少对环境的破坏和污染的系统。精准农业系统已于 20 世纪 90 年代进入实际应用阶段，其中通过合理利用土地资源、减少生态环境的破坏、改善农产品的品质等优势成为现今世界农业发展的前沿。目前的精准农业系统包括全球定位系统（GPS）、地理信息系统（GIS）等 10 个系统，其核心是全面建立农田地理信息系统（李楠 等，2010），将农业与数字技术、信息技术结合起来，是农业智能化的具体体现，是未来农业发展的重点方向。

东北低山丘陵区地处我国重要的商品粮生产基地，自然因素以及人为外部因素的共同作用加速了土壤侵蚀，进而加深了区域土壤状况的空间变异程度。因此，利用遥感等技术手段对不同程度土壤侵蚀风险区域的精准识别对于黑土区精准农业的可持续发展具有十分重要的借鉴意义。

2.2.2.5 数字土壤制图

数字土壤制图（digital soil mapping，DSM）的定义是：利用数学模型，从土壤调查信息、土壤背景知识及相关环境变量中预测土壤属性时空演变特征的土壤信息系统(滕洪芬,2017)。其中,土壤数字制图需要定量分析方法,常用的分析方法包括线性回归模型、神经网络、模糊系统、地统计学方法以及数据挖掘技术等。具有获取快、覆盖广、成本低等优点的多源遥感技术的快速发展,弥补了大尺度土壤数字制图的数据源局限问题。同时,遥感技术可以辅助人力对人迹罕至地区的土壤制图工作,减少实地采样调查的人力、物力以及财力的消耗。

考虑到SOC含量与土壤可蚀性之间具有极显著的相关性,因此常用作核心指标对RUSLE中土壤可蚀性因子进行计算。但受限于研究区高分辨率SOC数据的缺失,以及传统湿式化学方法进行大尺度、多频次SOC量化的高成本,目前尚缺乏土壤可蚀性因子高效测算和空间精细表征的土壤数字制图方法体系。针对此瓶颈,本书立足于哨兵二号遥感反演地表土壤参数的最新研究进展,建立以多时相哨兵二号图谱特征为核心的SOC高精度量化和高分辨率空间数字制图方法,为土壤可蚀性因子的空间可视化提供数据支撑。

2.3 东北黑土区耕地保护政策梳理

东北黑土地主要分布在呼伦贝尔草原、大小兴安岭、三江平原、松嫩平原和长白山等地区,其面积约占全球黑土区总面积的12%,是世界四大黑土区之一(韩晓增 等,2018;刘宝元 等,2021)。东北黑土区耕地肥力较高、产能较强,其粮食总产量和商品粮产量分别占全国总产量的1/4和1/3,作为国家粮食安全的“稳压器”和“压舱石”,对于保障国家粮食安全具有重要的战略意义(汪景宽 等,2021;张新荣 等,2020)。由于长期的不合理开发、高强度利用,中国东北黑土区水土流失、土壤退化等问题持续存在(梁爱珍 等,2022)。近年来,国家对东北黑土区耕地保护重视程度日益上升。2020年,农业农村部、财政部联合发布《东北黑土地保护性耕作行动计划(2020—2025年)》,将黑土地保护性耕作上升为国家行动。2022年,《中华人民共和国黑土地保护法》颁布,我国成为世界上四大黑土区中第一个专门针对黑土地保护进行立法的国家(高佳 等,2024)。现阶段,专门性政策逐渐增多,政策缺口不断补齐,为东北黑土区耕地保护提供了有力支持。然而,随着实际形势不断变化,现实需求日渐增多,有必要进一步开展政策研究、掌握规律,以推动完善东北黑土区耕地保护政策体系建设，促进保护工作全面深化落实，真正践行把黑土地"用好养好"的理念，将藏粮于地、藏粮于技落到实处。

目前，围绕中国东北黑土区耕地保护展开的研究内容主要集中于水土流失治理、土壤构成分析、保护性耕作技术探究、耕地利用效益评价、耕地系统健康诊断、耕地资源时空演变等方面（阎百兴 等，2008；刘兴土 等，2009；贾洪雷 等，2010；康日峰 等，2016；张晟旻 等，2020；隋虹均 等，2022；郑皓洋 等，2023；苏浩 等，2023；张瑞 等，2023；张慧 等，2024）。其中也涉及对东北黑土区耕地保护政策发展历程和实际成效的探究讨论。韩晓增等（2021）对东北黑土地保护利用模式、试点项目成效进行归纳总结，并针对现存挑战提出指导性对策。李政宏等（2022）基于政策文献计量法分析了中国黑土地保护政策的演进特征和发展规律，发现中国黑土地保护政策具有数量持续上升、体系不断优化等特点。高佳等（2024）采用文献分析法，以黑土区保护政策的重点内容为依据，进行政策演变阶段划分及发展阻碍总结，提出更加长效化的改善路径。学者们对东北黑土区耕地保护政策进行了系统分析并提出了相应政策建议，为后续实践及研究奠定了较好的理论基础，但仍主要停留在宏观层面，存在一定的局限性。同时，相关研究多数是从特定视角出发对东北黑土区耕地保护政策进行梳理，整体性、全面性有待提升。因此，本书对东北黑土区耕地保护政策进行全面收集、系统整理，分析梳理其发展脉络，提出未来展望，以期为东北黑土区耕地保护政策构建提供更为全面、科学的理论参考。

2.3.1 东北黑土区耕地保护政策发展脉络

本书将东北黑土区耕地保护政策发展进程分为初步萌芽时期（1998—2004 年）、建设发展时期（2005—2014 年）、深化探索时期（2015—2019 年）和体系完善时期（2020 年至今）四个阶段。其中，选取重大法规及事件节点作为政策发展阶段划分的依据，主要包括 1998 年《国务院关于印发全国生态环境建设规划的通知》，国家政策中首次提及中国东北黑土区耕地保护；2006 年发布的《东北黑土区水土流失综合防治规划》，是首个专门针对东北黑土区制定的规划；2015 年《国务院办公厅关于加快转变农业发展方式的意见》发布，东北黑土地保护利用试点项目正式展开；2020 年《东北黑土地保护性耕作行动计划（2020—2025 年）》发布，东北黑土区保护性耕作战略地位显著提升，上升为国家行动。

2.3.1.1 初步萌芽时期(1998—2004 年)：现实问题与生态意识碰撞

面对全国水土流失情况加剧和生态环境日益恶化的趋势，东北黑土地过度垦殖、黑土流失、黑土层变薄等问题逐渐得到重视。秉承人工治理与生态自我修复相结合的理念，1998 年《国务院关于印发全国生态环境建设规划的通知》首次将中国东北黑土区纳入全国生态环境建设总体布局，明确中国东北黑土区水土流失、地力降低等现实问题，并提出综合治理水土流失，改进耕作技术，以提高农产品单位面积产量。

2003 年《关于实施东北地区等老工业基地振兴战略的若干意见》提出，加强对东北地区优秀生态环境的保护，推动东北黑土区水土流失综合防治等生态建设工程。同时，国家发改委和水利部在东北四省区(黑龙江、吉林、辽宁、内蒙古)开展了"东北黑土区水土流失综合防治试点工程"，推动东北黑土区水土流失综合防治工作实施。2004 年，《国务院办公厅关于印发2004 年振兴东北地区等老工业基地工作要点的通知》强调了黑土地保护在东北地区产业转型升级中的战略地位，首次提出实施保护性耕作以保障黑土区耕地质量。2004 年，水利部发布《全国水土保持预防监督纲要》《水土保持从业人员培训纲要》，进一步划定包括东北黑土区在内的国家级水土流失防治重点区域，推动开展有针对性的科学防治和分类指导，进行水土流失防治专项人员培训，以推广科学适用的防治技术，提高各重点治理区的治理水平和工程建设质量，但具体执行措施仍较欠缺，体系有待完善，监督反馈机制不明确，各项政策短板亟待补齐。

初步萌芽时期，面临众多亟待解决的生态问题，国家对"耕地中的大熊猫"——黑土地的保护意识逐渐增强，中国东北黑土区耕地保护首次在国家政策中被提及。虽然相关政策仅停留在行政层面，且尚未形成系统性和针对性的方针策略，政策指令也较模糊，但该时期中国东北黑土区耕地保护政策的从无到有，为未来相关政策深入发展奠定了坚实基础，具有重要战略意义。

2.3.1.2 建设发展时期(2005—2014 年)：质量保护与技术规范并行

2005 年，《东北黑土区水土流失综合防治规划》发布，对东北黑土区自然条件、水土流失现状进行详细分析，系统总结了 2003 年以来的东北黑土区水土流失综合防治试点工程的开展情况及主要经验，明确了下一个阶段总体规划及具体实施方案。《东北黑土区水土流失综合防治规划》作为首个专门针对东北黑土区制定的规划文件，标志着东北黑土区耕地保护政策由零散化向专门化转型。

随着水土流失综合防治工作不断开展并初见成效，国家对东北黑土区耕地质量保护的关注度提升，省级政府层面的支持指导政策不断增多。2005年，《吉林省人民政府关于批转省发改委制定的吉林省建设节约型社会实施方案的通知》《黑龙江省人民政府关于加快建设节约型社会近期重点工作的实施意见》同时提出加强耕地质量建设，提高农村集体建设用地节约化、集约化水平，推广少耕免耕、秸秆覆盖等保护性耕作技术，提高土地利用率和产出能力，合力解决黑土地快速退化问题。在技术方面，2009年水利部出台《黑土区水土流失综合防治技术标准》，对坡耕地、荒坡地、侵蚀沟治理技术及配套工程等进行明确规定，为东北黑土区水土流失综合防治工作提供了相应的操作依据。2010年，全国首部黑土地保护地方性法规《吉林省耕地质量保护条例》出台，提出县级以上人民政府应当将耕地质量保护纳入国民经济和社会发展规划，并采取措施保护和提高耕地质量，同时明确了耕地质量保护工作中各主体关于耕地质量建设、耕作与养护、科技与教育培训、监测与评价、监督与管理等方面的责任和任务。2011年，国土资源部发布《基本农田划定技术规程》，强化了高标准基本农田建设的技术保障。2012年，《农用地定级规程》《农用地估价规程》《农用地质量分等规程》《高标准基本农田建设标准》《补充耕地质量验收评定技术规范》《耕地质量预警规范》等一系列技术规范出台，使农用地质量分等定级技术支撑体系迈向科学化、专业化和规范化，耕地质量评估、验收、预警标准得到清晰界定，为东北黑土区耕地质量保护工作提供了有力支撑。

与此同时，在城镇化快速发展的背景下，人口与资源、环境之间的矛盾日益突出，大量耕地被转化为建设用地，部分耕地功能退化，土地后备资源保有量有所降低，国家及地方政府愈加重视(邵晓梅 等，2007)。例如，2008年《吉林省农业发展"十一五"规划》提出严格执行耕地保护制度，强化科学技术的支撑作用，适当增加耕地面积，控制工业化和城镇化对耕地的占用。2010年8月，《黑龙江省人民政府关于加强和规范农村土地整治工作的意见》呼吁打造政府主导、农民自愿的管理监督模式，通过制定科学有效的耕地开发和土地整理方案，明确新增建设用地占用耕地等约束性指标等，同步扩大耕地面积、提高耕地质量，促进形成基本农田连片，大幅增强粮食产能。2010年11月，《发展改革委、农业部关于加快转变东北地区农业发展方式建设现代农业指导意见的通知》提出发挥城镇对现代农业发展的辐射带动能力，加强农业生态建设和环境保护，以有机培肥为基础，定向培育退化黑土和薄层黑土。2012年1月，《黑龙江省防灾减灾"十二五"规划》提到由于近年来对资源的过度开发，一些地区生态环境局部恶化，直接导致了水土流失、耕地质量下降等问题加剧。对此，《黑龙江省现代化大农业发展规划(2011—2015年)》推动实施"沃土工程"，加强土壤肥力建设，加深耕层，改善耕地蓄水、供水、抗旱涝、抗灾害能力。《吉林省城镇化发展"十二五"规划》《吉林省人民政府办公厅关于吉林省生态城镇化的实施意见》指出科学合理配置土地资源，促进城镇化发展与资源环境的协调统一，并对退化黑土资源进行综合整治，采取工程、技术、生物等综合措施，重点开展表土剥离、农田水利设施、防旱除涝、控制水土流失等治理工程。

为了响应国家对耕地数量管控和质量管理的有关要求，进一步丰富耕地保护内涵，提升耕地保护水平，全面加强耕地质量建设与管理工作。2013年国土资源部出台《市地级土地整治规划编制规程》《土地复垦质量控制标准》《县级土地整治规划编制规程》，对土地整治、土地复垦相关工作进行编制规划，进一步建立与完善行业标准，规范土地整治规划编制工作，提高了相关规划的科学性、合理性及可操作性。2014年国家质量监督检验检疫总局、国家标准化管理委员会联合发布《高标准农田建设通则》，围绕高标准基本农田"划得准、建得好、管得住"的总体目标，确定基础平台，从建设条件、建设目标、建设内容、技术标准、保障措施等方面统一认识，制定了一套适用于全国范围高标准农田建设的通用技术标准，进一步推动耕地质量保护与技术规范并行良好局面的形成。

建设发展时期，国家对土地资源保护的意识和对农业可持续发展的重视程度不断上升，政府及相关部门制定的东北黑土区耕地保护政策数量显著增长，主要切入点从行政手段为主过渡到行政与技术手段相结合，进一步为推进落实东北黑土区耕地保护政策提供了有效支撑，但是在政策内容上仍主要聚焦水土流失、耕地退化综合防治等生态治理方面，缺乏人文视角的深入探讨。

2.3.1.3 深化探索时期(2015—2019年):积极试点与财政帮扶结合

2015年5月,农业部、国家发展改革委、科技部、财政部、国土资源部、环境保护部、水利部、国家林业局联合发布《全国农业可持续发展规划(2015—2030年)》,将东北地区划为优先发展区域,要求实施耕地质量保护与提升项目、农业可持续发展试验示范区建设项目,进一步加强东北黑土地的保护利用,实现黑土地的可持续发展。同年7月,《国务院办公厅关于加快转变农业发展方式的意见》提出重点加强东北等区域耕地质量保护措施,正式启动东北黑土地保护利用试点项目,同时加强土地督察队伍建设,完善责任监督体系,开启了东北黑土区耕地保护政策深化探索的新篇章。

2016年,《国务院关于印发全国农业现代化规划(2016—2020年)的通知》提出进一步扩大黑土地保护利用试点范围,在部分地区开展耕地轮作休耕制度试点,努力建设东北黑土地保护示范区。截至2018年,东北黑土区耕地保护利用试点实施范围持续扩大,耕地轮作休耕、黑土地利用保护整建制、控制黑土流失、增加土壤有机质含量、保水保肥、黑土养育等工程措施及技术措施逐步试点施行。值得关注的是,各级政府在制定政策的过程中愈发注重明确责任主体,优化职权分工。例如,《吉林省人民政府关于加强粮食生产功能区、重要农产品生产保护区和特色农产品优势区保护的指导意见》指出,吉林省农业农村厅和吉林省自然资源厅按职责分工负责黑土地保护及耕地质量提升任务,有效推进耕地轮作休耕制度试点,大力推广保护性耕作技术,实现用地和养地相结合。吉林省农业农村厅实行绩效管理制度,推动省级农业农村主管部门与试点项目县政府签订东北黑土地保护利用项目责任书,制定年度绩效考核方案,保障相关任务按时保质完成。

黑土地保护及试点项目的实施对财政资金依赖程度较高,中央财政扶持力度加大为相关计划的推进落实提供了稳定的经济支撑。2017年《东北黑土地保护规划纲要(2017—2030)》在东北黑土地保护利用试点的基础上积累经验,衔接相关投资建设规划,集中资金推进连片治理,并在加大中央财政扶持的同时,鼓励地方增加黑土保护资金投入,充分发挥市场机制作用,鼓励农民筹资筹劳,引导社会资本助力黑土地保护。2018年4月,农业农村部、财政部共同实施《财政重点强农惠农政策》,引领各地创新惠农方法,以绿色生态为导向落实耕地地力保护补贴,将补贴发放与耕地保护责任落实挂钩,引导农民自觉完成保护工作和提升耕地地力。2018年7月,财政部根据《中华人民共和国预算法》和《国务院办公厅关于印发跨省域补充耕地国家统筹管理办法和城乡建设用地增减挂钩节余指标跨省域调剂管理办法的通知》发布了《跨省域补充耕地资金收支管理办法》，确定了跨省域补充耕地资金收取标准，明确资金下达、结算和使用流程，使资金链条结构趋于完善。2019 年 6 月，《农业农村部办公厅关于做好 2019 年东北黑土地保护利用工作的通知》提到，为贯彻落实中央 1 号文件关于加大东北黑土地保护力度的要求，保障东北黑土地保护利用工作落实，中央财政将持续安排农业资源及生态保护补助资金，支持保护工作的进行及试点项目的开展。2019 年 12 月，《国务院关于 2018 年度中央预算执行和其他财政收支审计查出问题整改情况的报告》提出提高惠农补贴散碎交叉问题，切实保障农民权益，落实黑土耕地质量提升任务。

在前一阶段的基础上，东北黑土区耕地质量保护及其技术支持政策更加完善，但边治理边破坏的现象仍然普遍存在，为应对这一挑战，相关部门积极推动科学技术转化以辅助农业高质量发展，并针对不同区域黑土地退化的主要原因，因地制宜，分区施策。例如，2015 年《国务院办公厅关于加快转变农业发展方式的意见》提出分区域开展退化耕地综合治理、污染耕地阻控修复、土壤肥力保护提升、耕地质量监测等保护工作。2016 年《国务院关于农林科技创新工作情况的报告》强调构建现代农业产业技术体系的要求，建立东北黑土地保护等区域创新联盟，以多学科协作为抓手解决区域性重大问题，构建“一体化”的农业产业技术体系。2018 年修订的《吉林省黑土地保护条例》强调加大黑土地保护先进技术研发推广力度，并从规划与评价、保护措施、监督管理等方面提出具体规定。2019 年，《黑龙江省人民政府关于黑龙江省 2018 年预算执行情况和 2019 年预算草案的报告》提出在稳定产量、提高质量、增加效益的前提下逐步推广减化肥、减农药、减除草剂试验的“三减”行动，推动黑土地保护利用、有机肥提质增效试验示范、测土配方施肥技术推广。2019 年 8 月，农业农村部发表《受污染耕地治理与修复导则》，明确了受污染耕地治理与修复的技术流程、模式方法。2019 年 12 月，《吉林省人民政府关于建立健全城乡融合发展体制机制和政策体系的实施意见》提出大力推广“玉米秸秆多元化应用”等循环农业发展模式，形成合理的休耕轮作模式，健全耕地草原森林河流湖泊休养生息制度。

深化探索时期，国家对东北黑土区耕地保护工作更加重视并持续投入，以东北黑土地保护利用试点为主线的东北黑土区耕地保护政策总量波动上升，政策指令更加细致具体，政策文本内容和主要手段逐渐由单一走向多元，行政指导、技术支撑、法律保障、财政补贴相关条例通知不断丰富。这不仅为东北黑土区耕地保护提供了更加有力的保障和更加全面的支持，而且为我国农业的可持续发展奠定了坚实基础，对现阶段保障国家粮食安全和生态安全起到了十分重要的作用。

2.3.1.4 体系完善时期(2020年至今)：战略指向与法律保障互补

2020年，农业农村部、财政部联合发布《东北黑土地保护性耕作行动计划(2020—2025年)》，将东北黑土区保护性耕作上升为国家行动，明确了阶段性东北黑土地保护性耕作实施目标，并对目标任务进行细化拆解，建立健全责任体系和监督评价机制，确保按时保质完成各项任务。2021年，《中华人民共和国土地管理法实施条例(2021修订)》提出加快高标准农田建设步伐，强调黑土地等优质耕地保护，并提出对破坏黑土地等优质耕地者从重处罚。2022年6月，《中华人民共和国黑土地保护法》颁布，明确了黑土地的定义、适用范围、保护措施、法律责任等，对私自占用破坏黑土地、拒绝阻碍黑土地保护等行为作出明确处罚规定，为东北黑土区耕地保护提供了可靠的法律保障，这标志着东北黑土区耕地保护上升为国家意志，对于保障国家的生态安全和粮食安全具有较强的战略意义，产生深远的影响。2022年7月，自然资源部办公厅发布《关于进一步加强黑土耕地保护的通知》，再次强调切实推动黑土耕地保护进一步强化，严格执行耕地用途管制。

可见，东北黑土区耕地保护政策逐步走向法治化、体系化发展道路。2020年以来，以保护性耕作为重点的黑土保护措施得到了大面积推广，在循序渐进、稳步扩大的试点区域探索中，逐步形成了较为完善的保护性耕作政策支持体系、技术装备体系和推广应用体系，同时相关责任主体进一步明确，监督管理体系更加健全(梁爱珍 等，2022)。例如，2021年吉林省、黑龙江省分别实施五级、七级田长工作责任体系，实现监管机制全覆盖，落实黑土耕地保护利用责任到人头、到部门、到地块，激励农民发挥主体作用，严打违法、违规行为，时刻肩负黑土耕地数量、质量和生态的保护重任。2021年8月，《黑龙江省人民政府办公厅关于建设占用耕地耕作层土壤剥离利用工作的指导意见(试行)》推动形成“政府推动、需求拉动、政策驱动、政企联动”的工作运行机制，坚持“谁用地、谁承担，谁剥离、谁受益”的原则，做到职责分工明确、奖惩机制完善、保障资金到位。2021年《国务院办公厅关于对国务院第八次大督查发现的典型经验做法给予表扬的通报》与2022年《国务院办公厅关于对国务院第九次大督查发现的典型经验做法给予表扬的通报》连续两年对黑龙江省聚焦黑土地保护利用的相关做法进行表扬，构建了上层督察、下层反馈，先试点、后推广的健康体系。《中华人民共和国黑土地保护法》提到县级以上地方人民政府应当建立农业农村、自然资源、水行政、发展改革、财政、生态环境等有关部门组成的黑土地保护协调机制，加强协调指导，明确责任分工，切实推动黑土地保护工作落实。

针对国务院及国家部委等发布的众多政策方针，地方政府积极响应，根据各地区实际情况制定更加详尽的政策方案，尤其是在《中华人民共和国黑土地保护法》颁布之后，相关配套政策数量明显增多。2021年6月，吉林省政府在《对省政协十二届四次会议第60号委员提案的答复》《对省政协十二届四次会议第203号委员提案的答复》中提到因地制宜提升黑土地地力水平，对不同地区应因地制宜采取不同的保护措施，同步加强对黑土地保护的宣传，建立综合资金投入体系。2022年3月，《黑龙江省人民政府关于加快畜牧业高质量发展的意见和黑龙江省加快畜牧业高质量发展若干政策措施的通知》提出实行耕地“进出平衡”后，可以使用一般耕地，不需占补平衡。2022年7月，《吉林省人民政府关于开展建设占用耕地耕作层土壤剥离工作的通知》明确了建设占用耕地耕作层土壤剥离工作目标任务的同时，强调持续通过广播电视等渠道对黑土地保护知识开展宣传教育，为相关任务执行营造良好的工作环境。2022年11月，《吉林省黑土地保护条例》再次修订，在严格遵循国家上位法指导思想基础上，力求最大限度符合客观规律、突出地方特色、解决实际问题。2023年2月，黑龙江省人民政府在《2023年政府工作报告》中提出推广黑土地保护“龙江模式”“三江模式”，推动高标准农田建设，保护利用好黑土地这个“耕地中的大熊猫”。

2023年年底至2024年年初，国务院陆续发布关于《吉林省国土空间规划(2021—2035年)》《内蒙古自治区国土空间规划(2021—2035年)》《黑龙江省国土空间规划(2021—2035年)》《辽宁省国土空间规划(2021—2035年)》的批复，黑土地保护同时被纳入东北四省国土空间规划章程。总结推广现存优秀模式，拓展特色农业产品，发展集约、高效、安全、持续的现代化大农业，开展东北黑土区耕地数量、质量、生态“三位一体”保护成为主攻方向(何宏莲 等,2023)。随着国家对东北黑土区耕地保护认识的不断深化,在各省政策中,除了阶段性规划政策及专门性黑土耕地保护政策,畜牧业发展、气象服务、金融支持、品牌申报、科技振兴等越来越多领域的政策也开始融入黑土耕地保护的相关内容,逐渐形成了跨部门、跨领域的综合性政策体系,对东北黑土区耕地保护提供了更加全面、有效的支持。

体系完善时期,随着国家粮食安全战略的深化,东北黑土区作为重要的粮食生产基地,其耕地保护的战略地位得到了进一步提升(付晶莹 等,2022)。国家战略指向作为核心驱动力,为东北黑土区耕地保护政策进一步完善提供了清晰的方向和明确的目标。同时,各项法律法规的出台、修订,不仅为国家战略提供了坚实的法治基础,还为各项工作的顺利落实提供了强有力的法律支撑,使东北黑土区耕地保护体系在应对多种情况时能有法可依、有章可循,确保了政策体系的稳定性和可持续性。综合而言,该阶段特征主要体现为战略指向对法律保障的引导作用与法律保障对战略指向的支撑作用相结合,二者紧密呼应、互补发展,快速推进东北黑土区耕地保护政策法治化、体系化发展。

2.3.2 东北黑土区耕地保护政策总结与展望

综上所述,东北黑土区耕地保护政策主要经历了四个发展阶段。1998—2004年,国家初步意识到黑土区耕地保护的重要性,开始采取相关措施;2005—2014年,东北黑土区耕地保护政策进入专门化、技术化阶段,为相关工作推进提供了科学支撑;2015—2019年,东北黑土区耕地保护政策进一步深化,将开展试点与财政帮扶相结合,确保目标落实;自2020年起,东北黑土区耕地保护政策进入体系完善时期,黑土区耕地保护被提升到国家意志层面,相关政策逐渐法治化、体系化。

一方面,东北黑土区耕地保护政策数量不断增多,政策效力日益加强,政策指令逐渐明确,政策内容持续深化丰富,实现了从无到有、由少变多、转单一为多元的趋势特征。另一方面,多部门、跨领域协作不断加强,对科学规划、可持续发展的重视不断提高,东北黑土区耕地政策展现出由局部到全面、由短期到长期、由被动到主动的演化历程。这些特征不仅反映了我国政府对东北黑土区耕地保护工作的重视和投入,还推动着东北黑土区耕地保护工作向更加科学、高效、全面的新阶段迈进。

结合东北黑土区耕地保护政策发展历程及演进现状内容，本书提出几点政策建议。一是普及激励机制，明确奖惩规则。为鼓励农民、企业等社会各界力量广泛加入黑土区耕地保护工作，应建立一套完善的激励机制，并加强对专项资金的管理监督，确保奖励能够真正落到实处，同时进一步明确惩罚举措，对破坏黑土区耕地资源的行为进行严厉打击，形成常态化威慑。二是提高群众认知，实时监督反馈。通过举办各类宣传活动、开展教育培训等方式，向群众普及黑土区耕地保护的重要性、方法技巧等，进一步提高群众对黑土区耕地保护的认知程度，同时建立监督机制，及时反馈现存问题及群众意见，并进行针对性改进。三是加强科技支撑，提升保护水平。加大对黑土区耕地保护科技研发的投入，鼓励科研机构及企业开展相关技术研究，推动科技成果的转化和应用，同时可建立黑土区耕地保护技术服务平台，为农民和企业提供技术咨询、技术培训和技术推广等服务，推动先进技术及管理方法落地。

2.4 研究方法

本书综合采用星陆双基土壤参数高光谱反演方法以及各类空间格局分析方法来对研究区的土壤侵蚀状况及空间分布格局进行研究，使用地理加权回归模型对土壤侵蚀及其与土地利用变化的关系进行研究，并采用 MCR 模型、SWAT 模型等对漫川漫岗地形条件下的黑土退化风险与基础生态约束格局进行探索。

2.4.1 星陆双基土壤参数高光谱反演

2.4.1.1 可见-近红外光谱分析原理

比尔-朗伯定律是土壤可见-近红外光谱分析的理论基础，即进行光谱测量的物质本身对可见-近红外光谱是有吸收作用的，并且吸收的强度与待测成分含量存在相关关系(陆婉珍，2007)。土壤中铁氧化物的含量及其种类会对土壤的颜色以及土壤反射率造成影响，SOC 的含量也会对可见光不同波段的土壤反射率有影响(Bartholomeus et al.，2008)。目前，基于可见光-近红外光谱的 SOC 反演已发展为快速精确量化 SOC 的重要手段，且逐步由近地传感扩展到航空和卫星遥感平台。相较于 SCORPAN 理论主导的数字土壤制图，SOC高光谱遥感反演依赖于裸土像元光谱反射率和土壤生色团之间的物理关系，预测模型鲁棒性强，可实现像元级的SOC预测与监测。

2.4.1.2 偏最小二乘回归(PLSR)建模方法

在利用光谱数据反演土壤成分的研究方法中，偏最小二乘回归(Partial Least-squares Regression，PLSR)方法于1983年首次被提出并伴随着计算机的发展而得到广泛应用。该方法是建立在普通多元线性回归的基础上，同时借鉴了主成分分析(PCR)以及相关性分析的思想，尤其是在变量数目较多且存在多重相关性的情况下。与普通最小二乘回归相比，该方法具有更高的模型质量、更为可靠的建模精度以及可视性的数据分析等优势(陈文娇，2018)，其计算过程如下。

① 首先，分别提取光谱矩阵 $\boldsymbol{X}$ 和土壤有机碳含量矩阵 $\boldsymbol{Y}$ 的第一成分 t_1 和 u_1，使之相关性达到最大。

$$\boldsymbol{X}=(x_1,\cdots,x_m)^{\mathrm{T}} \tag{2-1}$$

$$\boldsymbol{Y}=(y_1,\cdots,y_m)^{\mathrm{T}} \tag{2-2}$$

$$\boldsymbol{t}_1=w_{11}x_1+\cdots w_{1m}x_m=w_1^{\mathrm{T}}X \tag{2-3}$$

$$\boldsymbol{u}_1=v_{11}x_1+\cdots v_{1p}x_p=v_1^{\mathrm{T}}Y \tag{2-4}$$

式中，$\boldsymbol{t}_1$ 和 $\boldsymbol{u}_1$ 分别是自变量集 $\boldsymbol{X}$ 和 $\boldsymbol{Y}$ 的线性组合。

两组变量集的标准化数据矩阵 $\boldsymbol{E}_0$ 和 $\boldsymbol{F}_0$，从而计算第一成分 $\boldsymbol{t}_1$ 和 $\boldsymbol{u}_1$ 的得分向量 $\hat{\boldsymbol{t}}_1$ 和 $\hat{\boldsymbol{u}}_1$：

$$\hat{\boldsymbol{t}}_1=\boldsymbol{E}_0\boldsymbol{w}_1=\begin{bmatrix} x_{11} & \cdots & x_{1m} \\ \vdots & & \vdots \\ x_{n1} & \cdots & x_{nm} \end{bmatrix}\begin{bmatrix} w_{11} \\ \vdots \\ w_{1m} \end{bmatrix}=\begin{bmatrix} t_{11} \\ \vdots \\ t_{n1} \end{bmatrix} \tag{2-5}$$

$$\hat{\boldsymbol{u}}_1=\boldsymbol{F}_0\boldsymbol{v}_1=\begin{bmatrix} y_{11} & \cdots & y_{1m} \\ \vdots & & \vdots \\ y_{n1} & \cdots & y_{np} \end{bmatrix}\begin{bmatrix} v_{11} \\ \vdots \\ v_{1p} \end{bmatrix}=\begin{bmatrix} u_{11} \\ \vdots \\ u_{n1} \end{bmatrix} \tag{2-6}$$

利用拉格朗日乘数法，问题转化为求单位向量 $\boldsymbol{w}_1$ 和 $\boldsymbol{v}_1$，使得 $\boldsymbol{\theta}_1=\boldsymbol{w}_1^{\mathrm{T}}\boldsymbol{E}_0^{\mathrm{T}}\boldsymbol{F}_0\boldsymbol{v}_1$ 达到最大。

② 其次，建立 $y_1,\cdots,y_m$ 对 t_1 的回归及 $x_1,\cdots,x_m$ 对 t_1 的线性回归。

$$\boldsymbol{E}_0=\hat{\boldsymbol{t}}_1\boldsymbol{\alpha}_1^{\mathrm{T}}+\boldsymbol{E}_1 \tag{2-7}$$

$$\boldsymbol{F}_0=\hat{\boldsymbol{u}}_1\boldsymbol{\beta}_1^{\mathrm{T}}+\boldsymbol{F}_1 \tag{2-8}$$

式中，$\boldsymbol{\alpha}_1=(\alpha_{11},\cdots,\alpha_{1m})^{\mathrm{T}}$，$\boldsymbol{\beta}_1=(\beta_{11},\cdots,\beta_{1m})^{\mathrm{T}}$ 是回归模型中的参数向量；$\boldsymbol{E}_1$ 和 $\boldsymbol{F}_1$ 为残差矩阵。

③ 用残差矩阵 $\boldsymbol{E}_1$ 和 $\boldsymbol{F}_1$ 代替上面的 $\boldsymbol{E}_0$ 和 $\boldsymbol{F}_0$ 重复上述步骤，其中 $\hat{\boldsymbol{E}}_0=\hat{\mathbf{t}}_1\boldsymbol{\alpha}_1^{\mathrm{T}}$，$\hat{\boldsymbol{F}}_0=\hat{\boldsymbol{t}}_1\boldsymbol{\beta}_1^{\mathrm{T}}$，而 $\boldsymbol{E}_1=\boldsymbol{E}_0-\hat{\boldsymbol{E}}_0$，$\boldsymbol{F}_1=\boldsymbol{F}_0-\hat{\boldsymbol{F}}_0$，直到 $\boldsymbol{F}_1$ 中的元素绝对值接近 0，否则需要一直重复上述步骤。$\boldsymbol{w}_2=(\boldsymbol{w}_{21},\cdots,\boldsymbol{w}_{2m})^{\mathrm{T}}$，$\boldsymbol{v}_2=(\boldsymbol{v}_{21},\cdots,\boldsymbol{v}_{2p})^{\mathrm{T}}$ 是第二成分，$\hat{\boldsymbol{t}}_2=\boldsymbol{E}_1\boldsymbol{w}_2$ 和 $\hat{\boldsymbol{u}}_2=\boldsymbol{F}_1\boldsymbol{v}_2$ 分别是第二成分的得分向量。$\boldsymbol{\alpha}_2$ 和 $\boldsymbol{\beta}_2$ 分别是光谱矩阵 $\boldsymbol{X}$ 和土壤有机碳含量矩阵 $\boldsymbol{Y}$ 的第二成分的负荷量。

④ 最后，由光谱矩阵 $\boldsymbol{X}_p$ 计算出对应的得分矩阵 $\boldsymbol{T}_p$，计算得出土壤有机碳含量矩阵 $\boldsymbol{Y}_p$。

$$\boldsymbol{Y}_p=\boldsymbol{T}_pBQ \tag{2-9}$$

本书基于 PLSR 方法将预处理后的波段光谱信息作为模型的自变量，土壤有机碳的实测值作为因变量，进行土壤有机碳预测建模以及模型精度评估，上述过程均在 R4.0.3 软件中完成。

2.4.1.3 模型评价方法

为了对构建的模型进行精度检验，本书使用验证数据集对模型的预测效果进行评估，用于表示预测模型表现力的统计指标有决定系数(R^2)、均方根误差(root mean square error，RMSE)、测定值标准偏差与标准预测误差的比值(relative prediction error，RPD)和性能与四分位间距的比率射程(ratio of performance to inter quartile range，RPIQ)等。

① 决定系数(R^2)被称为曲线拟合度，是实测值 $y_i(i=1,2,3,\cdots,n)$与相对应的预测值 $\hat{y}_i$ 之间相关系数的平方。R^2 的计算公式如下：

$$R^2=\frac{\sum_{i=1}^{n}(\hat{y}_i-\overline{y})^2}{\sum_{i=1}^{n}(y_i-\overline{y})^2} \tag{2-10}$$

式中，n 为预测样本数；y_i 和 $\hat{y}_i$ 分别为检验样本的实测值和估测值；$\overline{y}$ 为样本实测值的平均值。其中 R^2 越接近 1，表示观测值与估测值的相关性越高，预测模型的拟合效果越好；R^2 越接近 0，表示观测值与估测值的相关性越差，预测模型的拟合效果越差。

② 均方根误差(RMSE)作为预测模型的精度评价指标，定义如下：

$$\mathrm{RMSE}=\sqrt{\frac{1}{n}\sum_{i=1}^{n}(\hat{y}_i-y_i)} \tag{2-11}$$

式中,RMSE 的值越接近 0,表示预测模型的预测精度越高;RMSE 的值越大,表示模型的预测精度越低。

③ 测定值标准偏差与标准预测误差的比值(RPD)的定义如下:

$$\mathrm{RPD}=\frac{\mathrm{SD}}{\mathrm{RMSE}} \tag{2-12}$$

式中,SD 为实测值标准偏差;当 RPD＞1.4 时,表明模型可以进行预测(Castaldi et al.,2016;史舟 等,2014)。

④ 性能与四分位间距的比率射程(RPIQ)作为目前普遍使用的预测模型的稳健性评价指标,其定义如下:

$$\mathrm{RPIQ}=\frac{\mathrm{IQ}}{\mathrm{RMSE}} \tag{2-13}$$

式中,IQ 为样本实测值第三四位分位数($Q3$)和第一四位分位数($Q1$)的差。其中,RPIQ 的值越接近 0,表示预测模型的稳定性越差;RPIQ 的值越大,表示预测模型的稳定性越强。

⑤ 为了检测影响土壤有机碳预测的主要光谱波段,进行方差重要性预测指数(variance importance projection,VIP)计算,公式如下:

$$\mathrm{VIP}_k(a)=K\sum_a w_{ak}^2\left(\frac{SSY_a}{SST_t}\right) \tag{2-14}$$

式中,w_{ak} 为第 a 个 PLS 因子对应的第 k 个变量的载荷权重;SSY_a 是因子为 a 时的 PLSR 模型中解释 y 的总平方和;SSY_t 为 y 的总离差平方和,k 为预测变量的总数。

VIP 可以直观地反映出每一个波段在解释土壤有机碳时的重要性,VIP＞1被认为是检测相关谱带重要性的临界值(陈颂超 等,2016)。

2.4.1.4 模型的校准与验证方法

模型的校准与验证过程在 R4.0.3 软件中进行。将预处理后的 203 个土壤光谱训练数据集以 3∶1 的比例随机分为建模数据集和验证数据集,使用建模数据集校准 PLSR 预测模型,校准过程结合十倍交叉验证(ten-fold cross-validation)来优化建模参数,最后利用预处理后的 35 个独立土壤光谱验证数据集对建模效果进行验证。需要强调的是,本书中建模数据集和验证数据集的3∶1随机分配以及PLSR模型校准和验证过程共重复100次，即得出100组数据随机分配条件下的模拟结果，目的是评估多次重复模拟下利用PLSR方法构建SOC预测模型的鲁棒性(robustness)。另外，最终R^2、RMSE、RPD和RPIQ的结果均取100次模拟结果的平均值。

2.4.2 空间格局分析方法

了解区域整体上不同土壤侵蚀类型的空间分布特征以及空间上分布异质特征和关联性，对于理解整体土壤侵蚀格局具有重要作用。为此本书采用探索性空间数据分析方法，研究土壤侵蚀的空间分布模式及其相互作用机制，更科学合理地揭示区域尺度上土壤侵蚀的空间分布特征，为土壤侵蚀管控分区的划定以及相应整治措施的采取奠定了基础。为此，本书主要采取全局及局部空间自相关以及冷热点分析来揭示县域尺度土壤侵蚀的空间分布模式。

2.4.2.1 全局空间自相关分析

用于检验研究对象在整个研究区域的空间关联程度和差异程度(王志杰 等,2020)，全局Moran's I指数可以指示不同等级的土壤侵蚀等级之间的关联程度，计算公式如下：

$$\text{Moran's I} = \frac{\sum_{i=1}^{n}\sum_{j=1}^{n} w_{ij}(x_i - \overline{x})(x_j - \overline{x})}{S^2 \sum_{i=1}^{n}\sum_{j=1}^{n} w_{ij}} \tag{2-15}$$

式中，Moran's I为空间自相关指数值；n为土壤侵蚀强度等级的数量；i、j为土壤侵蚀强度的等级；$\overline{x}$为土壤侵蚀面积的平均值；$\boldsymbol{x}_i$、$\boldsymbol{x}_j$为第i、j级的土壤侵蚀强度相对应的面积；$\boldsymbol{w}_{ij}$为空间权重矩阵；S^2为不同土壤侵蚀强度等级的面积方差。Moran's I指数的取值范围是[−1,1]，指数的绝对值越大代表区域土壤侵蚀的空间自相关性越强，指数的正/负表示土壤侵蚀强度在区域空间上呈正/负相关关系，指数为0表示土壤侵蚀强度在区域空间上不存在空间相关性。Moran's I指数需要进行显著性检验，通过标准化Z指数判断，计算公式如下：

$$Z = \frac{\text{Moran's I} - E}{\text{VAR}^{1/2}} \tag{2-16}$$

式中，Z 为标准化指数；E 为 Moran's I 指数的期望值；VAR 为 Moran's I 指数的方差。在 $P<0.05$ 的置信水平下，$|Z|>1.96$ 表明土壤侵蚀强度存在着显著的空间自相关关系。

2.4.2.2 局部空间自相关分析

局部空间自相关分析，用于分析不同级别的土壤侵蚀强度之间的局部空间自相关程度。本书采用局部空间关联指标(LISA)反映不同级别土壤侵蚀强度之间的局部相关程度，计算公式如下：

$$\mathrm{LISA}_i=\frac{n(x_i-\overline{x})\sum_{j=1}^{n}w_{ij}(x_j-\overline{x})}{\sum_{i=1}^{n}(x_i-\overline{x})^2}\quad(i\neq j)\tag{2-17}$$

式中，LISA 为局部空间自相关指数值；n 为土壤侵蚀强度等级的数量；i、j 为土壤侵蚀强度等级；$\overline{x}$ 为土壤侵蚀面积的平均值；x_i、x_j 为第 i、j 级土壤侵蚀强度的面积；$\boldsymbol{w}_{ij}$ 为空间权重矩阵。LISA 指数的取值范围是[−1,1]，指数的绝对值越大代表区域土壤侵蚀的局部空间自相关性越强，指数的正/负表示土壤侵蚀强度在局部空间上呈正/负相关关系，指数为 0 表示土壤侵蚀强度在局部空间上不存在空间相关性。

2.4.2.3 空间关联指数 Getis-Ord G_i^* 分析

空间关联指数 Getis-Ord G_i^* 分析，用于识别在一定的空间范围内研究对象的高值聚集区和低值聚集区(周筱雅 等，2019)，计算公式如下：

$$G_i^*=\frac{\sum_{j=1}^{n}\boldsymbol{w}_{ij}X_j}{\sum_{j=1}^{n}X_j}\tag{2-18}$$

$$Z_i^*=\frac{G_i^*-E}{\mathrm{VAR}^{1/2}}\tag{2-19}$$

式中，G_i^* 为空间关联指数；E 为 G_i^* 的期望值；VAR 为变异系数；n 为土壤侵蚀强度等级的数量；x_j 为第 j 级土壤侵蚀强度的面积；$\boldsymbol{w}_{ij}$ 为空间权重矩阵；Z_i^* 为 G_i^* 的标准化处理值，若 $Z_i^*>0$ 并通过置信水平的显著性检验，则证明 i 位置属于土壤侵蚀强度高值聚集区，反之则属于土壤侵蚀低值聚集区。

2.4.3 碳稳定同位素示踪

碳稳定同位素是天然存在的无放射性的一种同位素，可以使相关试验在田间原位等自然状态下进行，其物理性质相对稳定，是一种可以精确示踪有机碳在土壤不同粒级团聚体中动态变化和积累过程的天然物质（刘哲，2019）。碳稳定同位素示踪技术是采用碳稳定性同位素在研究对象上进行对应标记，微量追踪指示同位素运行和变化规律的分析方法（刘薇 等，2008），已被广泛应用于土壤科学研究。

自然界中各种含碳物质中的$^{13}C/^{12}C$并不是恒定不变的，比值的变化包含了碳元素转移固定的规律和信息（Farquhar et al.，1982）。因此，利用具有原位标记特征的$^{13}C/^{12}C$比值变化来分析测量土壤或者植物中碳的转化和运移规律，能够准确定量外源新碳对土壤原有机碳的激发方向和强度（袁红朝 等，2018），因此被广泛地应用于研究 SOC 循环以及探索土壤团聚体固碳机理方面。

在自然界中，^{12}C和^{13}C两种碳稳定同位素中，^{12}C的比例远大于^{13}C，用绝对丰度来表示土壤或植物等材料的碳同位素组成比较复杂，因此采用碳同位素组成比（$\delta^{13}C$）来表示物质的碳同位素组成，定义为：

$$\delta=\left(\frac{R_{sample}}{R_{standard}}-1\right)*1\,000 \tag{2-20}$$

式中，R_{sample}为样品的$^{13}C/^{12}C$比率（Coplen，2011）；$R_{standard}$为国际标准样品中的$^{13}C/^{12}C$比率（以 PDB 为标准物），在此基础上计算出土壤或者植物材料与标准样品之间的偏离值。

2.4.4 地理加权回归模型

2.4.4.1 *方法介绍*

作为多种空间分析软件中广泛使用的空间分析方法，地理加权回归模型（geographically weighted regression，GWR）是对传统线性回归模型的改进（耿甜伟 等，2020），嵌入了地理空间位置要素，实现用局部参数代替全局参数估计的目的（庞瑞秋 等，2014），能够体现变量间关系在不同空间位置的变化性，已经被证实其结果更具准确性，更符合实际情况。GWR 模型已被广泛应用于经济学、地理学、气象学等领域。本书基于 GWR 模型，分析土地利用因子变化对土壤侵蚀风险空间异质性的影响，计算方程如下：

$$Z_i = \alpha_0(x_i, y_i) + \sum_{k=1}^{p} \alpha_k(x_i, y_i) w_{ik} + \varepsilon_i \quad (i = 1, 2, \cdots, n) \tag{2-21}$$

式中，Z_i 为被解释变量，在本书中表示第 i 个网格单元的土壤侵蚀风险指数；目标区域 i 的坐标为 (x_i, y_i)，在本书中表示第 i 个网格单元的中心点坐标；$\alpha_0(x_i, y_i)$ 为截距项；k 为解释变量个数，$\alpha_k(x_i, y_i)$ 为第 i 个采样点的第 k 个回归参数，在本书中表示第 i 个网格单元的回归参数；ε_i 为第 i 个采样点的随机误差。

2.4.4.2 空间权重函数

在 GWR 模型中，空间权重矩阵的计算是核心内容，代表了数据的空间依赖性，反映了采样点 i 相对于每个观测点 j 的权重。权重矩阵的计算与核函数的类型和核函数的带宽息息相关。

1. 核函数

GWR 模型权重赋予的原则为“两者之间的距离越近，赋予权重值就越高”，因此将核函数定义为“值域在[0,1]之间、实现权重赋予、基于空间距离的单调减函数”。根据值域分布特点，核函数可以分两种类型。连续型和截断型，连续型函数包括指数函数、高斯函数，截断型函数包括二次函数、立方体函数、盒状函数。其中常用的是高斯函数和二次函数。两者的适用范围不同，高斯函数是一种连续单调递减的函数形式，描述空间距离与权重值之间的数学关系，使用所有的数据。面对数据离散程度较高的回归分析时，Bi-square 函数会更具有计算优势，计算公式如下：

$$W_{ij} = e^{\frac{(d_{ij}/b)^2}{2}} \tag{2-22}$$

$$W_{ij} = \begin{cases} [1-(d_{ij}/b)^2]^2 & d_{ij} \leqslant b \\ 0 & d_{ij} > b \end{cases} \tag{2-23}$$

式中，W_{ij} 为相对于采样点 i 而言的观测点 j 的权重值；b 为带宽，即基于空间距离计算权重值的参数；d_{ij} 为观测点 j 与采样点 i 之间的实际空间距离。

2. 最优带宽

GWR 模型中带宽直接决定了样点权重值随着空间距离的增大而衰减的速率。如果带宽选择过小的数值，会导致计算之后回归参数估计的方差过大，计算结果空间变化过于剧烈；如果带宽选择过大的数值会导致回归参数估计的偏差过大，空间计算结果变化趋于平滑。对于二次函数等截断型核函数，超过带宽距离的采样点赋予的权重值为0，因此带宽决定了回归分析每个观测点的有效采样点范围。本书主要采用交叉验证法(CV)以及AIC准则(AIC)进行最优带宽的选择。

(1) 交叉验证法(cross validation,CV)

CV是根据研究区范围来确定合适的带宽范围，进而计算得到最优带宽，计算公式如下：

$$CV(b)=\sum_{i=1}^{n}[y_i-\widehat{y_{\neq i}}(b)]^2 \tag{2-24}$$

式中，n为样本点数目，$\widehat{y_{\neq i}}(b)$为在带宽为b的情况下y的预测值。

该方法保证了在带宽非常小的情况下，不是在采样点的数据样本而是在靠近采样点的数据样本范围内进行校准。

(2) AIC准则(akaike information criterion,AIC)

AIC准则是一种衡量模型拟合优良性的准则。将AIC准则改进之后将其用于GWR模型中的核函数带宽的最优选择，被定义为AICc准则。相比于CV法，AICc准则计算的最优带宽的优化程度较高，但是计算过程相对复杂。计算公式如下：

$$AIC_c(b)=2n\ln\hat{\sigma}+n\ln 2\pi+n\left[\frac{n+tr(S)}{n-2-tr(S)}\right] \tag{2-25}$$

式中，n为样本点数目；$\hat{\sigma}$为随机误差项方差的极大似然估计，$\hat{\sigma}=\frac{RSS}{n-tr(S)}$。

本章参考文献

白立敏，2019. 基于景观格局视角的长春市城市生态韧性评价与优化研究[D]. 长春：东北师范大学.

陈颂超，彭杰，纪文君，等，2016. 水稻土可见-近红外-中红外光谱特性与有机质预测研究[J]. 光谱学与光谱分析，36(6)：1712-1716.

陈文娇，2018. 基于多源数据光谱转换的土壤盐分反演与动态分析[D]. 南京：东南大学.

崔峰，2013. 城市边缘区土地利用变化及其生态环境响应[D]. 南京：南京农业大学.

冯年华,2002.人地协调论与区域土地资源可持续利用[J].南京农业大学学报(社会科学版),2(2):29-34.

付晶莹,郜强,江东,等,2022.黑土保护与粮食安全背景下齐齐哈尔市国土空间优化调控路径[J].地理学报,77(7):1662-1680.

高佳,朱耀辉,赵荣荣,2024.中国黑土地保护:政策演变、现实障碍与优化路径[J].东北大学学报(社会科学版),26(1):82-89.

耿甜伟,陈海,张行,等,2020.基于GWR的陕西省生态系统服务价值时空演变特征及影响因素分析[J].自然资源学报,35(7):1714-1727.

韩晓增,李娜,2018.中国东北黑土地研究进展与展望[J].地理科学,38(7):1032-1041.

韩晓增,邹文秀,杨帆,2021.东北黑土地保护利用取得的主要成绩、面临挑战与对策建议[J].中国科学院院刊,36(10):1194-1202.

何宏莲,安洋,刘尊梅,2023."三位一体"黑土地法律保护的应然逻辑与实现路径[J].资源科学,45(5):913-925.

贾洪雷,马成林,李慧珍,等,2010.基于美国保护性耕作分析的东北黑土区耕地保护[J].农业机械学报,41(10):28-34.

姜宛贝,2017.干旱区土地退化遥感监测方法研究[D].北京:中国农业大学.

姜志德,2001.土地资源可持续利用概念的理性思考[J].西北农林科技大学学报(社会科学版),1(4):57-61.

康日峰,任意,吴会军,等,2016.26年来东北黑土区土壤养分演变特征[J].中国农业科学,49(11):2113-2125.

李边疆,2007.土地利用与生态环境关系研究[D].南京:南京农业大学.

李楠,刘成良,李彦明,等,2010.基于3S技术联合的农田墒情远程监测系统开发[J].农业工程学报,26(4):169-174.

李文博,2018.基于立地条件与地化特征的黑土区城郊耕地质量变化研究[D].长春:吉林大学.

李政宏,吕晓,杨伊涵,等,2022.中国黑土地保护政策演进过程与特征的量化考察[J].土壤通报,53(4):998-1008.

梁爱珍,张延,陈学文,等,2022.东北黑土区保护性耕作的发展现状与成效研究[J].地理科学,42(8):1325-1335.

刘宝元，张甘霖，谢云，等，2021. 东北黑土区和东北典型黑土区的范围与划界[J]. 科学通报，66(1)：96-106.

刘黎明，2004. 土地资源学[M]. 4 版. 北京：中国农业大学出版社.

刘微，吕豪豪，陈英旭，等，2008. 稳定碳同位素技术在土壤-植物系统碳循环中的应用[J]. 应用生态学报，19(3)：674-680.

刘兴土，阎百兴，2009. 东北黑土区水土流失与粮食安全[J]. 中国水土保持(1)：17-19.

刘哲，2019. 西藏拖浪拉钨钼多金属矿床地质特征与成因研究[D]. 北京：中国地质大学(北京).

陆婉珍，2007. 现代近红外光谱分析技术[M]. 2 版. 北京：中国石化出版社.

庞瑞秋，腾飞，魏冶，2014. 基于地理加权回归的吉林省人口城镇化动力机制分析[J]. 地理科学，34(10)：1210-1217.

邵晓梅，谢俊奇，2007. 中国耕地资源区域变化态势分析[J]. 资源科学，29(1)：36-42.

苏浩，吴次芳，2023. 东北黑土区耕地系统健康诊断及其演化特征：以克山县为例[J]. 经济地理，43(6)：166-175.

隋虹均，宋戈，刘馨蕊，2022. 遗传和变异视角下东北黑土区典型地域耕地质量退化时空分异：以富锦市为例[J]. 中国土地科学，36(10)：53-62.

滕洪芬，2017. 基于多源信息的潜在土壤侵蚀估算与数字制图研究[D]. 杭州：浙江大学.

汪景宽，徐香茹，裴久渤，等，2021. 东北黑土地区耕地质量现状与面临的机遇和挑战[J]. 土壤通报，52(3)：695-701.

王福庆，2012. 总结经验 规范管理 扎实推进黑土区水土流失治理[J]. 中国水土保持(7)：5-7.

王志杰，柳书俊，苏嫄，2020. 喀斯特高原山地贵阳市 2008—2018 年土壤侵蚀时空特征与侵蚀热点变化分析[J]. 水土保持学报，34(5)：94-102.

阎百兴，杨育红，刘兴土，等，2008. 东北黑土区土壤侵蚀现状与演变趋势[J]. 中国水土保持(12)：26-30.

杨青山，梅林，2001. 人地关系、人地关系系统与人地关系地域系统[J]. 经济地理(5)：532-537.

杨子生,2001. 论水土流失与土壤侵蚀及其有关概念的界定[J]. 山地学报,19(5):436-445.

于伟,吴次芳,2001. 土地退化与土地养护[J]. 中国农村经济(5):67-71.

袁红朝,王久荣,刘守龙,等,2018. 稳定碳同位素技术在土壤根际激发效应研究中的应用[J]. 同位素,31(1):57-63.

张慧,栾思雨,丛蓉,2024. 东北黑土区典型县域耕地质量对耕地水田化的空间响应[J]. 水土保持研究,31(1):327-334.

张瑞,杜国明,张树文,2023. 1986—2020 年东北典型黑土区耕地资源时空变化及其驱动因素[J]. 资源科学,45(5):939-950.

张晟旻,李浩,2020. 东北黑土区的侵蚀沟治理措施与模式[J]. 水土保持通报,40(3):221-227.

张新荣,焦洁钰,2020. 黑土形成与演化研究现状[J]. 吉林大学学报(地球科学版),50(2):553-568.

郑皓洋,李婷婷,黄颖利,2023. 中国黑土区耕地利用效益评价及问题诊断:基于粮食安全与黑土保护双重背景[J]. 中国农业大学学报,28(11):29-41.

周筱雅,刘志强,王俊帝,等,2019. 中国建制市人均公园绿地面积的探索性空间数据分析[J]. 生态经济,35(10):86-93.

卓玛措,2005. 人地关系协调理论与区域开发[J]. 青海师范大学学报(哲学社会科学版)(6):24-27.

BARTHOLOMEUS H M, SCHAEPMAN M E, KOOISTRA L, et al., 2008. Spectral reflectance based indices for soil organic carbon quantification[J]. Geoderma, 145(1/2):28-36.

COPLEN T B, 2011. Guidelines and recommended terms for expression of stable-isotope-ratio and gas-ratio measurement results [J]. Rapid communications in mass spectrometry, 25(17):2538-2560.

DI STEFANO C, FERRO V, BURGUET M, et al., 2016. Testing the long term applicability of USLE-M equation at a olive orchard microcatchment in Spain[J]. Catena, 147:71-79.

FARQUHAR G D, O'LEARY M H, BERRY J A, 1982. On the relationship between carbon isotope discrimination and the intercellular carbon dioxide concentration in leaves[J]. Functional plant biology, 9(2): 121.

FISCHER A, EASTWOOD A, 2016. Coproduction of ecosystem services as human-nature interactions: an analytical framework[J]. Land use policy, 52: 41-50.

GARCÍA-RUIZ J M, BEGUERÍA S, LANA-RENAULT N, et al., 2017. Ongoing and emerging questions in water erosion studies [J]. Land degradation & development, 28(1): 5-21.

HANCOCK G R, WELLS T, MARTINEZ C, et al., 2015. Soil erosion and tolerable soil loss: insights into erosion rates for a well-managed grassland catchment[J]. Geoderma, 237/238: 256-265.

3 基于高光谱遥感反演的土壤属性制图探索

基于可见光-近红外光谱的SOC反演已发展为快速精确量化SOC的重要手段，且逐步由近地传感扩展到航空和卫星遥感平台，形成星、天、地一体化的土壤调查与监测体系。Chabrillat等(2019)综述了高光谱成像助推的SOC高分辨率空间可视化有效捕捉区域、流域和田块尺度SOC空间变异的能力。

本书立足于哨兵二号光谱影像反演地表土壤参数的最新研究进展，建立以多时相哨兵二号图谱特征为核心的SOC高精度量化和高分辨率空间制图方法，并以近地土壤高光谱传感数据作为参照，对SOC遥感反演精度进行印证，以期为后续土壤可蚀性因子的空间可视化提供数据支撑。

3.1 基于无人机载地物光谱仪的土壤有机碳快速反演测试

土壤有机碳作为土壤总碳库的核心组成部分(Lange et al.,2015)，对气候变化、耕地管理措施等人类活动具有高度敏感性，其含量及动态平衡决定了土壤结构的稳定性和面对外力作用(例如，风力和水力侵蚀)时的耐受力，从而经常被作为揭示土地退化的重要指标(Lorenz et al.,2019)。探明农用地SOC含量的时空动态变化特征对维持农用地生产力和土壤生态系统服务功能具有重要意义(史学正 等,2007;Xu et al.,2020)。常用的实验室SOC测量方法通常依靠繁复的野外土样采集和昂贵的有机碳分析仪，时间和经济成本较高，难以进行大范围和多频次的SOC监测(朱登胜 等,2008)。近年来，卫星与航空遥感、近地传感在内的星地光谱传感技术蓬勃发展(史舟 等,2018)，其中可见光-近红外光谱技术被广泛应用在土壤学领域，以解决日益增长的对大尺度、高密度土壤信息数据的需求与高成本之间的矛盾

(Shi et al.,2020)。因土壤光谱反射率与SOC含量之间存在一定的光谱响应关系,现阶段高光谱技术的快速发展和广泛应用为SOC含量的快速、准确监测提供了一种可能(Viscarra Rossel et al.,2015;郑立华 等,2010)。在此背景下,Nocita等(2015)倡议将土壤高光谱技术预测SOC含量列为一种标准的测量方法,作为除湿式化学测定SOC含量外的另一个选择;Viscarra Rossel等(2016)阐明建立全球土壤光谱数据库的必要性和巨大潜力;史舟等(2014)总结了中国主要土壤类型的高光谱反射特性,并建立了全国范围内的SOC高光谱反演预测模型,强调了其在土壤数字制图和精准农业等方面的重要作用。同时,基于土壤高光谱反射特性的多变量统计回归(例如,偏最小二乘法PLSR)和机器学习(例如,随机森林RF、支持向量机SVM)等方法发展迅速,成为快速、低成本、准确预测SOC的新途径(田永超 等,2012)。

随着小型商用无人机(unmanned aerial vehicle,UAV)的不断成熟,便携性和应用灵活性使其在国土资源调查领域的优势逐渐凸显。例如,结合日益发展成熟的摄影测量学领域的structure-from-motion算法,小型商用UAV搭载多光谱相机可用于农田裸土SOC含量预测(Aldana-Jague et al.,2016),证明了无人机平台与土壤光谱数据的有机结合可极大地提高土壤信息的空间分辨率和获取效率。然而,上述研究采用的多光谱相机仅配备6个波段,存在波段宽、光谱分辨率低的局限性(Castaldi et al.,2016;Gini et al.,2014),无法提供详细的土壤光谱信息数据来解释土壤属性与光谱反射特性之间的复杂关系。另外,常用的机载高分辨率光谱传感器通常为重量较大的推扫式光谱成像仪,无法与载重有限的小型UAV飞行平台兼容。针对这一矛盾,亟须选择一种与小型UAV兼容的轻型、分辨率高的光谱仪,并对其SOC预测能力进行测试。此外,现有研究显示通过使用同一内部土壤标准(internal soil standard,ISS)对不同测试环境的光谱测量值进行标准化修正,可以提高多源光谱数据间的可比性和可传递性(Ben et al.,2015),但是修正后的实验室光谱反演模型是否可以直接应用于野外条件进行SOC预测还需进一步测试。

为此,本节以中国东北漫川漫岗黑土带和比利时黄土带为研究区,选取一种体积小、重量轻、可与UAV兼容的便携式可见-近红外地物光谱仪,测试其提供的高分辨率光谱数据(400～1 000 nm)进行SOC含量反演的适用性。在此基础上，本书通过对实验室暗室和野外自然光条件下光谱数据进行修正，对实验室 SOC 预测模型的野外应用进行初步探索，目的是建立快速、准确和详细的评估农田 SOC 时空变化的技术体系，为维持土地生产力和土壤生态系统功能服务。

3.1.1 材料与方法

3.1.1.1 研究区概况

为测试便携式高光谱仪针对不同土壤类型的适用性，本书选取中国东北黑土带和比利时黄土带两个研究区。中国东北黑土带研究区选择在吉林省中部(图 3-1)，区内耕地土壤肥沃，地形坡面长而缓。气候属于温带大陆性季风气候，平均温度介于－11.0 ℃(1 月)和 25.0 ℃(7 月)之间，年平均降雨量达到 577 mm。该地区的土壤类型主要为黑土和黑钙土(世界土壤资源参考基础，2015)，表层土壤中的有机碳含量普遍较高。比利时黄土带研究区位于比利时中部，该地区是比利时的重要粮食产区，主要农作物为甜菜、玉米和马铃薯等。该地区地势起伏，气候为温带海洋性气候，平均温度介于 2.3 ℃(1 月)和 17.8 ℃(7 月)之间，年平均降雨量为 790 mm(Shi et al.，2020)；主要土壤类型为风成黄土衍生的淋溶土。

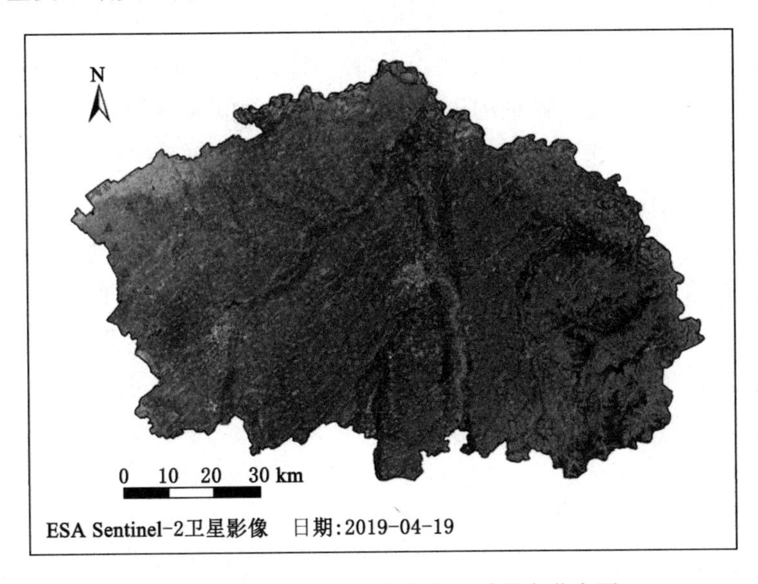

图 3-1 中国东北黑土带研究区采样点分布图

3.1.1.2 土壤样品采集及有机碳测试

中国东北黑土带研究区土壤的采集于 2019 年 5 月进行，在 44.22°N～44.83°N，124.76°E～126.33°E 采样范围内共采集表土（0～10 cm）样品 203 个。比利时黄土带研究区采样范围跨越比利时瓦隆区让布卢至兰桑的宽 9.7 km、长 40 km 的狭长地带（西南角：50.60°N，4.65°E；东北角：50.70°N，5.06°E），在 2018 年 10 月共采集表土（0～10 cm）样品 83 个。

两个研究区遵循相同的样品采集、实验室样品预处理和 SOC 含量测定步骤。首先，根据分层随机取样的原则选取采样点，利用国际土壤参考资料和信息中心 SoilGrids 数据产品中的地区 SOC 分布，将 SOC 含量划分为不同的区间，并在同一 SOC 区间内随机选择采样点，以期为建立 SOC 高光谱反演模型提供完整的样本数据。土样采集过程中，用手持 GPS 记录每个采样点的地理坐标，每个采样点采集约 500 g 土壤。而后，所采集土样在实验室经 60 ℃烘箱干燥 72 h，并研磨过 2 mm 筛。处理后的土样采用四分法分成两份，分别进行 SOC 含量测定和土壤光谱数据获取。其中，对供 SOC 含量测定的样品进一步研磨过 100 μm 筛。土样的总碳含量测定使用 VarioMax CN 分析仪通过干烧原理进行。对于 10% HCl 处理下出现明显反应的样品，使用压力钙计法测量无机碳含量，然后从总碳中减去无机碳含量，得到 SOC 含量。

3.1.1.3 土壤光谱数据采集

为确保稳定的光线条件和一致的仪器配置及参数设定，两个研究区供试土壤的高光谱数据采集均在比利时法语鲁汶大学地球与生命科学系进行。实验室及室外自然光条件下土壤光谱测量仪器布设见图 3-2。采用与 UAV 兼容的 OceanOptics FX 和传统的 ASD FieldSpec 3 FR 两种不同型号的光谱仪进行土壤光谱数据获取，并将其分别命名为 FX 和 ASD 光谱数据。为避免数据采集过程中外部光源的干扰，两种地物光谱仪的数据采集过程首先在暗室内进行，测量光源选用 ASD 公司生产的接触探头，该探头内置 100 W 卤素反射灯。测量过程中，将约 60 g 土壤样品置于直径 9 cm 培养皿中，并将接触探头与土壤表面轻触进行光谱数据采集。在暗室条件下共产出 4 种数据集，即 NE-FX、BE-FX、NE-ASD、BE-ASD，分别对应我国东北黑土带（NE）和比利时黄土带（BE）的两种光谱数据源（FX 和 ASD）。此外，为测试 FX 光谱仪在野外预测 SOC 的表现力，在室外自然光条件下对比利时供试土壤进行光谱数据采集，得到 BE-FXO 数据源。

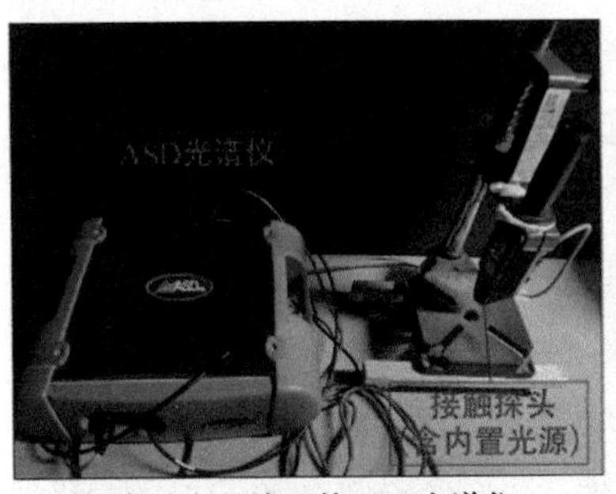

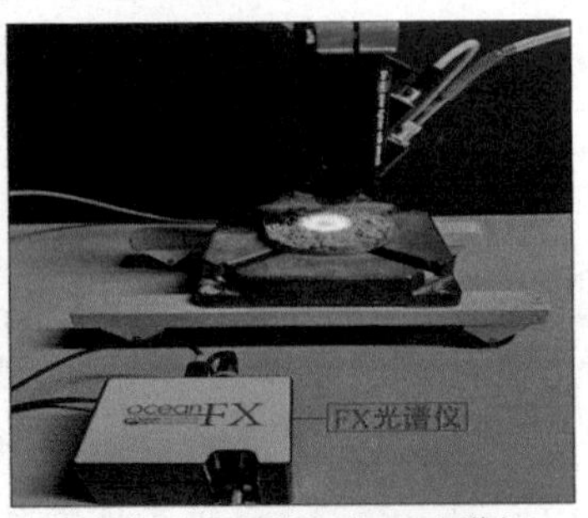

(a) 实验室环境下的ASD光谱仪

(b) 实验室环境下的FX光谱仪

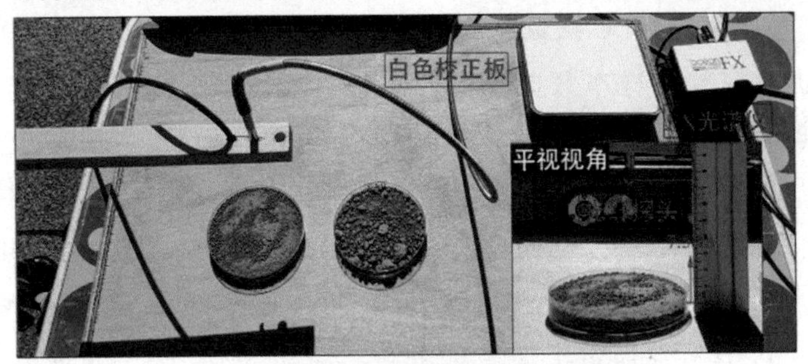

(c) 室外自然光环境下的FX光谱仪

(d) 无人机搭载FX光谱仪

图 3-2 实验室及室外自然光条件下土壤光谱测量仪器布设

1. ASD 光谱数据采集

ASD 光谱数据采集过程全部在暗室中进行。除上述的光源设置和样品准备外，在测试开始前用 Spectralon 白色校正板对 FieldSpec 3 FR 光谱仪进行校正，而后对供试土壤在 350～2 500 nm 波段进行数据采集。每个土样被重复扫描 30 次，并取其平均值作为仪器输出数据。其中，350～1 000 nm 波段的光谱分辨率为 3 nm，1 000～2 500 nm 波段的光谱分辨率为 10 nm。经重采样后，数据输出的光谱分辨率设定为 1 nm。进行光谱数据分析与建模之前，对数据进行降噪处理，删除了波段范围两端（即 350～399 nm、2 451～2 500 nm）的低信噪比数据，仅保留 400～2 450 nm 波段内的。

2. FX 光谱数据采集

FX 光谱仪作为一款体积小、重量轻的便携式光谱仪，搭载 CMOS 探测器，有效提高了传感器灵敏度和光谱数据采集速度，可以覆盖 350～1 000 nm 波段，光谱分辨率为 0.39 nm。采集过程中，每个土壤样品共重复扫描 30 次，求得平均值作为对应样品的光谱数据。FX 光谱数据采集过程在暗室和自然光两种条件下进行：在暗室条件下，采用与 ASD 相同的数据采集步骤和光源条件，降噪处理后输出 400～900 nm 波段数据；在室外自然光照条件下，同样首先用白色校正板进行仪器校正，并将装有土样的培养皿置于 FX 光纤探头下，探头与样品表面的距离保持在 7.5 cm。因室外光线条件的多变性，仪器校正每 10 个样品重复一次，以确保仪器的稳定性和输出数据的高质量。光谱数据采集选择晴朗天气以避免云层对光线的干扰，并在上午 12:00 至下午 2:00 日照条件最佳的时间段进行。

3.1.1.4 SOC 光谱预测模型开发

SOC 模型构建流程见图 3-3。首先，采用 FX 和 ASD 光谱仪对两个研究区的土壤样本进行暗室和室外自然光条件下的光谱测量；其次，将预处理的光谱数据与 SOC 实测数据相结合基于 PLSR 法构建 SOC 预测模型，对不同区域、不同光谱仪、不同光照条件下的预测模型表现力进行评估，以测试 FX 数据预测 SOC 的能力；最后，对比利时供试土壤实验室和室外自然光条件下的 FX 数据进行光谱修正，并将实验室模型应用到野外光谱数据中，以评估修正后的模型在野外的适用性。

1. SOC 光谱反演模型构建与验证

基于不同的土壤类型（我国东北黑土带和比利时黄土带）、光照条件（暗室和自然光）和光谱仪（FX 和 ASD），共获得 5 组光谱数据（NE-FX、BE-FX、

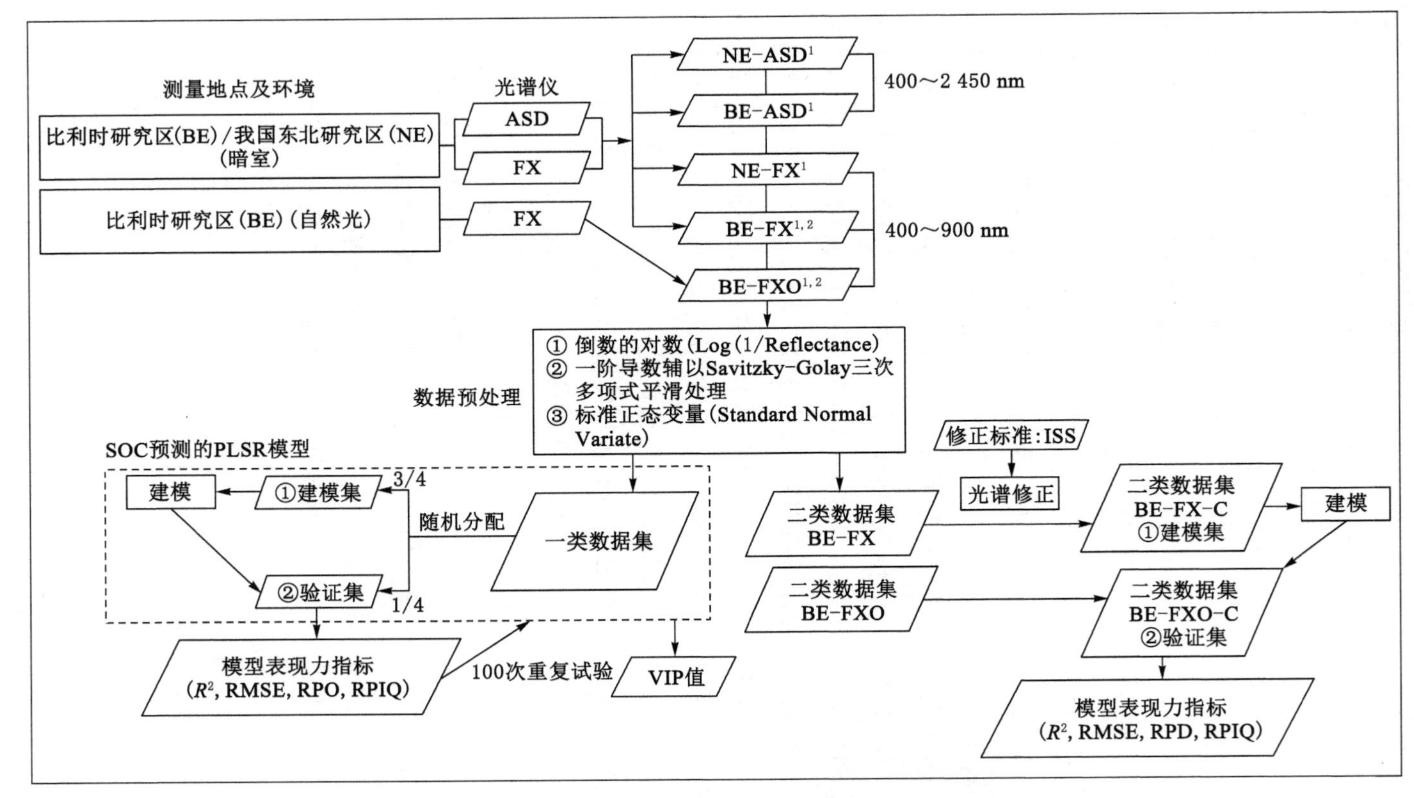

图3-3 SOC模型构建流程图

NE-ASD、BE-ASD、BE-FXO)，其中自然光照条件下仅使用 FX 光谱仪对比利时黄土带供试土壤进行数据采集。对5组光谱数据源进行独立的SOC预测模型构建与验证，以对比分析 FX 和 ASD 预测不同土壤类型 SOC 含量的表现力。

首先，选择光谱反射率倒数的对数[ln(1/Reflectance)]、一阶导数辅以 Savitzky-Golay 三次多项式平滑处理和标准正态变量三种方式对原始土壤光谱数据进行预处理，最终选择 SOC 预测模型精度最高的预处理方式。预处理过后，SOC 预测模型的开发采用偏最小二乘法(PLSR)进行，将预处理后的光谱数据以 3∶1 的比例随机分为建模数据集和验证数据集，使用建模数据集校准 PLSR 预测模型，校准过程结合十倍交叉验证来优化建模参数；然后，使用验证数据集对模型的预测效果进行评估，采用验证的决定系数(R^2)、均方根误差(RMSE)、相对分析误差(RPD)、性能与四分位间距的比率射程(RPIQ)等指标作为模型表现力的评价标准。RPD 值可以用来解释模型的预测能力，当 RPD>1.4 时，表明模型可以进行预测(Castaldi et al.，2016)。此外，为了检测影响 SOC 预测的主要光谱波段，进行方差重要性预测指数(variance importance projection，VIP)计算，VIP 可以直观地反映每一个波段在解释 SOC 时的重要性，VIP>1 被认为是检测相关谱带重要性的临界值(陈颂超 等，2016)。以上指标的计算如式(3-1)至式(3-5)所示：

$$R^2 = \frac{\sum_{i=1}^{n}(\hat{y}_i - \bar{y})^2}{\sum_{i=1}^{n}(y_i - \bar{y})^2} \tag{3-1}$$

$$\text{RMSE} = \sqrt{\frac{1}{n}\sum_{i=1}^{n}(\hat{y}_i - y_i)} \tag{3-2}$$

$$\text{RPD} = \frac{\text{SD}}{\text{RMSE}} \tag{3-3}$$

$$\text{RPIQ} = \frac{\text{IQ}}{\text{RMSE}} \tag{3-4}$$

$$\text{VIP}_k(a) = K\sum_{a} w_{ak}^2 \left(\frac{\text{SSY}_a}{\text{SST}_t}\right) \tag{3-5}$$

式中，y_i 和 $\hat{y}_i$ 分别为检验样本的实测值和预测值；$\bar{y}$ 为样本实测值的平均值；n 为预测样本数；SD 为实测值标准偏差；IQ 为样本实测值第三四位分位数($Q3$)和第一四位分位数($Q1$)的差;$VIP_k(a)$为当 PLS 因子为 a 的模型中第 k 个预测变量的重要性得分;w_{ak} 为第 a 个 PLS 因子对应的第 k 个变量的载荷权重;SSY_a 为因子为 a 时的 PLSR 模型中解释 y 的总平方和;SSY_t 为 g 的总离差平方和;k 为预测变量的总数。

需要强调的是,上述建模和验证数据集的 3∶1 随机分配和 PLSR 模型校准和验证过程共重复 100 次,即得出 100 组数据随机分配条件下的模拟结果,目的是评估多次重复模拟下利用 PLSR 构建 SOC 预测模型的鲁棒性。最终 R^2、RMSE、RPD、RPIQ 结果均取 100 次模拟的平均值。光谱数据的预处理、PLSR 建模以及模型验证过程均通过 R 语言软件完成。

2. 不同数据源间光谱数据修正与模拟

由于不同测量条件间存在的光照、测量距离等固有差异,比利时黄土带供试土壤在暗室和自然光条件下采集的 BE-FX 和 BE-FXO 两种数据源不具有可比性和传递性。因此,在不进行光谱数据修正的情况下,基于 BE-FX 数据源的 PLSR 模型无法直接用于 BE-FXO 数据的 SOC 预测。这意味着未来将 FX 光谱仪安装无人机平台进行野外数据获取时还应在研究区进行额外的土壤样品采集和 SOC 含量测定,才能开发对应的基于无人机平台光谱数据的 SOC 预测模型。为解决这个问题,Ben Dor 等(2015)提出一种土壤光谱数据标准化处理步骤。该步骤选用源自澳大利亚的石英砂砾(internal soil standard,ISS)作为特定标准材料对不同光谱数据源进行对准与修正:

$$CF_\lambda = 1 - \left(\frac{\rho_{sl,\lambda} - \rho_{be,\lambda}}{\rho_{sl,\lambda}}\right) \tag{3-6}$$

式中,λ 为给定波长;CF_λ 为修正系数;$\rho_{sl,\lambda}$ 为供修正的光谱测量条件下测得的 ISS 的反射率;$\rho_{be,\lambda}$ 为澳大利亚 CSIRO 实验室提供的 ISS 的标准反射率。

本书利用上式对 BE-FX 和 BE-FXO 进行修正,即将两种数据源的原始光谱乘以修正系数,得到 BE-FX-C 和 BE-FXO-C 数据集。最后,运用 1.4.1 描述的相同建模方法建立基于 BE-FX-C 数据的 PLSR 模型,并将该模型应用于 BE-FXO-C 数据,以评估基于实验室光谱数据的 PLSR 模型是否可以直接应用于野外光谱数据,实现未来无人机应用中避免额外野外采样和实验室测试的目的。

3.1.2 有机碳预测结果

3.1.2.1 供试土壤有机碳及光谱特性

研究区土壤有机碳以及光谱曲线的几何特征见图 3-4。中国东北黑土带和比利时黄土带供试土壤的 SOC 含量均呈正态分布，两个研究区大部分土壤样品的 SOC 含量为 1%～2%。其中，东北黑土带土壤的平均 SOC 含量（1.51%）较比利时黄土带高（1.30%）。图 3-4（a）是 ASD 光谱仪采集的中国东北黑土带研究区和比利时黄土带研究区样本土壤原始光谱平均反射率曲线，两个研究区的反射率曲线形态一致：均呈现向上凸起的抛物线形，在可见光波段反射率较低，在近红外波段相对较高，走势上具有相似性：均

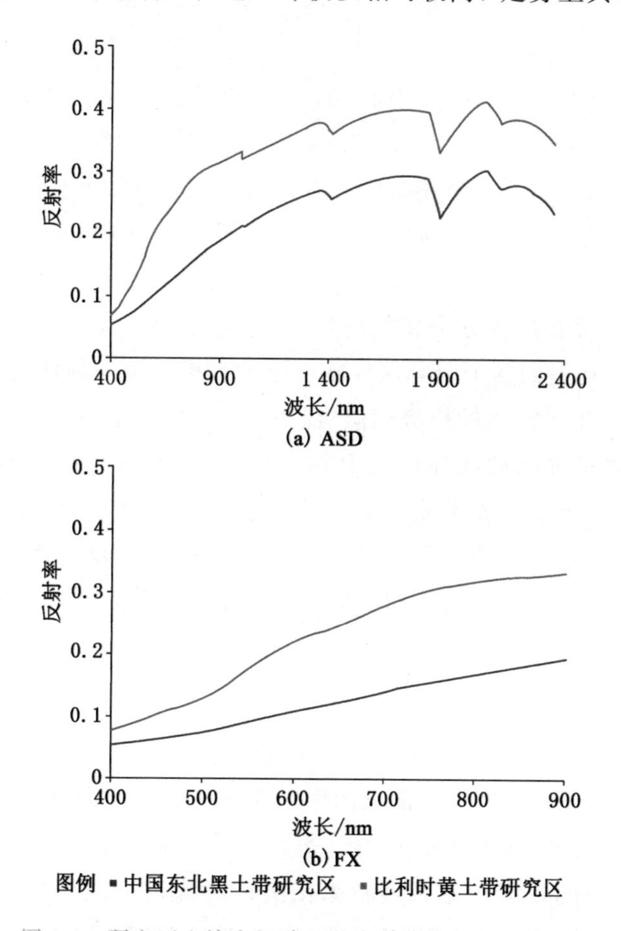

图 3-4 研究区土壤有机碳以及光谱曲线的几何特征图

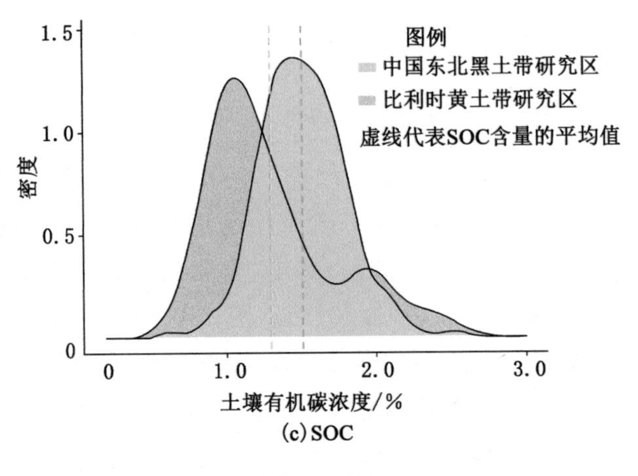

(c) SOC

图 3-4（续）

在可见光波段 400～780 nm 上升较快，在短波近红外（780～1 100 nm）和部分长波近红外波段（1 100～1 300 nm）相对较缓，在长波近红外 1 500～1 800 nm 波段坡度较缓，形成了一个较高的反射率高台，在 2 150 nm 附近出现了反射峰，反射率达到最大值，之后反射率开始下降。其中，土壤光谱曲线在 1 400 nm、1 900 nm 和 2 200 nm 处存在较为明显的水分吸收峰，通常被认为与黏土矿物中所含的水分子和羟基有关（纪文君 等，2012）。图 3-4(b)是基于 FX 光谱仪采集的两个研究区样本土壤的光谱平均反射曲线，与图 3-4(a)中对应波段的光谱曲线的趋势相似，在 400～900 nm 波段内上升。

尽管土壤的光谱曲线在形态上基本相似，但不同的土壤类型因为有机碳含量不同，对土壤的光谱曲线有不同的影响。基于 ASD 光谱仪和 FX 光谱仪采集的光谱数据，均能发现中国东北黑土的平均反射率均低于比利时黄土，这是由于黑土颜色较深，表现出较高的吸收度，反射率偏低（史舟 等，2014）。

3.1.2.2 暗室条件下 SOC 光谱反演模型评估

利用 ASD 和 FX 数据集，在两个研究区建立基于 PLSR 的 SOC 预测模型，验证结果如图 3-5 所示。散点图中的误差棒为 100 次重复模拟结果的标准差，以揭示 PLSR 模型的鲁棒性。通过 R^2、RMSE、RPD 模型和 RPIQ 等表现力评价指标，发现暗室条件下采集的四种光谱数据源均能较好地预测 SOC 含量：4 个 PLSR 模型验证的 R^2 均大于 0.65，RPD 均大于 1.4。对比两个研究区，可以看出东北黑土带 SOC 预测模型的 RMSE(NE-ASD：0.15；NE-FX：0.16)较比利时黄土带(BE-ASD：0.22；BE-FX：0.26)的小，说明东北黑土带 SOC 预测模型的精度更高。此外，该地区各采样点的 SOC 预测值的标准差也相对较小，说明 SOC 预测模型的鲁棒性更佳。造成上述现象的原因可能是东北黑土带土壤样品个数(203 个)较比利时黄土带样品个数(83 个)多，可以覆盖更宽的 SOC 值域和更详细的土壤光谱信息。最后，对比 ASD

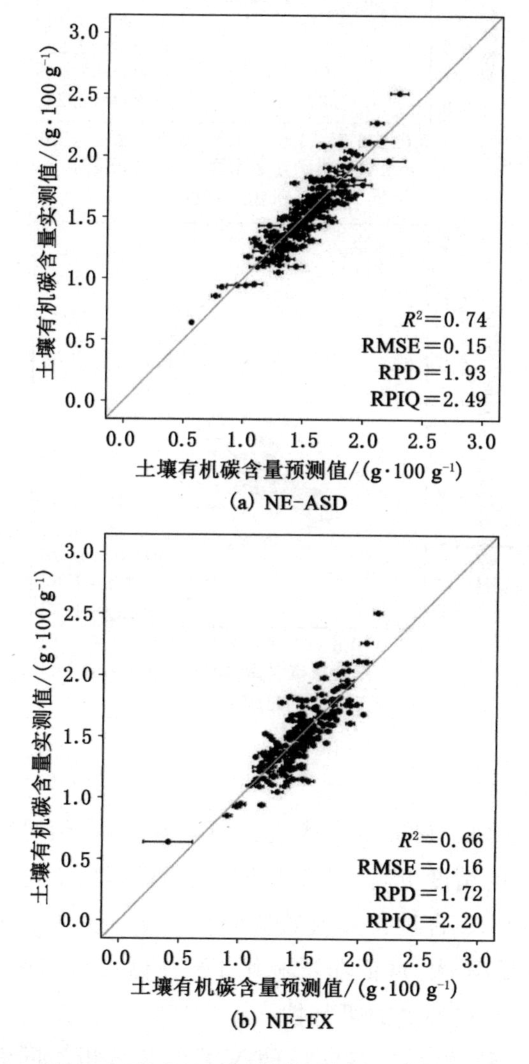

图 3-5　基于 ASD 和 FX 光谱数据源的 PLSR 模型验证结果

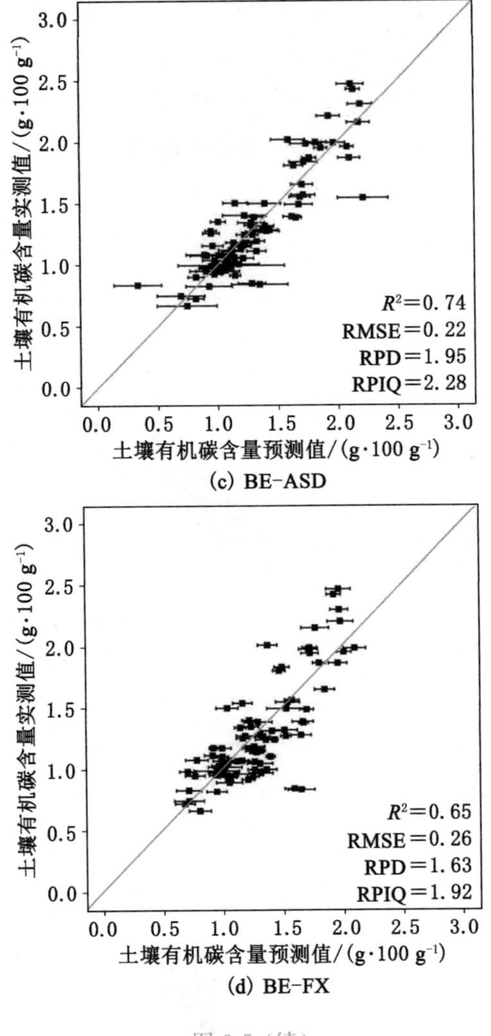

图 3-5（续）

和 FX 光谱数据在两个研究区的表现力可以看出：虽然 ASD 光谱数据衍生的 SOC 预测模型的精度更高，但基于 FX 光谱数据的 SOC 预测模型依然可以较好地捕捉到 SOC 含量在其值域的变化。基于两种数据源的 SOC 预测模型的 RMSE 差别不大，这证明了利用 FX 光谱仪覆盖的 400～900 nm 光谱数据进行 SOC 含量预测的可行性。

通过计算 PLSR 模型中各波段的 VIP 值来分析不同波段在 SOC 预测模型中的重要性，VIP 值大于 1 作为界定显著波段的临界值。PLSR 模型的可见光-近红外光波段 VIP 值分布见图 3-6。

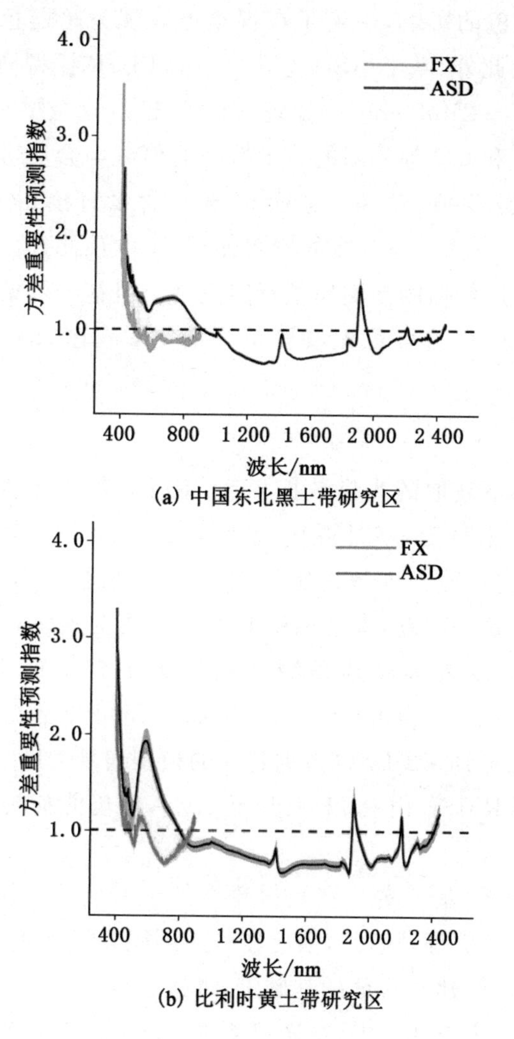

图 3-6 PLSR 模型的可见光-近红外光波段 VIP 值分布图

从图 3-6 可以看出，两个研究区和两种光谱数据源对应的 VIP 曲线具有高度相似性。具体来说，可见光波段(400～800 nm)在 FX 和 ASD 两种数据源的 SOC 模型中均起到了重要作用。其中，基于 FX 光谱数据的 PLSR 模型受蓝光和绿光波段(400～600 nm)的控制作用较大，尤其是在我国东北黑土带；对于比利时黄土带，基于 FX 光谱数据的 PLSR 模型发现，在 850 nm 左右存在重要波段。可见光波段在 SOC 光谱预测模型中的重要性已被多次提及(陈颂超 等,2016;Lazaar et al.,2020)。这是由于土壤发色团和有机质本身黑色的影响,决定了在视觉上表现为暗黑色的土壤比亮色的SOC含量更高。此外,基于ASD光谱数据的PLSR模型还在短波红外区域(1 900 nm,2 200~2 400 nm 等)出现了显著波段,这主要是由于土壤有机化合物中NH、CH和CO等基团的分子振动的倍频与合频吸收对上述波段反射率的影响(陈颂超 等,2016),进而与SOC含量直接相关。总之,ASD光谱数据对近红外-短波红外波段的覆盖使得SOC预测模型中的重要波段更多,导致基于ASD数据的预测模型精度更高。但鉴于可见光波段在SOC预测中的主导作用,覆盖可见光波段范围的FX光谱数据可以较好地预测SOC含量。

3.1.2.3 不同源光谱数据修正及模拟

与暗室条件下获取的光谱数据相比,室外自然光条件下获取的光谱数据受光线条件的不稳定、室外湿度变化等外部条件的影响,信噪比通常较低。因此,这一类野外光谱数据用于对SOC含量预测时,模型精度需进一步测试。为回答这一问题,本书利用BE-FXO数据集建立PLSR预测模型,发现该类数据可以较准确地预测比利时黄土带供试土壤的SOC含量(RPD>1.4,$R^2=0.58$)[图 3-7(a)]。与基于BE-FX数据的SOC预测模型表现力进行对比可知BE-FXO数据建立的模型表现力略有下降,其中R^2由0.65降至0.58,RMSE由0.26上升至0.29,但仍能捕捉SOC含量在其值域的变化。

已有研究表明,基于实验室光谱建立的土壤成分反演模型常常难以直接应用到野外(邹滨 等,2019),因此在利用不同光照条件下FX光谱数据进行独立SOC模型构建与验证的基础上,继续探索是否可以将暗室光谱数据库构建的模型直接应用于野外光谱数据以进行SOC快速预测,即利用BE-FX数据进行SOC模型构建与校准,并将该模型应用于BE-FXO数据进行SOC预测。该方法在无人机载土壤光谱探测领域具有广阔的应用前景,因为目前利用高光谱预测土壤属性还依赖于在研究区内进行独立的土壤样品采集并建立土壤属性数据库,以供光谱反演模型的构建与校准。在未来的应用中,如果可以依靠已存的土壤测量数据和实验室光谱数据构建预测模型,并直接应用于无人机平台获取的光谱数据,将在极大程度上节省人力和物力,充分发挥遥感优势(Ward et al.,2019;Zhang et al.,2012)。

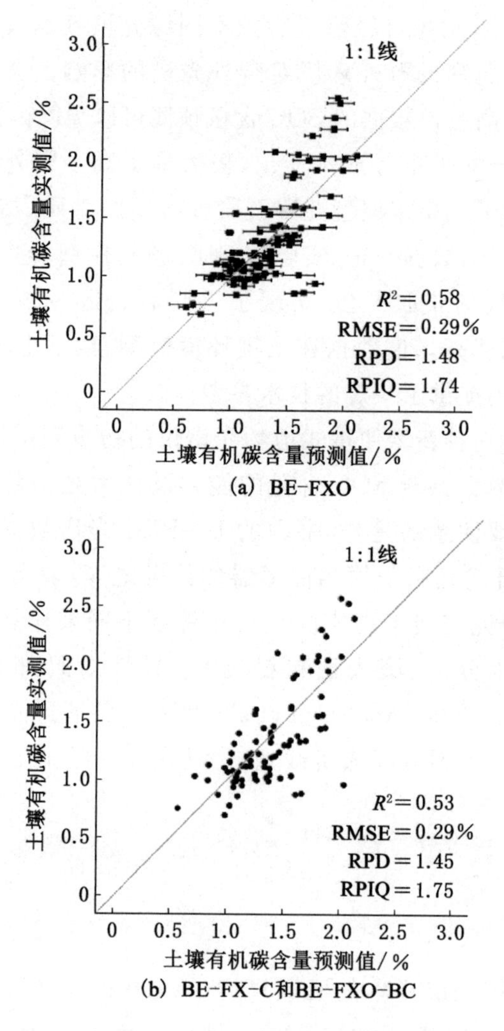

图 3-7　基于室外自然光条件 FX 光谱数据以及修正后 FX 光谱数据的 PLSR 模型验证

为此，本书采用了多源光谱数据修正的方法。应用修正系数 CF 对 BE-FX和 BE-FXO 数据集进行修正，得到 BE-FX-C 和 BE-FXO-C 数据集。通过将基于 BE-FX-C 数据集构建的 PLSR 模型应用于 BE-FXO-C 数据集，验证结果(R^2=0.53，RMSE=0.29，RPD=1.45，RPIQ=1.75)显示该方法能成功地进行 SOC 含量预测。与基于 BE-FXO 数据的 PLSR 模型对比，交叉使用不同源光谱数据进行 SOC 预测的结果在精度上并没有下降，RMSE

仍然保持在 0.29，这意味着经修正后的不同源光谱数据具有高度可比性和传递性，可以有效地降低野外环境对野外光谱的影响。在该修正方法的支持下，未来的基于高光谱数据的 SOC 含量预测可以免除因独立 SOC 模型构建而带来的额外土样采集等成本支出，极大地提高了野外光谱数据的利用效率，同时也证实了实验室模型迁移至野外应用的潜质。总而言之，本书通过有机集成多源光谱数据修正、实验室 SOC 预测模型构建以及无人机兼容的高分辨率光谱数据获取平台，实现了不同研究区 SOC 含量高效精准量化，为未来无人机载高光谱数据在土壤环境监测、数字土壤制图、精准农业等领域的广泛应用提供了一定的技术参考。

最后，作为对一种新型便携式地物光谱仪的初步测试，本书的研究结果证明了该类光谱数据预测 SOC 含量的能力及该类光谱数据在无人机平台的广阔前景。需要注意的是，本书中的 BE-FXO 光谱数据是在与野外条件相似的环境下（自然光照条件和传感器参数设定等）采集的，并非在飞行过程中获取，后续研究需要考虑实际飞行条件下不同采样点环境因素（例如，光照条件、土壤水分、土壤表面粗糙度）差异性对野外光谱数据的影响（Lagacherie et al.，2008；Ackerson et al.，2017），并通过光谱修正的方法，扩大实验室预测模型对野外无人机载光谱数据的适用范围。

3.2　基于单日期哨兵二号遥感影像数据的土壤有机碳预测模型

基于已有有限训练样本的区域尺度（＞100 km²）数字化制图覆盖范围广但空间分辨率低，通常无法准确捕捉坡面尺度 SOC 的空间分异，无法精准确定 SOC 低值区的位置，从而影响对局部土壤可蚀性较差坡面位置的识别。另外，坡面尺度下 SOC 的高精度量化需要高密度土壤调查取样的支撑，并且高精度的插值方法对数据的要求严格，受成本以及数据本身的限制而难以扩展到更大范围。因此，架起连接大尺度与高分辨率之间的“桥梁”，建立 SOC 含量预测与监测的新方法，为高精度、高分辨率、大尺度的土壤可蚀性空间制图提供数据支撑。

高光谱遥感技术因空间分辨率强、光谱分辨率强以及空间连续性高等优点，在土壤属性信息遥感监测工作中发挥着越来越大的作用（张东辉，

2018)，并一直处于前沿领域。在此背景下，哨兵二号多光谱卫星为SOC多尺度空间精细表征提供了新的机会。可基于单日期哨兵二号遥感影像数据构建SOC预测模型，得到空间连续性强的SOC分布图，并为基于多时相裸土复合像元的SOC反演提供参考。

3.2.1 哨兵二号遥感光谱数据集

3.2.1.1 哨兵二号遥感影像数据简介

卫星遥感数据选取的是欧洲空间局(European Space Agency，ESA)哨兵二号遥感卫星影像数据。哨兵二号是高分辨率的光谱成像卫星，作为“哥白尼计划”(全球环境与安全监测计划)的一部分，承担着高分辨率的对地观测任务，被称为是SPOT卫星和Landsat卫星的继承产品。与Landsat-8产品相比，波段范围虽然相似，但是具有更高的空间分辨率与光谱分辨率。哨兵二号卫星的具体参数信息如表3-1所示。哨兵二号卫星包含了Sentinel-2A和Sentinel-2B两颗处于统一运行轨道上、相位差为180°的卫星，将重访频率缩短到5天，对于高纬度的欧洲地区，仅需要3天左右的时间就能实现对陆地进行全方面多种类的观测记录，从而为人类的多种活动提供数据参考的目的。Sentinel-2A和Sentinel-2B提供的遥感影像完全相同，其卫星传感器共包含13个光谱波段(443～2 190 nm)，拍摄宽度是290 km，地面分辨率分别为10 m、20 m和60 m，并且在光学数据中，哨兵二号遥感影像数据是唯一一个在红边范围含有3个波段的光谱数据。哨兵二号卫星所携带传感器的波段参数信息及设计用途如表3-1和表3-2所示。

表3-1 哨兵二号卫星的参数

项目	参数
发射时间	Sentinel-2A：2015年6月23日；Sentinel-2B：2017年5月7日
轨道倾角	98.5°
轨道情况	高度786 km的太阳同步轨道
几何重访时间	5天
设计寿命	7年
主要应用	土地利用/土地覆盖检测；生物物理学变化测绘；海岸线与内陆河道监测；风险与灾害测绘

表 3-2　哨兵二号遥感影像的波段参数

波段编号	空间分辨率/m	中心波长/nm	功能
Band1	60	443	海岸气溶胶波段
Band2	10	490	蓝色波段
Band3	10	560	绿色波段
Band4	10	665	红色波段
Band5	20	705	植被红边波段
Band6	20	740	植被红边波段
Band7	20	783	植被红边波段
Band8	10	842	近红外波段
Band8A	20	865	近红外波段
Band9	60	945	水蒸气波段
Band10	60	1 375	短波红外-卷云
Band11	20	1 610	短波红外波段
Band12	20	2 190	短波红外波段

3.2.1.2　哨兵二号遥感影像数据下载

本书使用的哨兵二号遥感影像数据多来自欧洲太空局网站以及美国地质调查局官网，选择 2018—2020 年云量小于 10％且质量较好的 L1C 多光谱影像数据，每期 3 景影像，共 99 景(示例见图 3-8)，影像的成像信息和轨道信息见表 3-3。

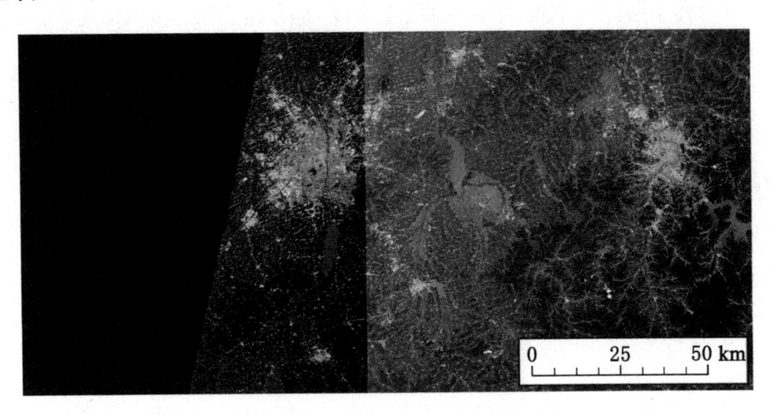

图 3-8　下载影像原图示例

表 3-3 哨兵二号遥感影像数据汇总表

时间	成像时间	卫星	云层覆盖量	轨道号
2020 年	2020 年 10 月 25 日	Sentinel-2B	2.37/0/8.14	89
	2020 年 10 月 12 日	Sentinel-2B	0	46
	2020 年 9 月 30 日	Sentinel-2A	2.67/4.85/4.83	89
	2020 年 7 月 9 日	Sentinel-2A	0.60/1.10/0	46
	2020 年 5 月 13 日	Sentinel-2A	8.19/0/2.59	89
	2020 年 4 月 13 日	Sentinel-2A	0/0.02/0	89
	2020 年 4 月 10 日	Sentinel-2A	0.56/7.02/0.05	46
	2020 年 3 月 11 日	Sentinel-2A	0.12/0.53/0	46
2019 年	2019 年 10 月 23 日	Sentinel-2A	0	46
	2019 年 10 月 1 日	Sentinel-2B	0	89
	2019 年 9 月 1 日	Sentinel-2B	0.83/0/0	89
	2019 年 4 月 21 日	Sentinel-2B	0/7.16/2.86	46
	2019 年 4 月 19 日	Sentinel-2A	0/4.32/0	89
	2019 年 4 月 11 日	Sentinel-2B	0.55/8.89/0.88	46
	2019 年 3 月 17 日	Sentinel-2A	0/0.22/0	46
	2019 年 3 月 15 日	Sentinel-2B	0.05/0.48/0.16	89
	2019 年 3 月 7 日	Sentinel-2A	0	46
	2018 年 3 月 2 日	Sentinel-2B	0/1.27/0	46
2018 年	2018 年 10 月 18 日	Sentinel-2A	0	46
	2018 年 10 月 8 日	Sentinel-2A	0.34/19.30/0.76	46
	2018 年 10 月 3 日	Sentinel-2B	0	46
	2018 年 10 月 1 日	Sentinel-2A	0/2.06/0	89
	2018 年 9 月 26 日	Sentinel-2B	2.80/0.91/0.03	89
	2018 年 9 月 18 日	Sentinel-2A	0	46
	2018 年 8 月 19 日	Sentinel-2A	0.04/2.07/0.01	46
	2018 年 7 月 30 日	Sentinel-2A	1.52/1.74/3.21	46
	2018 年 5 月 26 日	Sentinel-2A	2.62/0.33/0.02	46
	2018 年 5 月 21 日	Sentinel-2A	2.03/0/0	46
	2018 年 5 月 9 日	Sentinel-2B	0/3.06/0.39	89
	2019 年 4 月 24 日	Sentinel-2A	0	89
	2018 年 4 月 19 日	Sentinel-2B	5.30/4.64/0.07	89
	2018 年 4 月 16 日	Sentinel-2B	0	46
	2018 年 3 月 27 日	Sentinel-2B	5.49/2.65/4.09	89

其中按照最佳时间窗口的原则，选取了3个日期的遥感影像作为模型开发的实验数据，分别是2018年4月24日、2019年4月19日以及2020年5月13日，表3-3中全部的遥感影像将用于裸土掩膜的提取工作。

3.2.1.3 影像数据

由于高光谱数据的成像过程受到背景环境和仪器噪声等很多因素的干扰，这些干扰信息会对光谱数据与待预测的土壤样品属性数据之间的对应关系造成不利影响(第五鹏瑶 等，2019)，为降低上述干扰信息的不利影响，增强预测模型的稳定性以及准确性，在利用遥感影像数据进行建模之前需要对遥感影像进行预处理。由于ESA在官网上发布了Level1C级的影像数据，即没有经过大气校正而已经过正射校正和几何校正的大气表观反射率产品，因此只需进行大气校正的操作即可。

大气校正是指，为了消除由于大气吸收影响，尤其是大气散射作用造成的辐射误差值，来获取地表目标真实反射率的过程。本书对于选取的Sentinel-2遥感影像使用Sen2Cor插件(ESA发布的专门生产L2A级数据的插件)在CMD命令下对其进行大气校正，生成BOA影像：第一步，打开命令提示符，输入Sen2Cor的路径；第二步，输入L2A_Process-help；第三步，输入待校正影像存放的地址。上述过程将哨兵二号的Level1C级产品转换为Level2A级产品，最终获得大气底部反射率数据。基于Sen2Cor方法的大气校正的精度被证明高于6S模型(苏伟 等，2018)。

对预处理过的遥感影像数据再进行以下四步操作：① 利用SNAP软件在10m处对所有光谱带进行空间重采样，具体步骤为Raster→Geometric→Resampling；② 使用Sen2Cor插件进一步去除识别为薄云、云阴影、深色羽毛阴影和薄卷云像素等坏点；③ 使用QGIS 3.10软件对经过上述处理的每期三景Level2A级影像数据进行合并，操作步骤如下：Raster→Miscellaneous→Merge，完成每期影像不同波段的合并；④ 在QGIS 3.10软件中用研究区边界矢量数据对合并后的影像数据进行图像裁剪，得到研究区遥感影像数据，具体操作步骤如下：Raster→Extraction→Clip raster by mask layer。最后，本书选取10条覆盖可见光波段(Band2，Band3，Band4)，红边波段(Band5，Band6，Band7)，近红外波段(Band8，Band8A)和短波红外波段(Band11，Band12)的哨兵二号光谱信息作为预测SOC的解释变量。

3.2.2 野外土壤样品采集及理化性质测定

3.2.2.1 土壤样品采集

野外土壤样品的采集工作是后期进行光谱反演以及侵蚀风险计算的重要基础环节和科学前提,合理科学的样品采集对后续工作的顺利进行至关重要。

为建立基于实验室 ASD 光谱数据和哨兵二号遥感光谱数据的 SOC 预测模型所需的地面真实且完整的 SOC 数据集,保证模型反演的精度,扩大土壤样品采集范围,除九台区以外,包括了与之相邻的农安县和德惠市。采样时间为 2019 年 5 月 20 日—5 月 25 日,先后共采集相应间隔下的表层土壤样品 240 份,根据分层随机取样的原则选取采样点,利用国际土壤参考资料和信息中心 SoilGrids 数据产品中的地区 SOC 分布,将 SOC 含量划分为 5 个不同的区间[0.5%(含,下同)~0.9%,0.9%~1.3%,1.3%~1.7%,1.7%~2.1%,2.1%~2.5%],并在同一 SOC 区间内随机选择采样点,以期为建立 SOC 高光谱反演模型提供完整的样本数据,使采样点覆盖不同水平的 SOC 浓度。在每个采样点,采集 0~15 cm 深度处的土壤子样品,将 2 m 半径范围内不同地点采集的 5 个土壤子样品进行混合,最后取 1~1.5 kg 的土壤样本放入专用的样品布袋中,同时做好样品编号标记。并在土壤样品的采集过程中,用手持 GPS 记录每个采样点的经纬度坐标,并在事先准备好的记录表上做好样品编号的记录。所采集的土样在实验室经 60 ℃烘箱干燥 72 h,并研磨过 2 mm 筛。处理后的土样采用四分法分成两份,分别进行土壤理化性质的测定和土壤实验室光谱数据获取,土壤理化性质数据将用于光谱建模中的因变量数值,而土壤光谱特性则将用于光谱建模中自变量因子的确定。

3.2.2.2 实验室化学成分分析

土壤有机碳测定:对于准备进行土壤有机碳含量测定的样品,需要剔除植物根系等杂物,进一步研磨过 100 μm 筛。土样的总碳含量测定使用 VarioMax CN 分析仪通过干烧原理进行。对于 10% HCl 处理下出现明显反应的样品,使用压力钙计法测量无机碳含量,然后从总碳中减去无机碳含量,得到土壤有机碳含量。

对所有土壤样品的土壤有机碳含量统计分析之后发现，分布在0.64 g·100 g^{-1}到2.51 g·100 g^{-1}之间，平均值为1.48 g·100 g^{-1}，标准偏差为0.29 g·100 g^{-1}，变异系数为19.45%。

3.2.3 建模与验证过程

选取了2018—2020年四五月期间的3幅哨兵二号遥感影像用于模型开发试验。基于单日期图像开发SOC预测模型的原因有两个：第一，作为多时相复合影像模型性能的对比参考；第二，评估跨时间的哨兵二号影像数据的时间一致性。

为构建SOC预测模型，需建立与采样点相对应的单日期遥感光谱信息数据集。具体步骤如下所述。第一步，在土壤样品采集过程中，用GPS记录采样点的位置数据。第二步，在R语言软件中，使用Raster和Extract的功能，提取每个采样点的遥感光谱信息。进一步说明，土壤遥感光谱数据集分为两部分：① 203个土壤遥感光谱训练数据集；② 35个土壤遥感光谱独立验证数据集。第三步，进行预测模型的构建，本章节的模型校准与验证过程均在R语言软件中进行。首先，将预处理后的203组数据的土壤光谱训练数据集以31的比例随机分为建模数据集和验证数据集，为了评估SOC预测的不确定性，在100次重复模拟中，采用不同的数据集进行模型校准和交叉验证。其次，计算100次模拟的平均结果，并使用其平均值的标准差来评估预测的不确定性。再次，使用研究区35组数据的土壤光谱独立验证数据集进行二次独立验证。使用实测值与预测值的决定系数(R^2)和均方根误差(RMSE)来评估模型的性能。此外，计算方差重要性投影(VIP)指数，以确定在PLSR模型中有助于SOC预测的光谱区域(VIP>1)，其中R^2、RMSE以及VIP的具体计算过程均在前述文字中进行了详细的介绍。

3.2.4 预测模型验证结果

基于遥感影像的预测模型只能反演裸土地物的土壤属性，因此只能选择处于裸土区域的采样点数据集进行建模；本章分别基于3个单一日期(2018年4月24日、2019年4月19日以及2020年5月13日)的遥感影像建立的SOC预测模型性能检测结果显示，RMSE均小于0.20，R^2大于0.5。

基于单日期哨兵二号图像土壤有机碳预测模型的交叉验证性能结果见表 3-4。

表 3-4 基于单日期哨兵二号图像土壤有机碳预测模型的交叉验证性能结果

遥感影像获取时间	训练样品数	RMSE	R^2	RPIQ	裸地覆盖率
2018 年 4 月 24 日	198	0.19±0.01	0.53±0.06	1.91±0.18	91%
2019 年 4 月 19 日	201	0.18±0.01	0.59±0.04	2.08±0.16	94%
2020 年 5 月 13 日	197	0.19±0.01	0.51±0.06	1.90±0.17	81%
基于 2019 年哨兵二号遥感数据建立的土壤有机碳预测模型对其他年份的适用性					
2018 年 4 月 24 日	198	0.23	0.53	1.49	91%
2020 年 5 月 13 日	197	0.23	0.52	1.67	81%

从表 3-4 中可以看出，土壤样本均处在裸土条件下，这也证实了研究设定最佳时间窗口的有效性，此操作使实验训练样本数量达到最大化。此外，将基于 2019 年的哨兵二号遥感影像构建的 SOC 预测模型与基于 2018 年以及 2020 年遥感影像构建的 SOC 预测模型进行了对比测试，验证结果表明预测模型的性能同样良好，R^2 均大于 0.50，但 RMSE 略高，RPIQ 较低。证明跨多个年份的单日期哨兵二号遥感影像产生了可比的 SOC 预测精度，这表明如果在最佳时间窗口内选择质量好的所有图像，并且允许模型精度略有下降但仍能保证精度的情况下，哨兵二号遥感影像光谱数据可以在不同年份之间互换使用，有机碳预测结果见图 3-9。当使用 2018 年和 2020 年遥感光谱数据对基于 2019 年遥感光谱数据校准的 PLSR 模型进行验证时，影像之间良好的模型可传递性进一步支持了这一点。本书在创建裸土复合像元时仅选择高质量影像，而利用单一时点影像建立的 SOC 预测模型所取得的一致良好性证明了创建多时相裸土复合材料的合理性，以上均为基于多时相遥感像元的 SOC 预测奠定了基础。

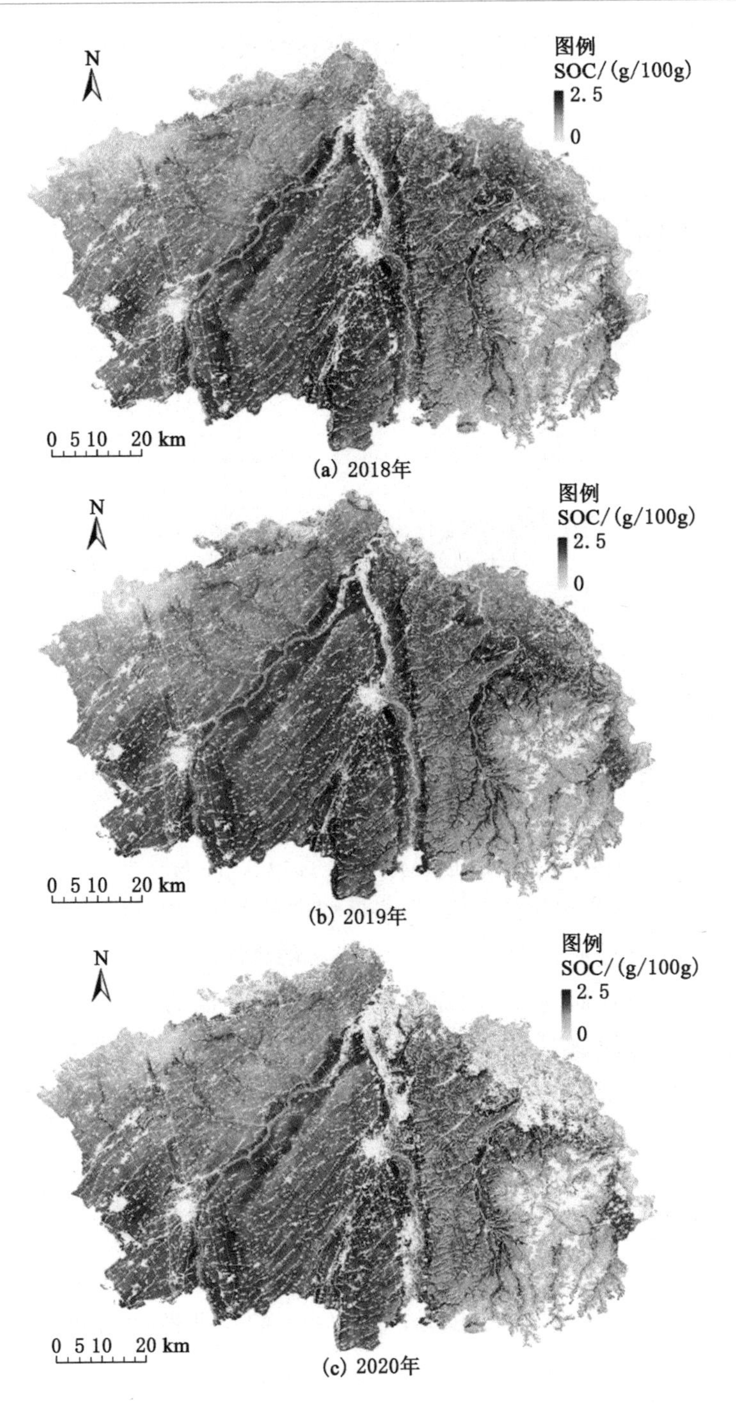

图 3-9 基于 3 个日期哨兵二号遥感光谱训练数据集的有机碳空间分布图

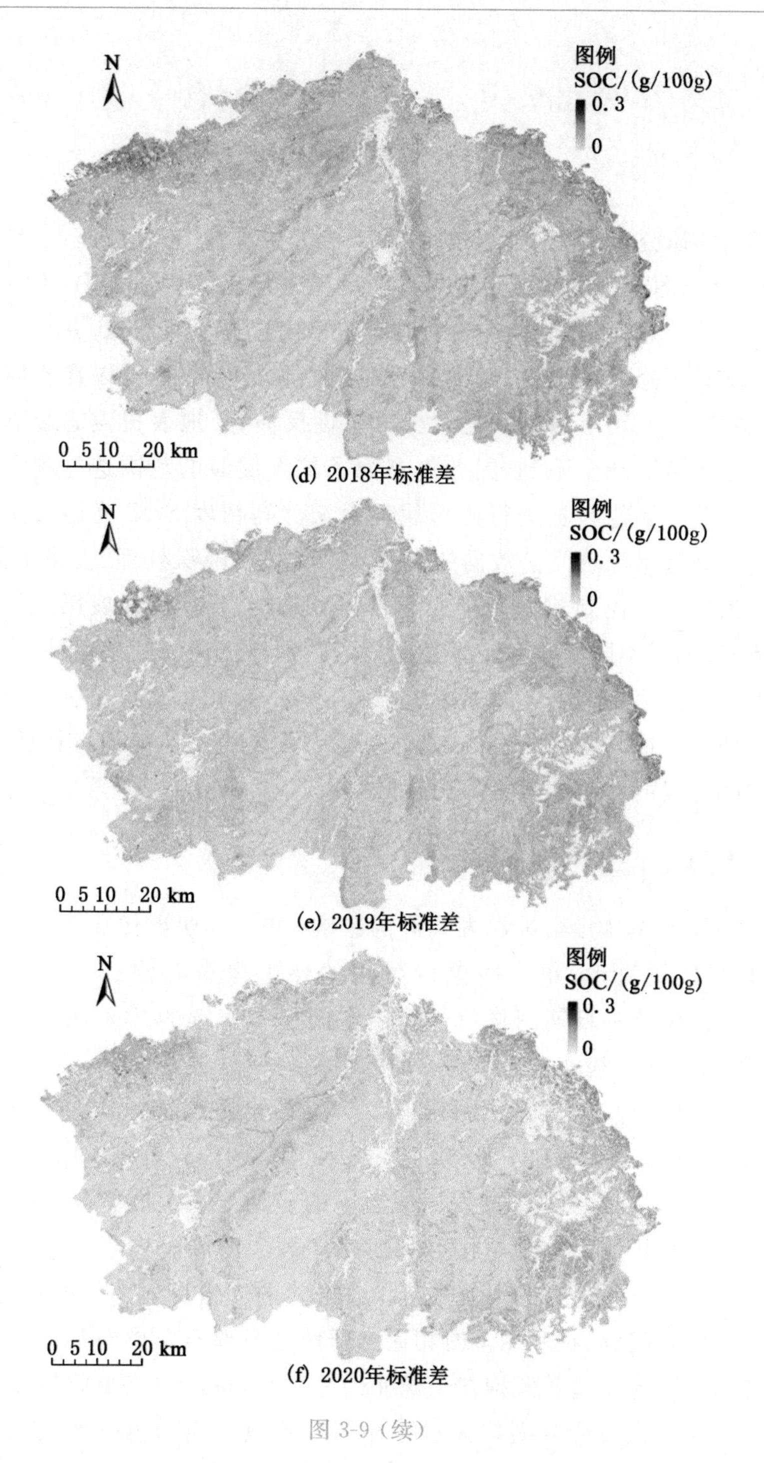

(d) 2018年标准差

(e) 2019年标准差

(f) 2020年标准差

图 3-9（续）

3.3 基于多时相哨兵二号遥感影像复合土壤像素的土壤有机碳反演

目前的研究多采用单日期的哨兵二号影像进行SOC反演，这导致生成的SOC分布图只能覆盖特定选择日期呈裸露状态的耕地范围；本章上一节中已经通过试验证实，假如在最佳时间窗口内选择所有图像，并且在允许模型精度略有下降的情况下，哨兵二号遥感影像光谱数据可以在不同年份之间互换使用。利用遥感影像进行土壤属性反演，受地表覆盖的影响会对可反演的地表范围产生限制，因此本书为了扩大反演的范围选择利用多时相哨兵二号遥感影像数据进行土壤属性反演。高精度SOC光谱反演模型的构建需要高质量裸土光谱数据的支撑，因此通过“降噪处理”去除水分、秸秆等干扰因素则是控制数据质量的基础。为此，本节首先开展裸土像元识别方法研究，测试不同植被和土壤光谱指数甄别裸土像元的适用性，得出适宜指数的裸土阈值；其次，对研究区2018—2022年哨兵二号遥感时间序列进行裸土像元提取与多时相合成，研究单像元重复光谱信息的特征提取方法，生成空间连续的多时相裸土像元数据集。

3.3.1 裸地范围的划定

受作物轮作、物候、耕作方式等的影响，单一日期影像通常仅能覆盖有限范围的裸露耕地，单一时期内可用的裸土像素有限（Vaudour et al.，2019），因此由单一日期图像只能产生空间上不连续的SOC预测空间分布图，这限制了其在基准农业管理方面的潜力。在这种背景下，Diek等（2016）结合了3次航空高光谱图像创建了多期裸露土壤复合物，与单日期图像相比，裸露土壤覆盖率增加了1倍。Demattè等（2018）设计了GEOS3处理器，该处理器创建了研究区68%农田覆盖率的多期裸土镶嵌图，应用了一套土壤掩蔽规则来检测陆地卫星图像的时间序列中的裸土像素，并将每个像素的多个裸露土壤反射率的中位数当作该像元的光谱反射率。本书为克服有限的土壤暴露问题，在利用多时相遥感影像进行像素合成的基础上，测试不同植被和土壤光谱指数甄别裸土像元的适用性，得出适宜指数的裸土阈值，通过设定临界光谱指数阈值来检测并剔除其他土地利用类别，从而建立裸地范围。虽然在以前的研究中归一化植被指数在区分光合植被和裸土的研究中得到了广泛的应用(Shi et al.,2020),但在NDVI值较低时,植被覆盖区与裸土区域有显著的重叠部分。为了解决这个问题,基于Rogge等(2018)研究的原则,利用NDVI的不同时间演变模式来划分不同的土地利用类别,具体操作步骤:通过R语言软件完成基于遥感影像数据的NDVI计算;基于多个单日期NDVI地图合成NDVImax和NDVImin地图;将NDVImax组合中高值像元和NDVImin组合中低值像元进行相交来创建裸土像元掩模。

$$\text{NDVI}=(\text{Band8}-\text{Band4})/(\text{Band8}+\text{Band4}) \tag{3-7}$$

为了验证上述方法的实用性,利用哨兵二号时间序列建立了NDVImax和NDVImin复合物,为了确定裸露土壤的临界阈值,本书研究了农田、森林和建设用地的NDVI特征。根据吉林省自然资源厅发布的2019年土地利用分布类型图,在每种土地利用类别中分别随机抽取2 000个验证点,并从NDVI复合数据提取这些采样点的NDVI值(图3-10)。从NDVImin组合,可以看到代表农田的NDVI值在0.10～0.24,从而能够与森林区域进行明显区分;建设用地与农田和森林相比,NDVImax值普遍较低;在NDVImax中使用"NDVI<0.75"的分界线排除建设用地区域,结合NDVImin中0.10～0.24的值域来划定裸土范围(图3-11)。

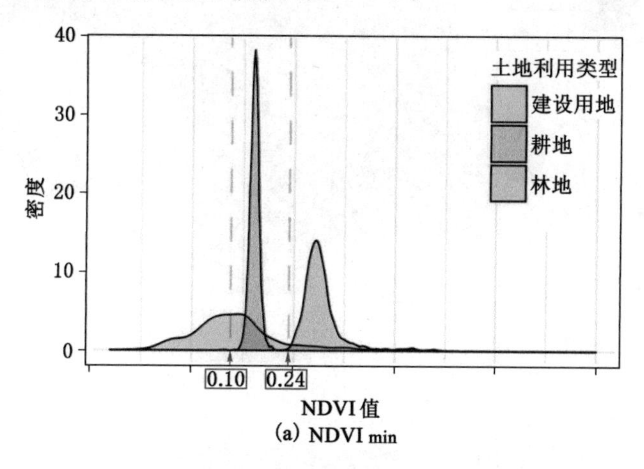

图3-10　基于哨兵二号遥感影像时间序列(2018年1月—2020年5月)创建建设用地、耕地和林地的NDVImin以及NDVImax密度分布图

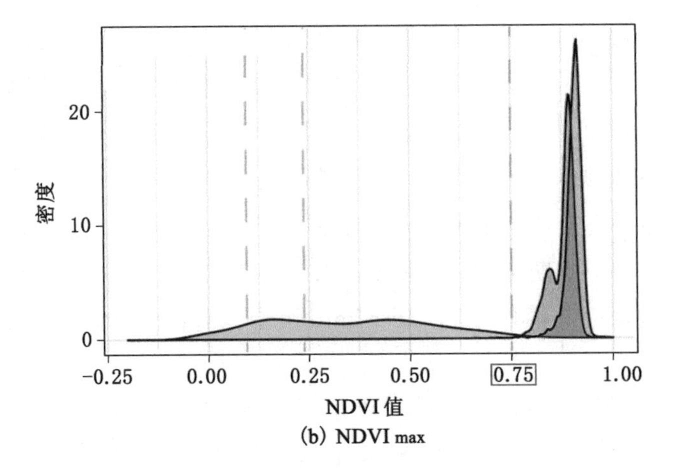

图 3-10（续）

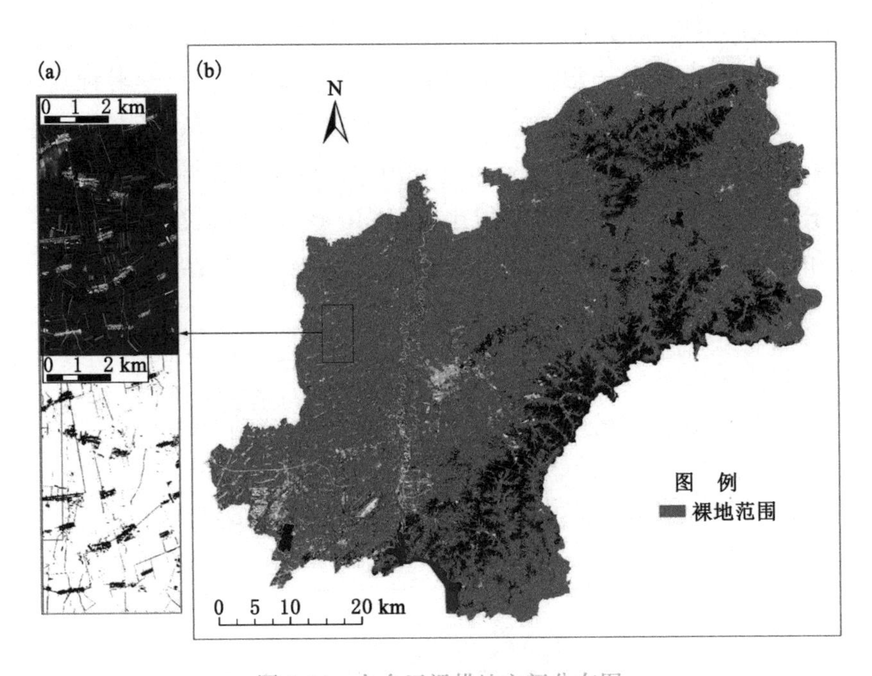

图 3-11　九台区裸耕地空间分布图

3.3.2　生成空间连续的多时相裸土像元数据集

为绘制空间连续的 SOC 图而创建裸土复合像元的最大挑战即去除因作物残留、土壤湿度和表面粗糙度等干扰因素而导致的光谱特征时间不一致问题(Diek et al.,2019)。忽略作物残留等干扰因素对土壤光谱的影响会导致 SOC 值被高估(Dvorakova et al.,2020)。Vaudour 等(2019)评估了哨兵二号遥感影像采集日期对法国凡尔赛平原 SOC 预测性能的影响,发现在三四月采集的图像可以获得最佳的模型预测效果。Gomez 等(2019)通过比较不同月份的哨兵二号图像,发现土壤质地预测存在相当大的不确定性,随着时间的推移,土壤表面条件发生变化,干扰了"真实"土壤光谱。鉴于此,Demattê 等(2018)利用 NBR2 值去除作物残留物和土壤水分污染的土壤像素。Castaldi 等(2016)发现,NBR2 阈值的使用会使 SOC 预测模型展现出更好的性能。因此,本书参考已有研究,使用 NBR2(natural burn ratio 2)指数进行污染像元的剔除。

上述创建的裸土掩模仅用作"画布",在画布上可以进行基于多个单日期遥感图像的纯裸土像素填充,创建多期镶嵌的土壤光谱反射率分布图。此处采用两步优化方法,最大限度地减小外部干扰来提取裸土像素:① 仅在预先确定的最佳时间窗口内进行裸土像元合成;② 结合 NDVI 值和 NBR2 阈值提取尽可能高纯度的裸土像素,以减少绿色植被、作物残留物以及土壤水分的干扰。

为了确定最佳时间窗口,第一步,采用联合国粮农组织作物日历中确定的研究区域主要作物种植的时期,假定在种植时期,土壤表面处于裸露状态;第二步,根据对研究区 100 块裸地的调查,设定了 0.10～0.24 的 NDVI 阈值,使用该阈值范围去除绿色植被像素,这与 Shi 等(2020)的研究一致;第三步,仅凭 NDVI 不足以提取裸地像素,采用设定的 NBR2 阈值来去除被作物残留物污染的土壤像素:使用与图 3-10 相同的 2 000 个耕地采样点绘制了 2019 年 NDVI 的时间演变图,如图 3-12(a)所示。考虑到尽管 4 月份和 10 月份出现了相似的 NDVI 情况分布,而 10 月份作物收获后玉米秸秆仍残留在田间的实际情况,需要确定 NBR2 阈值进一步去除被作物残留物污染的土壤像素,通过对比这两个时间段内的 NBR2 值分布情况,决定采用 0.075 的 NBR2 阈值[图 3-12(b)]。Demattê 等(2018)使用相同的 NBR2 阈值来去除巴西研究区的噪声像素;Castaldi 等(2016)的研究说明 0.075 的 NBR2 值是构建良好 SOC 预测模型的最合适阈值;德国北部的研究中发现该阈值保证了相对较高的裸土覆盖率,这表明 0.075 的 NBR2 阈值适用于广泛的环境。以上研究证明了 NBR2＝0.075 对于去除受环境污染的噪声像素的实用性。

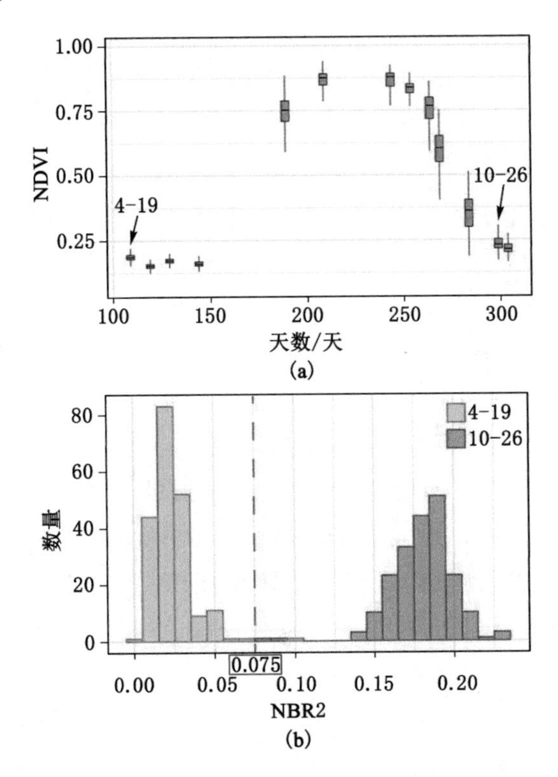

图 3-12 2019 年研究区耕地 NDVI 的时间演变图以及 NDVI 范围相似的两个日期 NBR2 分布图

因此,本书将 NDVI 和 NBR2 阈值相结合,在预先确定的最佳时间窗口内对每幅单日期数据图像进行阈值分割。然后,将处理后的单日期图像填充到裸耕地范围内,通过对每个像素中多次出现的裸土反射率进行平均,得到多时相裸土复合数据,得到多个单日期裸土图像和多时相裸土复合图像。为构建 SOC 预测模型,需建立与采样点相对应的多时相遥感光谱信息数据集,具体步骤与单日期遥感光谱信息数据集的建立相同。

3.3.3 预测模型精度检验结果

基于多时相哨兵二号遥感光谱数据集的 PLSR 模型验证结果以及土壤有机碳空间分布图见图 3-13。以模型计算得到的 SOC 预测值和化学分析得到的实测值通过 R 语言 4.0.3 软件中的“ggplot2”功能一一对应来做散点图，如图 3-13(c)、图 3-13(f)和图 3-13(g)所示。由图 3-13(c)可以看出，基于多时相哨兵二号遥感光谱开发的裸土复合数据建立的 PLSR 模型验证结果，比单日期 PLSR 模型有了广泛的改进，由多时相裸土复合数据开发的 SOC 预测模型产生了更好的性能，R^2 由 0.53(2018 年)、0.59(2019 年)、0.51(2020 年)上升至 0.62，RMSE 几乎保持不变。表 3-5 总结了已有利用哨兵二号影像进行 SOC 遥感反演的探索性研究，证明了其在多地区、多尺度进行 SOC 空间表征的巨大潜力。将本书的预测结果与之前使用哨兵二号影像预测 SOC 的研究相比，本书中使用多时相裸土复合材料创建的模型具有与其他研究类似或者更优的预测精度水平。

(a) 基于建模训练数据集的土壤有机碳空间分布图

(b) 基于建模训练数据集的土壤有机碳标准差空间分布图

图 3-13 基于多时相哨兵二号遥感光谱数据集的 PLSR 模型验证结果以及土壤有机碳空间分布图

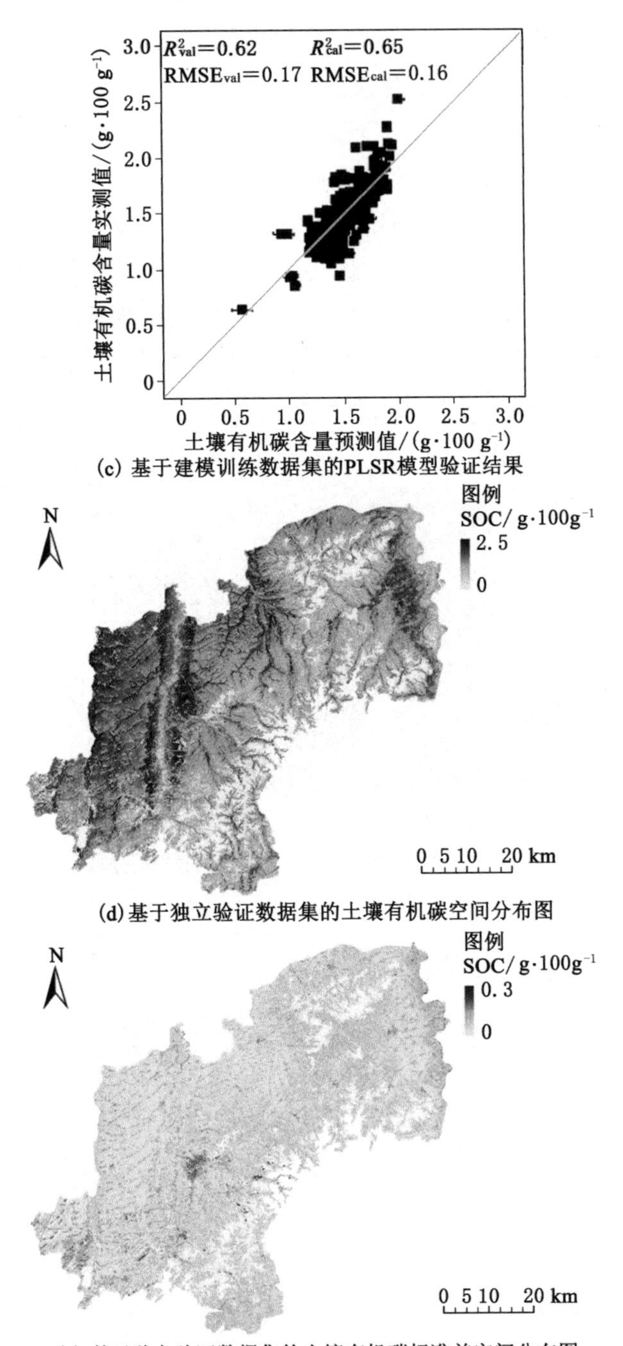

(c) 基于建模训练数据集的PLSR模型验证结果

(d) 基于独立验证数据集的土壤有机碳空间分布图

(e) 基于独立验证数据集的土壤有机碳标准差空间分布图

图 3-13（续）

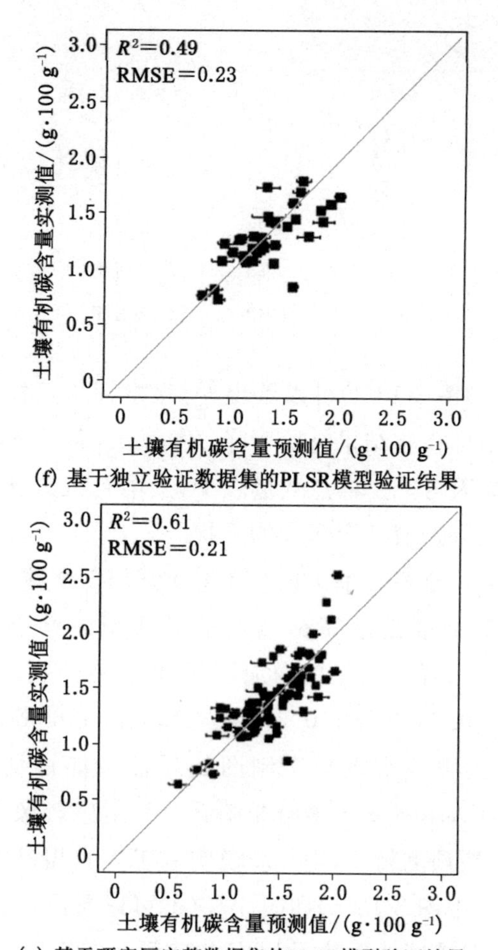

(f) 基于独立验证数据集的PLSR模型验证结果

(g) 基于研究区完整数据集的PLSR模型验证结果

图 3-13（续）

表 3-5　本书与已有利用哨兵二号影像进行的土壤有机碳预测研究的精度对比

研究区所在国家	RMSE	R^2	单日期/多时相	参考文献
捷克	0.14	—	单日期	Gholizadeh et al. (2018)
捷克	0.23	—	单日期	Gholizadeh et al. (2018)
捷克	0.08	—	单日期	Gholizadeh et al. (2018)
捷克	0.08	—	单日期	Gholizadeh et al. (2018)
卢森堡	0.30	—	单日期	Castaldi et al. (2016)
德国	0.12	—	单日期	Castaldi et al. (2016)
比利时	0.19	—	单日期	Castaldi et al. (2016)

表 3-5（续）

研究区所在国家	RMSE	R^2	单日期/多时相	参考文献
法国	0.12	0.56	单日期	Vaudour et al.(2019)
法国	0.37	0.02		
巴西	0.61	0.38	多时相	Silvero et al.(2021)
中国(建模训练区)	0.17	0.62	多时相	本书
中国(独立验证区)	0.23	0.49	多时相	本书

由图 3-13(c)和图 3-13(f)可以看出，与建模训练数据集相比，以独立验证数据集得到的精度检验结果有所下降，R^2 由 0.62 下降至 0.49，RMSE 由 0.17 升至 0.23，原因可能是样点数量较少，土壤有机碳含量的范围较窄，进而对模型的预测结果造成一定程度的干扰。

研究区内共采集土壤样品 80 个(其中包括 35 个独立验证采样点)，利用研究区内 80 组土壤光谱完整数据集对模型的性能进行评估后发现[图 3-13(g)]，随着采样点数量的增加，预测精度有所提高(R^2 由 0.49 上升至 0.61，RMSE 由 0.23 下降至 0.21)。与 Nascimento 等(2021)的研究中利用遥感影像进行土壤有机碳数字制图的最佳性能评估结果(R^2＝0.32，RMSE＝0.68)相比，本书基于多时相哨兵二号遥感影像进行的土壤有机碳预测，能够更准确地预测精度，进一步说明基于多时相遥感像元的土壤有机碳预测的实用性。由图 3-13(a)和图 3-13(d)可以看出，预测的 10 m 空间分辨率的 SOC 分布图较好地反映了 SOC 的空间分布格局，在河谷附近发现了较高的 SOC 含量值。

3.4 基于近地土壤高光谱传感的土壤有机碳预测验证

3.4.1 实验室土壤光谱的测量步骤

采用 ASD 公司的 FieldSpec 3 FR 光谱仪进行土壤实验室光谱数据获取(图 3-14)，参数见表 3-6。其中，350～1 000 nm 波段的光谱分辨率为3 nm，1 000～2 500 nm波段的光谱分辨率为 10 nm，共输出波段 2 150 个。为避免数据采集过程中外部光源的干扰，采集过程在暗室进行，测量光源选用 ASD

公司生产的接触探头(Contact probe),该探头内置 100 W 卤素反射灯。测量过程中,将约 60 g 土壤样品置于直径 9 cm 培养皿中,土层厚度约为 1.5 cm,并将接触探头与土壤表面轻触进行光谱数据采集。除上述光源设置及样品准备外,在测试开始前用 Spectralon 白色校正板对 FieldSpec 3 FR 光谱仪进行校正(Shi et al.,2020),而后对供试土壤在 350～2 500 nm 波段进行数据采集。每个土样被重复扫描 30 次,取其平均值作为仪器输出数据。与 ASD 光谱仪相连接的是装载 Windows XP 的 Thinkpad X61 笔记本电脑以及数据获取与处理软件。

表 3-6 FieldSpec 3 FR 光谱仪性能参数

参数	数值/单位
通道数	1 024 个
采样宽度	1.4 nm,350～1 000 nm
	2 nm,1 000～2 500 nm
光谱分辨率	3 nm,350～1 000 nm
	10 nm,1 000～2 500 nm
数据采集速度	1 ms
仪器温度	工作状态:0°～40°
	非工作状态:－15°～45°

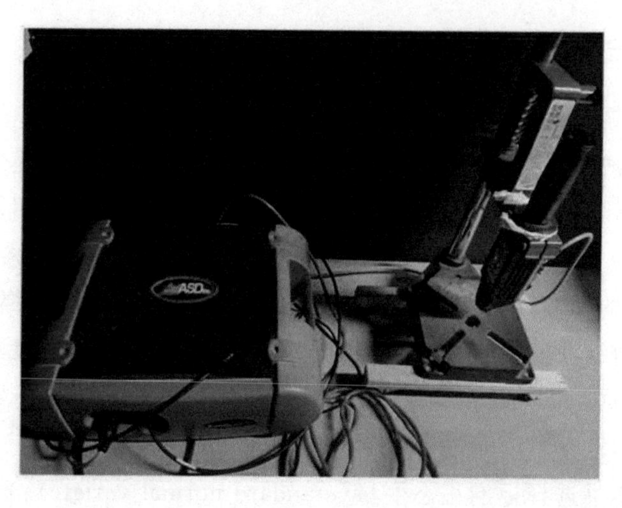

图 3-14 实验室环境下的 ASD 光谱仪布设图

图 3-15 是利用实验室 ASD 光谱仪采集的土壤原始光谱平均反射曲线几何特征图。反射率曲线形态特征如下：在可见光波段(400～780 nm)上升较快，相比之下，在短波近红外(780～1 100 nm)和部分长波近红外波段(1 100～1 300 nm)相对较缓，在长波近红外波段(1 500～1 800 nm)坡度较缓，在 2 150 nm 附近出现了反射峰，并达到了反射率的最大值，之后反射率开始下降。由于超过 2 400 nm 阶段无意义，故图 3-15 中保留<2 400 nm 部分。

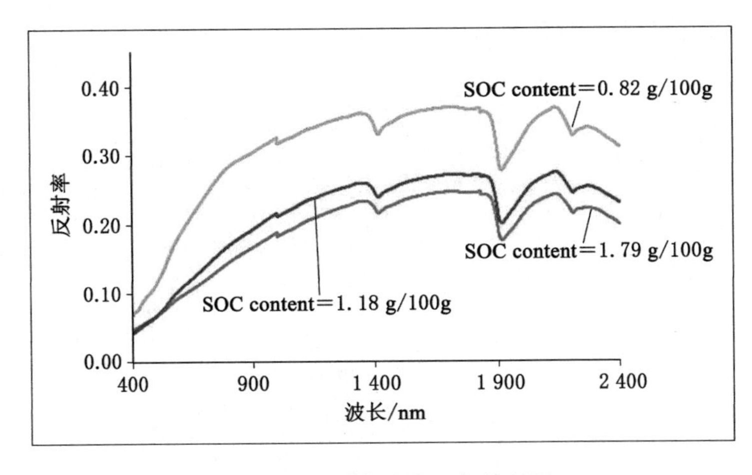

图 3-15　光谱曲线的几何特征图

3.4.2　光谱预处理与变换方法

光谱数据容易受到外界环境的干扰，例如光线散射、噪声等，进而对建模的效果造成很大的影响(第五鹏瑶 等，2019)。鉴于此，在建立 SOC 预测模型之前，需要对事先采集的光谱数据进行预处理。实践证明，波段范围两端(350～399 nm、2 451～2 500 nm)波段范围的光谱数据由于受到测量光谱仪构造特性的影响，因此数据具有低信噪比，为了提高土壤光谱数据的准确性，将上述边缘波段去除，仅保留 400～2 450 nm 波段作为土壤属性信息的光谱波段数据。重采样是为了统一光谱分辨率，便于对比分析特征波段(王娇，2014)，本章重采样光谱分辨率设定为 1 nm。

此外，本书选择标准正态变量(standard normal variate)、光谱反射率倒数的对数[ln(1/Reflectance)]和一阶导数辅以 Savitzky-Golay 三次多项式平滑处理三种方式对土壤光谱数据进行预处理，最终选择 SOC 预测模型精度最高的预处理方式。

3.4.3 基于实验室高光谱数据的土壤有机碳反演结果

以往的学者针对土壤光谱近地探测做了大量的研究，成功利用 Vis-NIR 光谱预测了 SOC 等土壤属性状况(史舟 等，2018)，良好的预测性能得到证实。众多国内外学者采用室内光谱传感器将土壤近地高光谱技术发展为量化 SOC 的常规手段。在此基础上，将基于近地土壤高光谱传感(实验室 ASD 光谱数据)的 SOC 预测模型性能作为参考，侧面印证基于多时相哨兵二号遥感光谱复合土壤像素的反演效果。

在基于实验室 ASD 光谱训练数据集构建的 PLSR 模型中，验证模型较校正模型相比，其精度略有下降，R^2 由 0.86 下降至 0.73，RMSE 由 0.10 上升至 0.15，但仍可以看出保持着较好的预测效果[图 3-16(a)]。验证模型评价结果中 RPD 值略小于 2，证明验证模型的预测效果良好，模型的精度令人满意。

由图 3-16(b)可以看出，基于实验室 ASD 光谱独立验证数据集构建的 PLSR 模型精度并没有下降，R^2 反而由 0.73 上升至 0.77，RMSE 保持不变，保持着较好的预测效果。

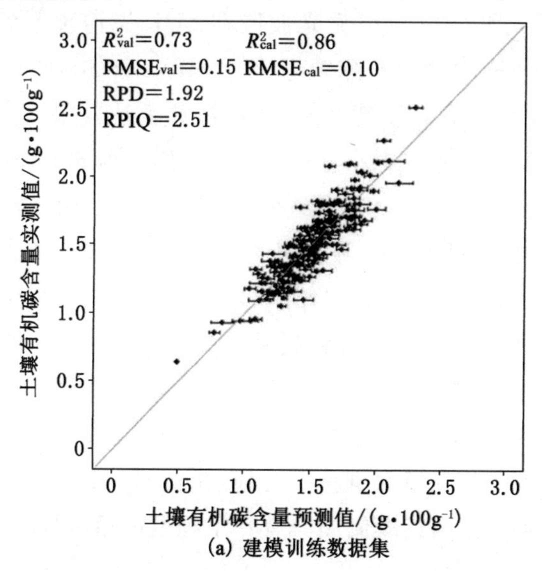

(a) 建模训练数据集

图 3-16 基于实验室 ASD 光谱数据集的 PLSR 模型验证结果

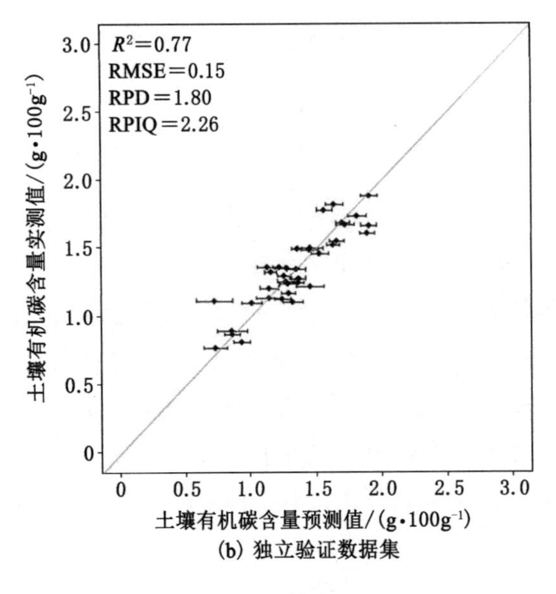

(b) 独立验证数据集

图 3-16（续）

通过计算 PLSR 模型中各波段的 VIP 值来分析不同波段在 SOC 预测模型中的重要性，VIP 值大于 1 作为界定预测模型中显著波段的临界值。具体来说，可见光波段(400～800 nm)在实验室 ASD 数据源的 SOC 模型中起到了重要作用(图 3-17)。可见光波段在 SOC 光谱预测模型中的重要性已被多次提及(史舟 等，2014；陈颂超 等，2016；Lazaar et al.，2020)，受到土壤发色团和土壤有机质本身黑色的影响，视觉表达效果方面暗黑色的土壤比亮色的 SOC 含量更高。此外，基于 ASD 光谱数据的 PLSR 模型在短波红外区域(1 900 nm，2 200～2 400 nm 等)出现了显著波段，这主要是由于土壤有机化合物中 NH、CH 和 CO 等基团的分子振动的倍频与合频吸收对上述波段反射率的影响(史舟 等，2014；陈颂超 等，2016)，进而与 SOC 含量直接相关。总之，实验室 ASD 光谱数据对近红外-短波红外波段的覆盖使得 SOC 预测模型中的重要波段较多，导致基于实验室 ASD 数据的预测模型精度较高。表 3-7 显示，哨兵二号可覆盖 13 个光谱波段，从可见光和近红外到短波红外，与近地光谱遥感数据一一对应，由此可知以多时相哨兵二号光谱遥感为核心的 SOC 空间连续制图具有一定程度的精度保证。

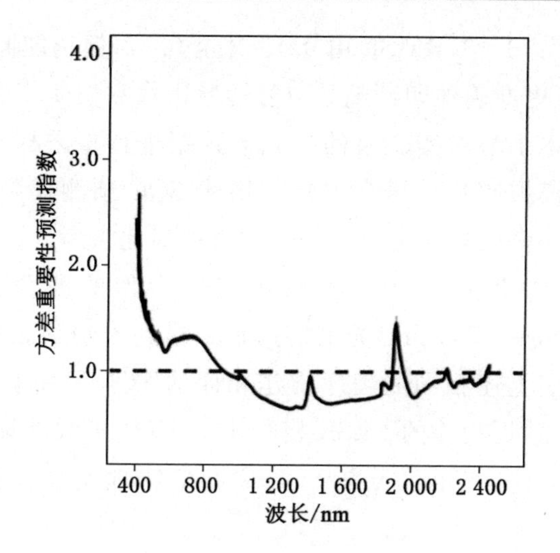

图 3-17 PLSR 模型的可见光-近红外波段范围内的 VIP 值分布图

表 3-7 Sentinel-2A 光谱波段信息

波段编号	中心波长/nm	带宽/nm
1	443.9	27
2	496.6	98
3	560.0	45
4	664.5	38
5	703.9	19
6	740.2	18
7	782.5	28
8	835.1	145
8A	864.8	33
9	945.0	26
10	1373.5	75
11	1613.7	143
12	2202.4	242

3.4.4 对比验证

综合以上的研究成果发现，与基于近地实验室高光谱 ASD 数据集相比，基于多时相哨兵二号遥感影像复合光谱数据的模型预测精度略有下降，

R^2 由 0.73 下降至 0.63，RMSE 由 0.15 升至 0.17，但仍能监测 SOC 在值域内的变化。为了更准确地印证哨兵二号遥感影像数据实现空间连续的 SOC 制图的可能性，本小节对实验室的高光谱数据进行重采样来模拟哨兵二号遥感影像数据（模拟哨兵二号数据集），构建 SOC 预测模型，并对模型的精度进行检验，作为多时相裸土复合像元数据的对比参考。

按照表 3-7 中提供的 Sentinel-2A 遥感影像的波段信息，将实验室 VNIR-SWIR（400～2 500 nm）光谱信息重采样到与哨兵二号波段相同的光谱分辨率，并按照上述相同的程序构建和评估 SOC 预测模型，并利用模拟的哨兵二号光谱数据构建的 PLSR 模型进行 *VIP* 指数的计算，以研究实验室光谱数据中的某些光谱区域与 SOC 之间的物理关系转移至卫星平台上实现。

基于模拟哨兵二号遥感数据集的 PLSR 模型验证结果见图 3-18。由图 3-18 可以发现，利用模拟的哨兵二号数据建立 SOC 预测模型有较好的精度，虽然与基于实验室建模光谱数据集直接构建的 PLSR 模型（R^2_{val}＝0.73，$RMSE_{val}$＝0.15）相比，模型的评估结果略有下降（R^2_{val}＝0.63，$RMSE_{val}$＝0.17），但仍能较准确地预测 SOC 含量在其值域内的变化。

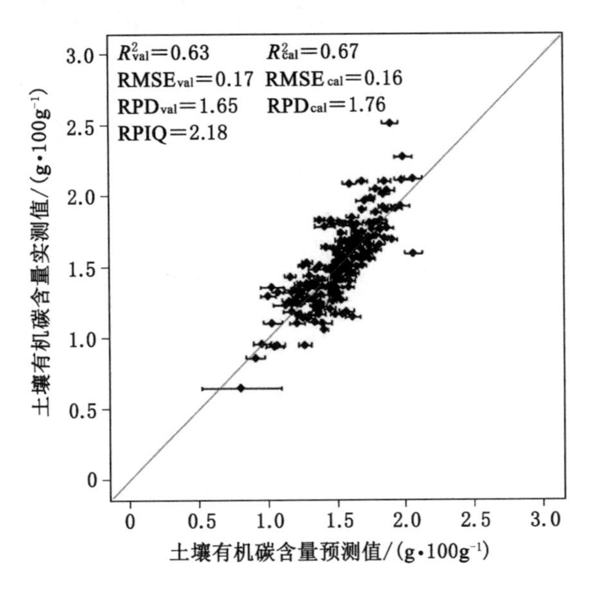

图 3-18　基于模拟哨兵二号遥感数据集的 PLSR 模型验证结果

基于真实和模拟哨兵二号遥感光谱的 PLSR 模型 VIP 值分布见图 3-19。图 3-19 显示了真实和模拟哨兵二号遥感光谱数据在 PLSR 模型中贡献率的相似模式,在 PLSR 预测模型中,B2 波段以及 B11、B12 波段是显著的预测因子,而红边波段(B5~B7)在模拟和真实两种情况下都不显著。除了相似性以外,来自模拟哨兵二号数据的可见光波段在预测 SOC 方面比来自真实哨兵二号数据的可见光波段发挥了相对更重要的作用。

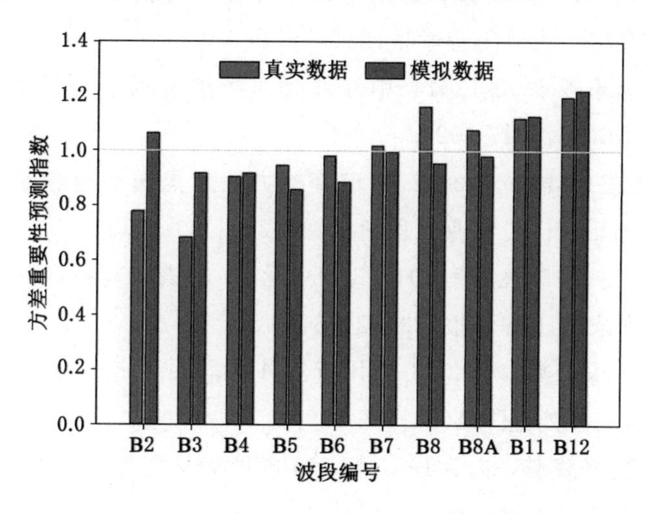

图 3-19　基于真实和模拟哨兵二号遥感光谱的 PLSR 模型 VIP 值分布图

本章参考文献

陈颂超,彭杰,纪文君,等,2016. 水稻土可见-近红外-中红外光谱特性与有机质预测研究[J]. 光谱学与光谱分析,36(6):1712-1716.

第五鹏瑶,卞希慧,王姿方,等,2019. 光谱预处理方法选择研究[J]. 光谱学与光谱分析,39(9):2800-2806.

纪文君,李曦,李成学,等,2012. 基于全谱数据挖掘技术的土壤有机质高光谱预测建模研究[J]. 光谱学与光谱分析,32(9):2393-2398.

史学正,于东升,高鹏,等,2007. 中国土壤信息系统(SISChina)及其应用基础研究[J]. 土壤,39(3):329-333.

史舟,王乾龙,彭杰,等,2014. 中国主要土壤高光谱反射特性分类与有机质光谱预测模型[J]. 中国科学(地球科学),44(5):978-988.

史舟,徐冬云,滕洪芬,等,2018. 土壤星地传感技术现状与发展趋势[J]. 地理科学进展,37(1):79-92.

苏伟,张明政,蒋坤萍,等,2018. Sentinel-2 卫星影像的大气校正方法[J]. 光学学报,38(1):0128001.

田永超,张娟娟,姚霞,等,2012. 基于近红外光声光谱的土壤有机质含量定量建模方法[J]. 农业工程学报,28(1):145-152.

王娇,杜昌文,申亚珍,等,2014. 中红外光声光谱法测定土壤顶空氨气浓度[J]. 土壤,46(6):1017-1023.

张东辉,赵英俊,秦凯,等,2018. 光谱变换方法对黑土养分含量高光谱遥感反演精度的影响[J]. 农业工程学报,34(20):141-147.

郑立华,李民赞,安晓飞,等,2010. 基于近红外光谱和支持向量机的土壤参数预测[J]. 农业工程学报,26(S2):81-87.

朱登胜,吴迪,宋海燕,等,2008. 应用近红外光谱法测定土壤的有机质和 pH 值[J]. 农业工程学报,24(6):196-199.

邹滨,涂宇龙,姜晓璐,等,2019. 土壤 Cd 含量实验室与野外 DS 光谱联合反演[J]. 光谱学与光谱分析,39(10):3223-3231.

ACKERSON J P, MORGAN C L S, GE Y, 2017. Penetrometer-mounted VisNIR spectroscopy: application of EPO-PLS to in situ VisNIR spectra [J]. Geoderma, 286: 131-138.

ALDANA-JAGUE E, HECKRATH G, MACDONALD A, et al., 2016. UAS-based soil carbon mapping using VIS-NIR (480-1000 nm) multi-spectral imaging: potential and limitations[J]. Geoderma, 275: 55-66.

BEN DOR E, ONG C, LAU I C, 2015. Reflectance measurements of soils in the laboratory: standards and protocols[J]. Geoderma, 245/246: 112-124.

CASTALDI F, PALOMBO A, SANTINI F, et al., 2016. Evaluation of the potential of the current and forthcoming multispectral and hyperspectral imagers to estimate soil texture and organic carbon[J]. Remote sensing of environment, 179: 54-65.

CHABRILLAT S, BEN-DOR E, CIERNIEWSKI J, et al., 2019. Imaging spectroscopy for soil mapping and monitoring[J]. Surveys in geophysics, 40(3):361-399.

DEMATTÊ J A M, FONGARO C T, RIZZO R, et al., 2018. Geospatial soil sensing system (GEOS3): a powerful data mining procedure to retrieve soil spectral reflectance from satellite images[J]. Remote sensing of environment, 212:161-175.

DIEK S, SCHAEPMAN M, DE JONG R, 2016. Creating multi-temporal composites of airborne imaging spectroscopy data in support of digital soil mapping[J]. Remote sensing, 8(11):906.

DVORAKOVA K, SHI P, LIMBOURG Q, et al., 2020. Soil organic carbon mapping from remote sensing: the effect of crop residues[J]. Remote sensing, 12(12):1913.

GHOLIZADEH A, SABERIOON M, BEN-DOR E, et al., 2018. Monitoring of selected soil contaminants using proximal and remote sensing techniques: background, state-of-the-art and future perspectives[J]. Critical reviews in environmental science and technology, 48(3):243-278.

GINI R, PASSONI D, PINTO L, et al., 2014. Use of Unmanned Aerial Systems for multispectral survey and tree classification: a test in a park area of northern Italy[J]. European journal of remote sensing, 47(1): 251-269.

GOMEZ C, DHARUMARAJAN S, FÉRET J B, et al., 2019. Use of sentinel-2 time-series images for classification and uncertainty analysis of inherent biophysical property: case of soil texture mapping[J]. Remote sensing, 11(5):565.

LAGACHERIE P, BARET F, FERET J B, et al., 2008. Estimation of soil clay and calcium carbonate using laboratory, field and airborne hyperspectral measurements[J]. Remote sensing of environment, 112(3): 825-835.

LANGE M, EISENHAUER N, SIERRA C A, et al., 2015. Plant diversity increases soil microbial activity and soil carbon storage[J]. Nature communications,6:6707.

LAZAAR A, MOUAZEN A M, EL HAMMOUTI K, et al., 2020. The application of proximal visible and near-infrared spectroscopy to estimate soil organic matter on the Triffa Plain of Morocco[J]. International soil and water conservation research,8(2):195-204.

LORENZ K, LAL R, EHLERS K, 2019. Soil organic carbon stock as an indicator for monitoring land and soil degradation in relation to United Nations′ sustainable development goals [J]. Land degradation & development,30(7):824-838.

NASCIMENTO C M,DE SOUSA MENDES W,QUIÑONEZ SILVERO N E,et al.,2021. Soil degradation index developed by multitemporal remote sensing images,climate variables,terrain and soil atributes[J]. Journal of environmental management,277:111316.

NOCITA M, STEVENS A, VAN WESEMAEL B, et al., 2015. Soil spectroscopy: an alternative to wet chemistry for soil monitoring[J]. Advances in agronomy,132:139-159.

ROGGE D,BAUER A,ZEIDLER J,et al.,2018. Building an exposed soil composite processor (SCMaP) for mapping spatial and temporal characteristics of soils with landsat imagery (1984 - 2014)[J]. Remote sensing of environment,205:1-17.

SHI P, CASTALDI F, VAN WESEMAEL B, et al., 2020. Vis-NIR spectroscopic assessment of soil aggregate stability and aggregate size distribution in the Belgian loam belt[J]. Geoderma,357:113958.

SILVERO N E Q,DEMATTê J A M,AMORIM M T A,et al.,2021. Soil variability and quantification based on Sentinel-2 and Landsat-8 bare soil images:a comparison[J]. Remote sensing of environment,252:112117.

VAUDOUR E, GOMEZ C, FOUAD Y, et al., 2019. Sentinel-2 image capacities to predict common topsoil properties of temperate and Mediterranean agroecosystems[J]. Remote sensing of environment,223:21-33.

VISCARRA ROSSEL R A, BEHRENS T, BEN-DOR E, et al., 2016. A global spectral library to characterize the world's soil[J]. Earth-Science reviews,155:198-230.

VISCARRA ROSSEL R A, HICKS W S, 2015. Soil organic carbon and its fractions estimated by visible-near infrared transfer functions [J]. European journal of soil science,66(3):438-450.

WARD K J, CHABRILLAT S, NEUMANN C, et al., 2019. A remote sensing adapted approach for soil organic carbon prediction based on the spectrally clustered LUCAS soil database[J]. Geoderma,353:297-307.

XU E Q, ZHANG H Q, XU Y M, 2020. Exploring land reclamation history: soil organic carbon sequestration due to dramatic oasis agriculture expansion in arid region of Northwest China[J]. Ecological indicators, 108:105746.

ZHANG C H, KOVACS J M, 2012. The application of small unmanned aerial systems for precision agriculture: a review [J]. Precision agriculture,13(6):693-712.

4 东北低山丘陵区典型县域土壤侵蚀格局研究

高精度、高时效的土壤侵蚀格局空间表征和侵蚀热点区识别对于查明区域土壤侵蚀程度和范围以及区域宏观水土保持政策的精准落地至关重要。为了获取更高的空间分辨率和时效性，遥感技术在土壤侵蚀研究中的应用日益增多，成为世界上土壤侵蚀评估的一种最新替代方法，为在更大空间尺度上调查土壤侵蚀提供了及时、经济和有效的方法。在此背景下，本书以 GIS 加权叠加、栅格计算等方法为技术依托，以 RUSLE 框架为基础，在前述高分辨率土壤可蚀性因子的数据支撑下，开展研究区土壤侵蚀量的估算和其空间分布特征研究，并进一步针对土壤侵蚀热点区，在坡面尺度对土壤侵蚀驱动的 SOC 空间迁移、再分布和转化规律进行研究。

4.1 土壤可蚀性因子空间表征

4.1.1 基于经验模型与高光谱反演土壤属性的土壤可蚀性空间表征的初步探索

在 RUSLE 理论框架中，土壤可蚀性因子以 K 值表示，是土壤侵蚀量估算的核心指标。土壤可蚀性因子值越高，表明土壤本身抗侵蚀能力越弱。有关土壤可蚀性因子 K 值的估算多依赖于容易获得的土壤理化属性数据，其中部分学者直接根据土壤类型进行土壤可蚀性因子的估算，缺乏对土壤属性(例如，SOC)空间异质性和时间动态性的考虑。Wischmeier 等(1978)提出了诺模图法，根据土壤质地、土壤结构系数、有机碳含量和入渗等级与 K 值之间的关系估算 K 值的方法。该方法所需参数较多，土壤结构系数和入渗等级数据难以大范围获取，使该方法的使用受到限制。

考虑到上述情况，本书以土壤有机碳和质地数据为基础，参考第一次全国水利普查—水土保持情况普查中的计算公式。该公式以 Wischmeier 等(1969)和 Sharpley 等(1990)提出的 K 值估算公式为基础,并参考在东北黑土区的应用实例(顾治家 等,2020),具体计算公式如下:

$$K=\left\{0.2+0.3\exp\left[-0.0256S_i\frac{1-S_j}{100}\right]\right\}\times\left(\frac{S_j}{C_k+S_j}\right)^{0.3}\times$$
$$\left[1-\frac{0.25C}{C+\exp(3.72-2.95C)}\right]\times\left[1-\frac{0.7S_{n1}}{S_{n1}+\exp(-5.51+22.9S_{n1})}\right] \quad (4\text{-}1)$$

式中,K 是土壤可蚀性因子($t\cdot hm^2\cdot h\cdot hm^{-2}\cdot MJ^{-1}\cdot mm^{-1}$);$S_i$ 是土壤砂粒(0.05～2.0 mm)含量(%);S_j 是土壤粉粒(0.002～0.05 mm)含量(%);C_k 是土壤黏粒(<0.002 mm)含量(%);C 是土壤有机碳含量(%);$S_{n1}=1-S_i/100$;公式中计算的 K 值是美制单位[t · arce · h/(100arce · ft · tf · in)]乘以 0.131 7 后转化为国际制单位($t\cdot hm^2\cdot h\cdot hm^{-2}\cdot MJ^{-1}\cdot mm^{-1}$)。本部分中土壤质地数据来源于 Soilgrids(https://soilgrids.org/),空间分辨率为 250 m。

土壤侵蚀驱动 SOC 随时空迁移、转化和流失,导致 SOC 具有高度空间异质性和时间动态性。以往 RUSLE 中土壤可蚀性因子计算使用的 SOC 数据均来源于 1979 年的全国第二次土壤普查数据,时效性较差,因此高分辨以及实时的 SOC 制图对于精确土壤可蚀性数据的获取具有重要意义。传统的湿式化学测定 SOC 的方法通常依赖于野外土样采集和实验室仪器分析,时间和经济成本较高,无法支持大尺度、高分辨率 SOC 的空间分布和演变特征的量化。在此背景下,本章利用以哨兵二号卫星遥感为核心的大尺度、高分辨率 SOC 反演方法,通过图像处理和模型构建的前沿技术,并以近地高光谱传感技术作为模型精度的印证手段,为高分辨率的土壤可蚀性指标获取提供数据支撑。

本书利用哨兵二号光谱影像反演地表土壤参数的最新研究进展,建立以多时相哨兵二号图谱特征为核心的 SOC 高精度量化和高分辨率空间制图方法,并以近地土壤高光谱传感数据作为参照,对 SOC 遥感反演精度进行印证,得到研究区土壤有机碳和土壤质地空间分布图(图 4-1),为土壤可蚀性因子的空间可视化提供数据支撑。在此基础上,在 ArcGIS 10.6 软件应用土壤可蚀性因子计算公式[式(4-1)],得到整个研究区空间连续性的耕地土壤可蚀性因子分布图(图 4-2)。

由于研究区主要的土壤类型为黑土和灰棕壤等，土壤质地较细，土壤可蚀性因子预测值较小(0.016 8～0.020 3 t·hm^2·hm^{-2}·MJ^{-1}·mm^{-1})。

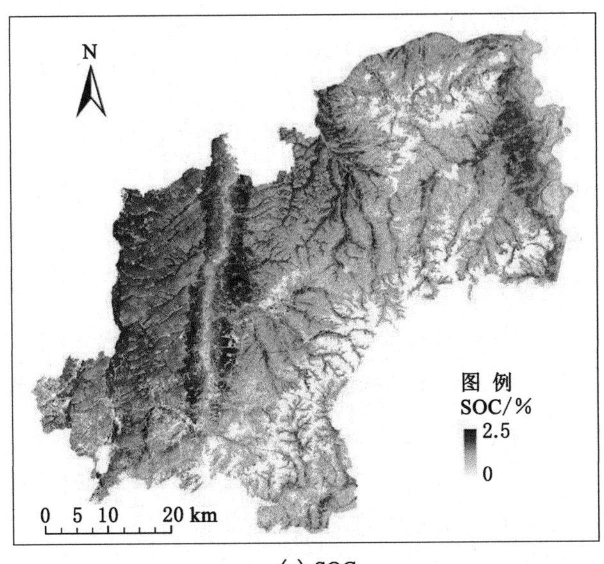

(a) SOC

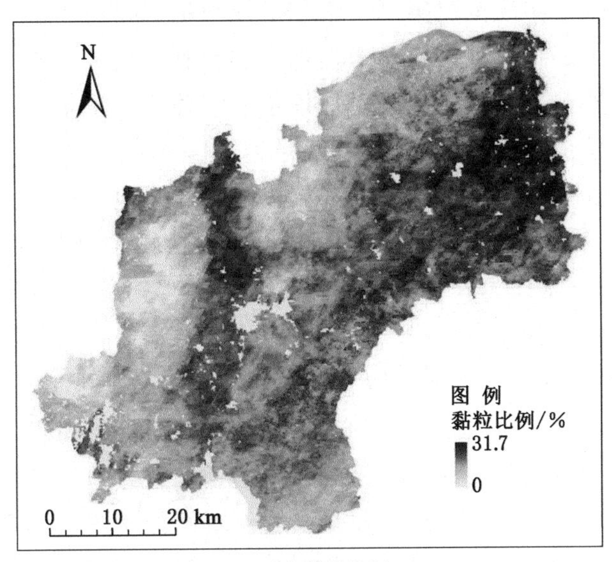

(b) 黏粒比例

图 4-1　研究区土壤有机碳和土壤质地空间分布图

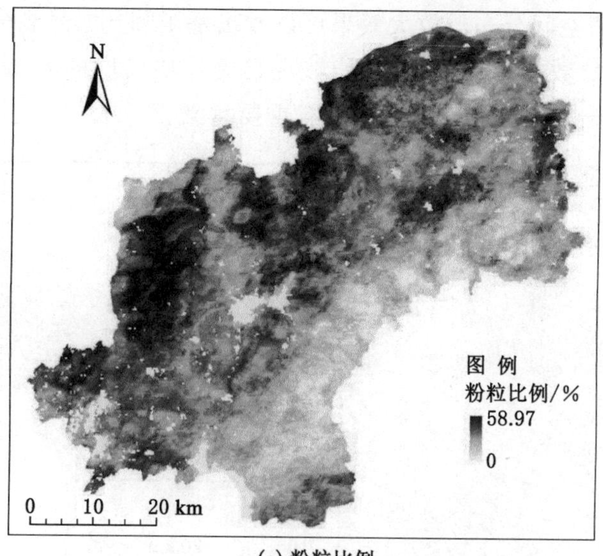

(c) 粉粒比例

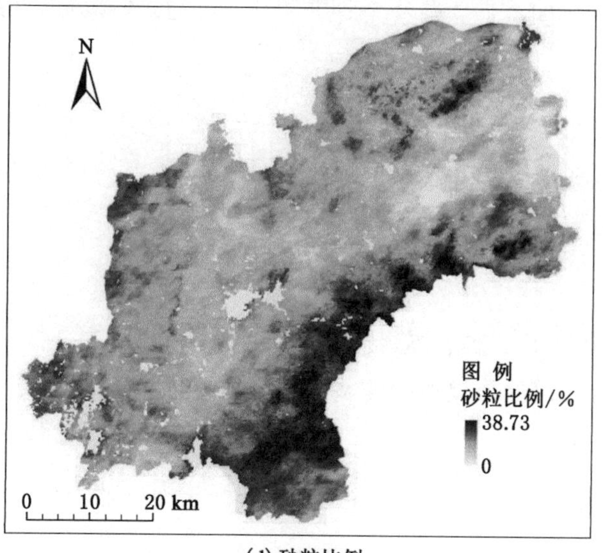

(d) 砂粒比例

图 4-1（续）

显而易见，研究区东南地区比西北地区具有更高的 SOC 含量以及更低的土壤可蚀性因子预测结果。

基于哨兵二号高分辨率遥感影像反演的 SOC 空间分布图，可以通过提升 SOC 图像的空间分辨率达到提高土壤可蚀性因子空间制图分辨率的目的。通过 K 值空间分布的放大效果可以看出基于哨兵二号高分辨率遥感影像反演的 SOC 数据计算的 K 值能够观察到地块尺度的 K 值空间异质特征，对于细化土壤侵蚀空间差异性具有重要意义。

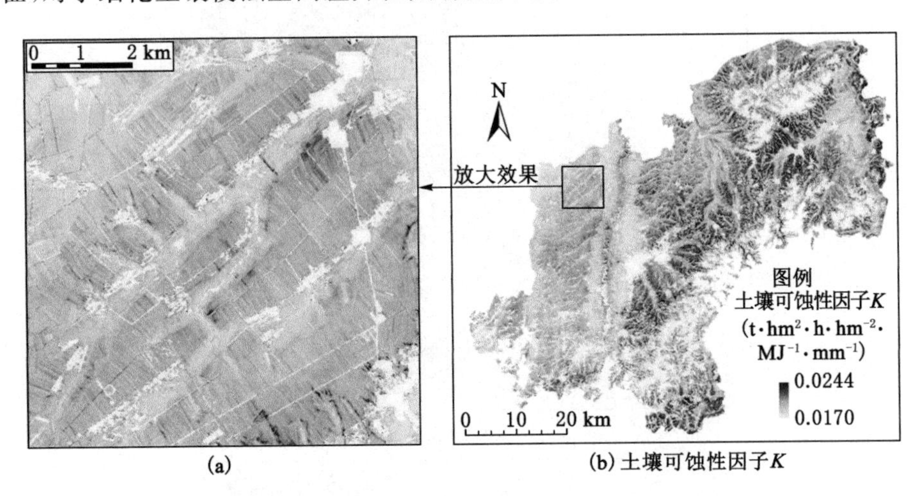

图 4-2 研究区土壤可蚀性因子空间分布图

4.1.2 基于土壤理化性质反演与多因子综合指数测算的土壤可蚀性评估

4.1.2.1 土壤可蚀性测算方法

本书选用以下 7 种传统土壤可蚀性测算方法（表 4-1）（Dong et al.，2022），并结合光谱反演模型构建多因子土壤可蚀性综合指数：

表 4-1 土壤可蚀性测算方法及计算公式

名称	简称	计算公式	参考文献
平均重量直径	MWD	$\mathrm{MWD}=\sum_{i=1}^{n} x_i y_i$ (4-2)	Le Bissonnais，2007
几何平均直径	GMD	$\mathrm{GMD}=\exp\left[\frac{\sum_{i=1}^{n}(y_i \ln x_i)}{\sum_{i=1}^{n} y_i}\right]$ (4-3)	Mazurak，1950
土壤结构稳定指数	SSSI	$\mathrm{SSSI}=100\%\times\frac{\mathrm{SOM}}{\mathrm{Clay}+\mathrm{Silt}}$ (4-4)	Pieri，1992
SOC 胶结剂指数	SCAI	$\mathrm{SCAI}=\frac{\mathrm{MWD}}{C}$ (4-5)	Jiang et al.，2019

表 4-1（续）

名称	简称	计算公式	参考文献
黏粒比	CR	$CR=\frac{(Sand+Silt)}{Clay}$ (4-6)	Bouyoucos，1935
K 因子	—	EPIC 公式 (4-7) $K=0.1317K_{epic}$ (4-8)	Sharpley et al.，1990
土壤可蚀性综合指数	CSEI	$CSEI=\sum_{i=1}^{n}W_{ei}S_{ei}$ (4-9)	Shi et al.，2018

注：其中，x_i 为第 i 粒级团聚体粒度的平均粒径，y_i 为第 i 粒级团聚体粒度重量；Sand 是土壤砂粒（0.05～2.0 mm）含量（%）；Silt 是土壤粉粒（0.002～0.05 mm）含量（%）；Clay 是土壤黏粒（<0.002 mm）含量（%）；C 是土壤有机碳含量（%）；$SOM=C\times1.724$，$SN1=1-\frac{Sand}{100}$；n 为指标个数，W_{ei} 和 S_{ei} 分别为第 i 个土壤可蚀性指数的权重和得分，各指标的权重和得分的计算方法见下文；$K_{epic}=\left\{0.2+0.3\exp\left[-0.0256Sand\left(1-\frac{Silt}{100}\right)\right]\right\}\times\left(\frac{Silt}{Clay+Silt}\right)^{0.3}\times\left[1-\frac{0.25C}{C+\exp(3.72-2.95C)}\right]\times\left[1-\frac{0.7SN_1}{SN_1+\exp(-5.51+22.9SN1)}\right]$，乘以 0.1317 后将美制单位转换为国际制单位。

土壤可蚀性综合指数的计算方法中，权重值通过主成分分析法计算得到，得分通过下列函数计算得到。

$$u(x)=\begin{cases}1, & x\geqslant b\\ \frac{x-a}{b-a}, & a<x<b\\ 0, & x\leqslant a\end{cases} \tag{4-10}$$

$$u(x)=\begin{cases}1, & x\leqslant b\\ \frac{x-a}{b-a}, & a>x>b\\ 0, & x\geqslant a\end{cases} \tag{4-11}$$

式中，SCAI、CR 和 K 与土壤可蚀性呈正相关，其得分采用公式（4-10）计算。MWD、GMD 和 SSSI 与土壤可蚀性呈负相关，其得分采用公式（4-11）计算（Dong et al.，2022）。需要强调的是，MWD、GMD、土壤有机碳、土壤质地（黏粒、粉粒、砂粒）的空间化数据均由光谱反演得到。

4.1.2.2 土壤属性（土壤团聚体稳定性、有机碳、质地）反演模型构建

利用 SNAP 软件 5.0 提取 200 个采样点的裸土像元数据，并选取 B2～B8，B8A，B11 和 B12 波段作为反演光谱模型的自变量，采用机器学习算法进行建模，开展土壤团聚体稳定性（本书选取 MWD 和 GMD 两个指

标)、土壤有机碳、土壤质地反演模型构建与空间表征。

模型构建方法通过对比偏最小二乘法回归、随机森林、支持向量机、人工神经网络等方法选取最优模型。其中,采用 10 倍交叉验证(10-fold cross-validation)来测试模型性能,之后使用独立的验证数据集对预测结果进行评价,评价指标包括决定系数(R^2)、均方根误差(RMSE)、相对分析误差(RPD)作为模型的评价标准,选用最优表现力模型。光谱反演模型的构建以及验证过程、土壤可蚀性综合指数空间量化过程均在 R 语言软件中完成。

4.2 土壤侵蚀模型的选取

修正的通用土壤流失方程在通用土壤流失方程和大量的土壤侵蚀实验数据的基础上不断完善改进形成的。该方程把降雨侵蚀力、植被覆盖度、土壤可蚀性地形(坡度、坡长)以及水土保持措施作为模型计算因子,对土壤侵蚀进行定量计算,由于模型结构相对简单、因子较易获取,成为目前应用最广泛的土壤侵蚀定量估算模型(邹雅婧 等,2019;李奎 等,2014),目前在中国东北黑土区已经得到了广泛的应用。因此,本书选用 RUSLE 作为研究区土壤侵蚀风险估算的模型。计算公式如下:

$$A = R \times K \times \mathrm{LS} \times C \times P \tag{4-12}$$

式中,A 是估算的土壤侵蚀模数($\mathrm{t \cdot hm^{-2} \cdot a^{-1}}$);$R$ 是降雨侵蚀力因子($\mathrm{MJ \cdot mm \cdot hm^{-2} \cdot h^{-1} \cdot a^{-1}}$);$K$ 是土壤可蚀性因子($\mathrm{t \cdot hm^{2} \cdot h \cdot hm^{-2} \cdot MJ^{-1} \cdot mm^{-1}}$);LS 是地形因子;$C$ 是植被覆盖与管理因子;P 是水土保持措施因子。

4.3 土壤侵蚀因子的计算

4.3.1 降雨侵蚀力因子

在所有的土壤侵蚀因子中,降雨是引起土壤侵蚀最直接的驱动因子(Jomaa et al.,2012),雨水以及所携带的动能对土壤颗粒及土壤团聚体进行猛烈冲击,之后产生地表径流,通过冲刷地表导致二次土壤侵蚀的发生

(赵猛 等,2020)。降雨侵蚀力因子是指由于降雨引起的土壤潜在侵蚀力,反映了因降雨导致土壤分离和搬运的动力,是修订的通用土壤流失方程中的基础因子之一(Renard,1997)。各地区气象站点的降雨量数据被不少学者应用于降雨侵蚀力因子的估算中。由于受气象站点数量以及插值方法是否完善的限制,基于气象站点数据估算的降雨侵蚀力因子存在误差。针对不同时间分辨率的降雨量数据,章文波等(2003)提出了相应的降雨侵蚀力因子计算方法,包括年降雨量法、月降雨量法、日降雨量法等。

4.3.1.1 降雨侵蚀力因子提取及计算方法

考虑到数据获取的难易程度,本书采用章文波等(2003)针对全国 66 个气象站降雨数据总结得出基于年降雨量估算降雨侵蚀力的模型。由于单一年份存在偶然性,因此利用 Worldclim 网站(https://www.worldclim.org/)下载到研究区 2010—2019 年的月降雨量数据,据此统计年均降雨量数据,进而计算研究区的降雨侵蚀力因子。计算公式如下:

$$R=\varepsilon X^{\alpha} \tag{4-13}$$

式中,R 是多年平均的降雨侵蚀力因子($MJ \cdot mm \cdot hm^{-2} \cdot h^{-1} \cdot a^{-1}$);$X$ 是年平均降雨量(mm);ε、α 是模型参数,$\varepsilon=0.066\ 8$,$\alpha=1.626\ 6$,决定系数为 0.828(章文波 等,2003)。降雨数据来源于 WorldClim(https://www.worldclim.org/)中的逐月降雨量数据,空间分辨率为 5 km,从中提取研究区的降雨量栅格数据。

4.3.1.2 降雨侵蚀力因子结果分析

基于 2010—2019 年逐年的年降雨量空间分布状况,得到研究区 2010—2019 年平均降雨量分布图[图 4-3(a)],将其代入公式计算研究区的 2010—2019 年平均降雨侵蚀力值,最后得到长春市九台区 2010—2019 年平均降雨侵蚀力因子空间分布图[图 4-3(b)]。由于研究区范围较小,因此降雨侵蚀力因子变化幅度较小(1 273.11～1 591.32 $MJ \cdot mm \cdot hm^{-2} \cdot h^{-1} \cdot a^{-1}$),呈现出由东南向西北方向逐渐降低的趋势,而且其中研究区东南部的坡耕地分布区降雨侵蚀力因子数值相对较高。

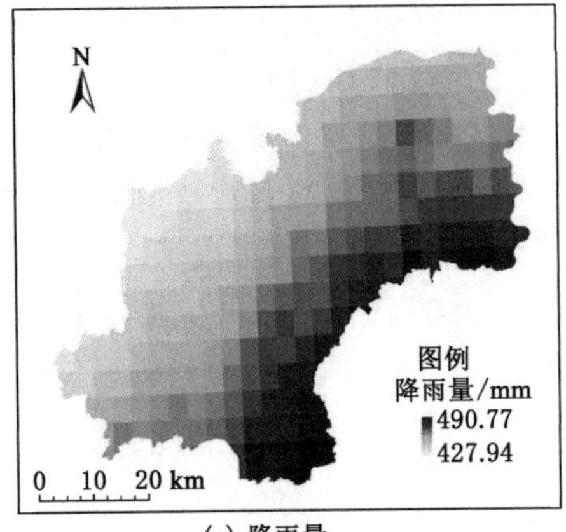

(a) 降雨量

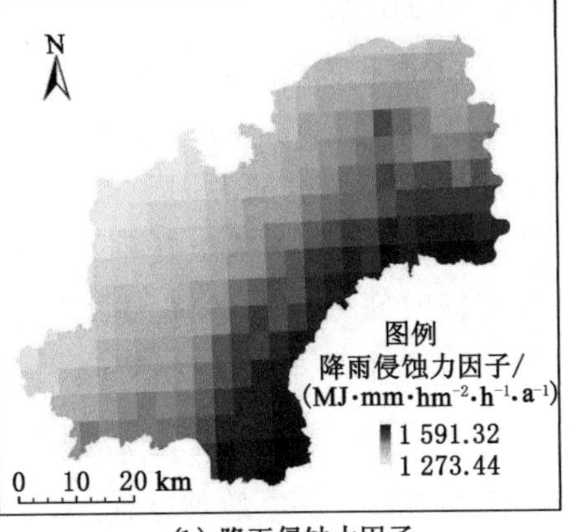

(b) 降雨侵蚀力因子

图 4-3 研究区降雨量及降雨侵蚀力因子空间分布图

4.3.2 地形因子

地形因素是影响土壤侵蚀的重要自然地理因素，在 RUSLE 中用 L（坡长因子）和 S（坡度因子）来计算地形因素对土壤侵蚀的贡献程度。其中，坡长因子是指在标准小区的条件下，任意坡长的坡地土壤流失量与标准小区坡长下的坡地土壤流失量的比值。坡度是影响地表径流和土壤侵蚀率的关键地表特征（Seutloali et al.，2015），径流对地表土壤的冲刷能力随着坡度的增加而增加。坡度因子是指在标准小区的条件下，任意坡度下坡地单位面积的土壤流失量与标准小区坡度下坡地单位面积的土壤流失量的比值（滕洪芬，2017）。在实际计算过程中，将两者合并为 LS（地形因子）考虑，由数字高程模型（digital elevation model，DEM）直接计算得到，本书采用的 DEM 数据为 ALOS DEM 数据，空间分辨率为 30 m。

4.3.2.1 地形因子提取及计算方法

对于坡度因子，采用了 Mccool（1987）提出的估算方法，并在东北黑土区得到了应用（顾治家 等，2020），计算公式如下：

$$S=\begin{cases}10.8\sin\theta+0.03, & \theta<5^\circ \\ 16.8\sin\theta-0.5, & 5^\circ\leqslant\theta\leqslant10^\circ \\ 21.9\sin\theta-0.96, & \theta>10^\circ\end{cases} \tag{4-14}$$

式中，θ 是坡度（°）。

根据本研究区的地形情况，依据 DEM 数据选择在东北黑土区具有较好适用性的（Wischmeier et al.，1978）建立的坡长因子的计算方法，进行计算：

$$L=\left(\frac{\lambda}{22.13}\right)^{m} \tag{4-15}$$

$$m=\begin{cases}0.2, & \theta\leqslant 0.5^{\circ}\\ 0.3, & 0.5^{\circ}<\theta\leqslant 1.5^{\circ}\\ 0.4, & 1.5^{\circ}<\theta\leqslant 2.5^{\circ}\\ 0.5, & \theta>2.5^{\circ}\end{cases} \tag{4-16}$$

式中，m 是坡长指数；λ 是坡长（m）；22.13 是标准小区的坡长。式中，θ 是坡度（°）。

具体的地形因子计算的过程中，涉及了坡度、坡长、水流方向以及汇流累积量等指标，流程见图 4-4。

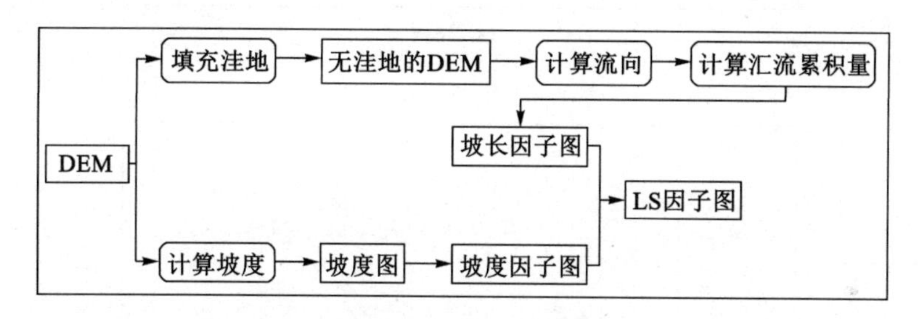

图 4-4 坡度坡长因子提取流程图

本书高程数据采用的是数字高程模型（DEM）数据，采用的具体类型是 ALOS DEM（空间分辨率为 30 m），来源于 NASA EARTHDATA（https://earthdata.nasa.gov/），并在此基础上通过 QGIS 3.10 软件获得研究区坡度、坡长以及坡向等地形栅格数据，用于提取研究区的坡长坡度因子。

4.3.2.2 地形因子结果分析

根据上述流程，得到了研究区 30 m 分辨率的 LS 因子空间分布图，过程中生成了研究区的高程、地形因子、坡度因子、坡向因子空间分布图（图 4-5）。通过对比研究区的 DEM 以及 LS 因子结果可以得知，在地形起伏不平的东南地区和东北地区，LS 因子值较大。而在地势平缓的中部和西部地区，LS 因子值明显较小。通过与坡长因子比较可以看出，LS 因子的空间分布情况更容易受到坡度因子的影响。

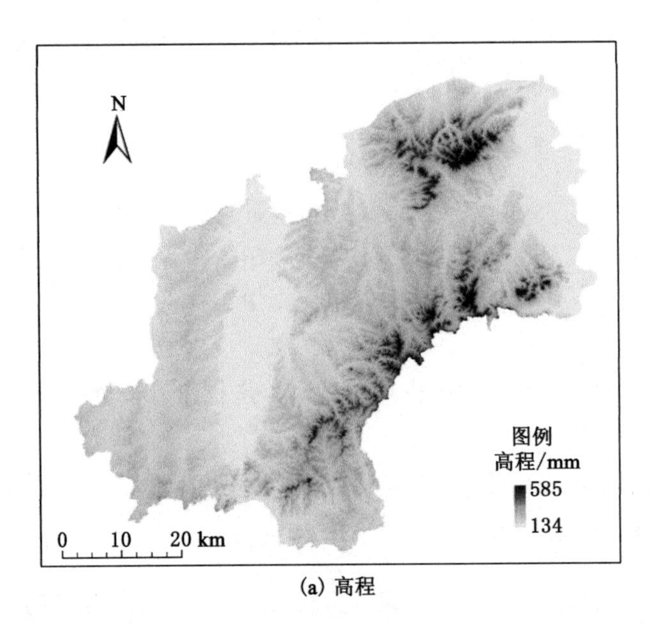

(a) 高程

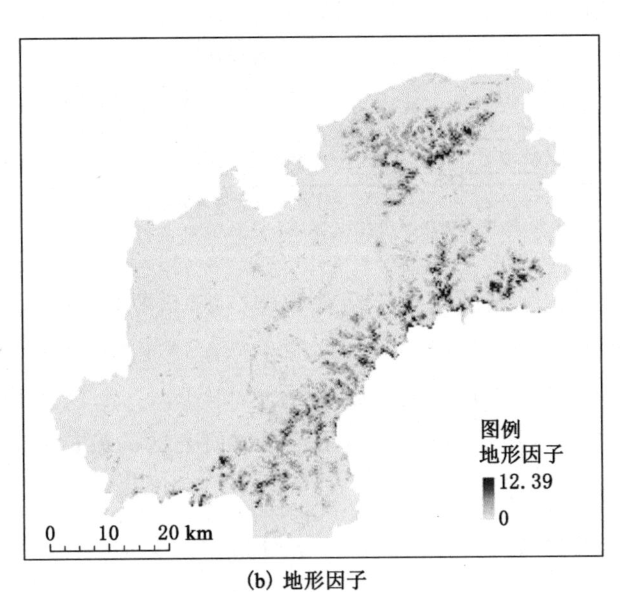

(b) 地形因子

图 4-5　研究区 30 m 分辨率高程、地形因子、坡度因子、坡向因子空间分布图

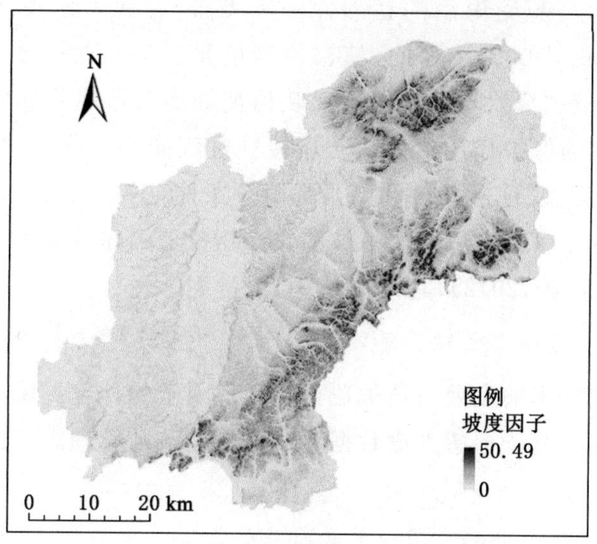

(c) 坡度因子

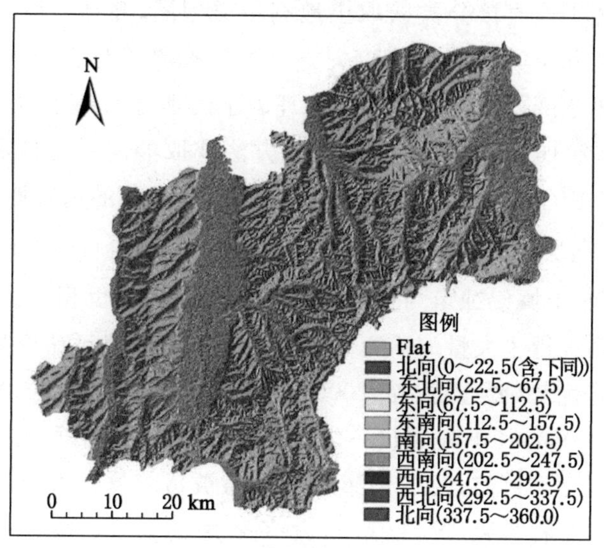

(d) 坡向因子

图 4-5（续）

4.3.3 植被覆盖与管理因子

众所周知，植被覆盖对土壤侵蚀的控制具有重要作用，经研究，土壤侵蚀速率随着植被覆盖度的减少而增加(Seutloali et al.，2015)。植被覆盖的增加能够使土壤免受雨滴的猛烈冲击和飞溅，有利于地表径流入渗土壤(Faucette et al.，2006)。因此，植被覆盖度是土壤侵蚀重要的指标之一。RUSLE中的植被覆盖与管理因子反映植被等地表覆盖物和农作物种植管理因子对土壤的保护作用以及对土壤侵蚀过程的抑制作用，被定义为在同等条件(土壤类型、地形条件和降雨强度等条件)下特定的植被覆盖与田间管理土地上的土壤流失量与无植被和农作物覆盖的休闲裸地上的土壤流失量的比值(陈龙 等，2012)，其值在0～1，无量纲。

4.3.3.1 植被覆盖与管理因子提取及计算方法

遥感光谱技术的发展为植被覆盖与管理因子的计算提供了大尺度范围的数据及方法。基于遥感光谱数据反演植被覆盖与管理因子的方法主要有以下几种。

1. 基于遥感数据的土地利用类型赋值法

利用遥感影像直接分类获取土地利用类型图，并结合既有文献中的经验值依据土地利用类型对土壤流失方程中植被覆盖与管理因子进行赋值，该方法在世界范围内的植被覆盖与管理因子的估算研究中得到了广泛应用(Teng et al.，2016；秦伟 等，2009)。该方法获取的同一土地利用类型的植被覆盖与管理因子为恒定数值，存在着估算不够准确的局限性。

2. 基于遥感数据的植被覆盖度计算方法

研究表明，土壤侵蚀量与植被覆盖度之间存在着负相关关系，学者对两者之间的关系进行了大量的研究。遥感监测法对大尺度研究区域植被覆盖度的估算具有优势(蔡崇法 等，2000)，包括光谱混合分析法、植被指数法等(牛宝茹 等，2005)，其中利用归一化植被指数(NDVI)估算植被覆盖度的方法应用较为广泛。目前，关于遥感手段在植被覆盖度计算方面的研究较多(李登科，2007；宋富强 等，2011)，大多采用的是Landsat TM、ETM＋、MODIS等，存在着分辨率低的局限性，对植被覆盖度的空间异质精细表达形成阻碍。目前使用较广泛的植被覆盖与管理因子定量估算方法是通过建立NDVI值与植被覆盖与管理因子之间的数学关系进行植被覆盖与管理因子的估算。本书采用植被覆盖度(V值)与植被覆盖与管理因子之间的关系来对研究区的植被覆盖与管理因子值进行估算(蔡崇法 等，2000)，计算公式如下：

$$V=\frac{NDVI-NDVI_{min}}{NDVI_{max}+NDVI_{min}} \tag{4-17}$$

$$\begin{cases} C=1, & 0\leqslant V\leqslant 0.001 \\ C=0.650\,8-0.343\,61\ln V, & 0.001<V\leqslant 0.783 \\ C=0, & V>0.783 \end{cases} \tag{4-18}$$

式中，V 是植被覆盖度；NDVI 是归一化植被指数，$NDVI_{max}$ 为最大值（纯植被像元的 NDVI 值），$NDVI_{min}$ 为最小值（纯裸土像元的 NDVI 值）。特别强调，本书采用的 NDVI 数据是基于哨兵二号遥感影像数据计算得到，分辨率为 10 m，使用之前已经对该数据集进行了大气校正、投影转换、遥感影像拼接以及裁剪等工作。

4.3.3.2　植被覆盖与管理因子结果分析

本书中植被覆盖与管理因子的计算是利用长春市九台区的遥感影像数据在 ArcGIS 10.6 软件中完成的，得到长春市九台区的植被覆盖度与管理因子空间分布图，过程中生成了研究区的植被覆盖度及植被覆盖度与管理因子空间分布图（图 4-6）。植被覆盖度总体上呈现出东南、东北高，中部、西部低的趋势，这与东部地区存在着大量的林地有关；植被覆盖度值和植被覆盖与管理因子值存在着反向相关的关系，V 值越大，植被覆盖与管理因子值越小。

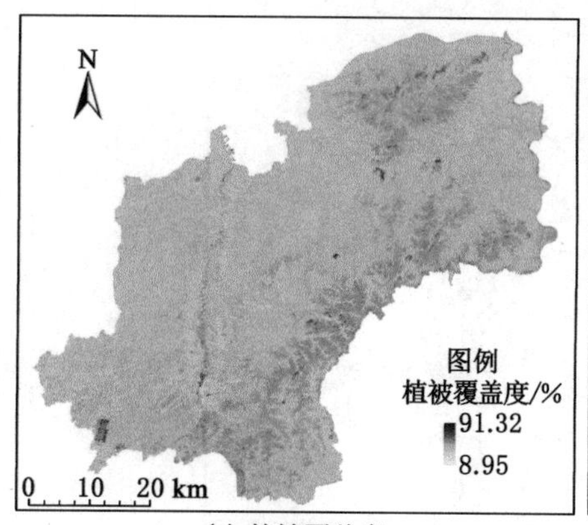

(a) 植被覆盖度

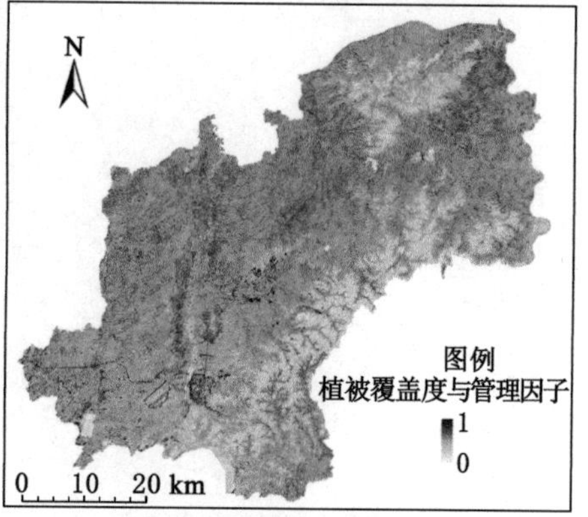

(b) 植被覆盖度与管理因子

图 4-6　研究区植被覆盖度及植被覆盖度与管理因子空间分布特征图

4.3.4 水土保持措施因子

水土保持措施因子(P)反映了水土保持措施对土壤侵蚀的抑制作用，被定义为采取水土保持措施下的土壤流失量与未采取水土保持措施的顺坡种植时的土壤流失量之比，其值范围在 0～1，无量纲。有研究表明，水土保持措施因子的计算对 RUSLE 结果的准确度至关重要，但目前并没有一种国际通用的 P 值赋值标准。本书参考以往的研究成果，根据研究区的实际情况，将研究区全区的 P 值赋值为 1。

4.4 土壤侵蚀空间格局

4.4.1 土壤侵蚀总体现状分析

通过前述估算的降雨侵蚀力因子(R)、土壤可蚀性因子(K)、地形因子(LS)、植被覆盖及管理因子(C)以及水土保持措施因子(P)，结合 RUSLE，得到研究区潜在土壤侵蚀模数 A，其空间分布特征如图 4-7(a)所示。

(a) 土壤侵蚀模数

图 4-7 研究区土壤侵蚀模数和强度等级空间分布图

(b) 土壤侵蚀强度等级

图 4-7（续）

研究区裸耕地的土壤侵蚀模数的变化范围为 0～264.59 $t \cdot hm^{-2} \cdot a^{-1}$，平均值为 7.09 $t \cdot hm^{-2} \cdot a^{-1}$。耕地中较高的土壤侵蚀模数均分布于东南部以及东北部的坡耕地，中部和西部平原耕地地区的土壤侵蚀模数较低。

依照我国水利部颁布的《黑土区水土流失综合防治技术标准》中的土壤侵蚀分级标准，可将土壤侵蚀程度划分为 6 个等级[表 4-2，图 4-7(b)]。从侵蚀面积上看，研究区耕地的土壤侵蚀状况以微度和轻度土壤侵蚀为主，分别占耕地总面积的 31.99%和 51.25%；紧随其后的是中度侵蚀，占耕地总面积的 11.14%；极强度和剧烈侵蚀的耕地占耕地面积的比例为 2.83%。从侵蚀分布上看，土壤侵蚀严重的耕地主要是分布在海拔较高、沟道分布较多(东南和东北低山丘陵区)的坡耕地，尤以沐石河街道、波泥河街道、上河湾镇、城子街街道、胡家回族乡、土们岭街道等 6 个乡镇最广。河流流经处的平坦地带(中部地区和西部地区)的耕地土壤侵蚀状况整体较轻，以微度侵蚀和轻度侵蚀为主。

表 4-2 研究区耕地不同土壤侵蚀强度等级面积统计表

侵蚀强度等级	侵蚀模数/$t \cdot hm^{-2} \cdot a^{-1}$	面积/km^2	占耕地总面积比例/%
1. 微度	$x \leqslant 2$	697.44	31.99
2. 轻度	$2 < x \leqslant 12$	1 117.43	51.25
3. 中度	$12 < x \leqslant 24$	242.93	11.14
4. 强度	$24 < x \leqslant 36$	60.70	2.78
5. 极强度	$36 < x \leqslant 48$	24.18	1.11
6. 剧烈	$x > 48$	37.51	1.72

4.4.2 地形/土壤因素对土壤侵蚀的影响分析

4.4.2.1 不同海拔高程的土壤侵蚀分析

本书基于 ArcGIS 的空间分析技术，在耕地土壤侵蚀分级以及高程情况的基础上，对不同高程下的土壤侵蚀状况进行分类汇总。根据研究区的实际情况，将高程划分为 120～250 m、251～380 m、381～590 m 共 3 个级别。综合土壤侵蚀强度级别和海拔高度来看(图 4-8)，低于 120 m 的海拔高程范围内，微度和轻度侵蚀占绝大比例，在高于 380 m 的海拔高度上，极强度和剧烈侵蚀所占的比例超过 80%；随着海拔高度的增加，存在着微度和轻度侵蚀所占比例逐渐减小，极强度和剧烈侵蚀所占比例逐渐增大的趋势。

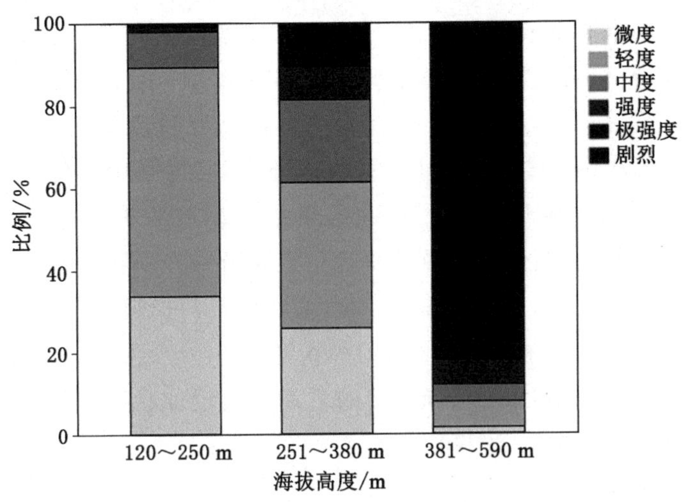

图 4-8 耕地不同海拔高度下的土壤侵蚀等级占比

4.4.2.2 不同坡度的土壤侵蚀分析

根据 2009 年水利部颁布的《黑土区水土流失综合防治技术标准》中坡度的分级标准，将地形坡度划分为 $x<3°$、$3°\leqslant x<5°$、$5°\leqslant x<8°$、$8°\leqslant x<15°$ 以及 $>15°$ 共 5 个级别，综合土壤侵蚀强度级别和地形坡度来看（图 4-9），存在着以下规律：① 5 个坡度等级中，微度和轻度侵蚀均占绝大比例；② 随着地形坡度的增加，存在着微度和轻度侵蚀所占比例逐渐减小，极强度和剧烈侵蚀所占比例逐渐增大的趋势。由此可见，坡度是引起研究区土壤侵蚀的一个重要原因。

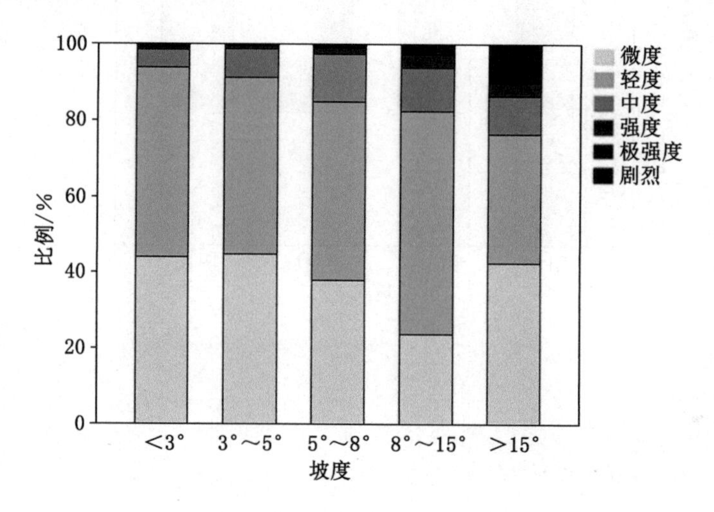

图 4-9 耕地不同坡度下的土壤侵蚀等级占比

4.4.2.3 不同坡向的土壤侵蚀分析

有学者指出，坡向通过影响日照时长以及土壤水分的再分布情况来影响植被的种类和分布情况，进而对土壤侵蚀造成影响。本书对不同坡向的设定规则见表 4-3。研究区耕地中按面积进行排序依次是阴坡（613.58 km^2，28.15%）、半阴坡（578.28 km^2，26.53%）、半阳坡（515.64 km^2，23.66%）和阳坡（471.65 km^2，21.65%）。耕地不同坡向的土壤侵蚀等级占比见图 4-10。由图 4-10 可以看出，整体上耕地阳坡的土壤侵蚀状况较阴坡略严重，原因可能是阳坡是东南季风的迎风坡，样品的水分蒸发情况较阴坡大，导致土壤含水量较低，从而降低了植被覆盖程度，导致土壤侵蚀情况更容易发生。

表 4-3　不同坡向的范围设定

坡向	阳坡	半阳坡	半阴坡	阴坡
度数	135～225°	90～135°、225～270°	45～90°、270～315°	0～45°、315～360°

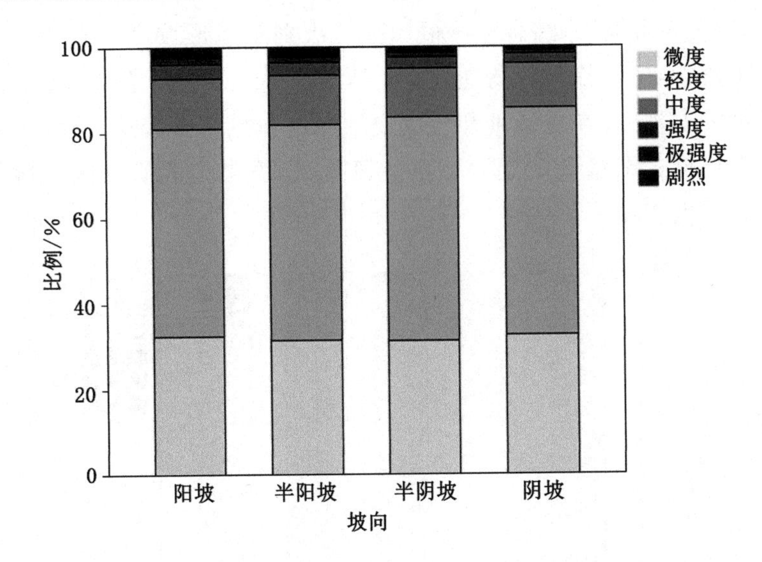

图 4-10　耕地不同坡向的土壤侵蚀等级占比

4.4.3　土壤侵蚀景观格局特征

4.4.3.1　土壤侵蚀景观指数的选取

把不同侵蚀强度理解为各种侵蚀强度镶嵌而成的侵蚀景观，利用 Fragstats4.2 软件计算斑块密度/边界指数、形状指数以及聚合度指数等指标进行土壤侵蚀景观格局分析。

1. 斑块密度/边界指数

陈世发(2018)和刘宇等(2011)指出，土壤保持功能差的斑块增加或者保持功能强的斑块减少会增强土壤侵蚀，因此研究斑块密度以及边界指数是判断土壤侵蚀变化的基础环节。在类型水平上，由某种侵蚀强度类型的斑块面积与斑块数量来计算斑块密度(PD)，以此来揭示侵蚀景观的破碎化程度。最大斑块指数(LPI)是指某种土壤侵蚀强度类型中最大侵蚀斑块面积与该侵蚀强度类型面积的比值，以此揭示该侵蚀强度类型最大斑块对整个研究区侵蚀景观的影响程度。

2. 形状指数

本书选取景观形状指数(LSI)来表示斑块类型集聚程度。斑块类型的空间分布在由集聚向分散变化或由分散向集聚变化的过程中,LSI均出现先增大后减小的趋势(陈世发,2018),当对土壤侵蚀起到抑制功能的斑块类型面积比例一定时,两者的值增大表明该类型的分布分散化(陈世发,2018)。

3. 聚合度指数

本书选取了聚合度指数(AI)来表示斑块类型的连接度。利用Fragstats 4.2软件通过对侵蚀斑块类型水平上的邻近矩阵计算得到AI。AI值越大,表示侵蚀景观集聚化程度越高,即侵蚀景观破碎程度越低。当斑块聚合为单独且结构紧凑时,聚集度为100。

4.4.3.2 土壤侵蚀景观格局

耕地不同土壤侵蚀强度等级水平上景观格局指数见表4-4。由表4-4可以看出,研究区耕地不同土壤侵蚀强度类型水平上斑块密度(PD)变化趋势如下:轻度侵蚀的斑块密度为最大值,呈现出斑块密度由微度到轻度先上升,而后逐渐降低的趋势。最大斑块指数(LPI)在不同侵蚀强度类型的分布与斑块密度的极其相似,其中轻度侵蚀的最大斑块指数最大,并呈现出由轻度到极强度侵蚀逐渐下降的趋势。研究区耕地微度和轻度侵蚀景观形状指数(LSI)较大,表明土壤侵蚀多集中于微度侵蚀和轻度侵蚀,并且呈现出随着侵蚀强度的增加,景观形状指数逐渐减小的趋势,其表明土壤侵蚀在极强度侵蚀和剧烈侵蚀的景观形状较为简单,微度、轻度、中度和强度侵蚀的景观形状相对较为复杂。最后,轻度侵蚀的聚合度指数(AI)最高,极强度侵蚀的聚合度指数最低。总体来说,微度和轻度土壤侵蚀类型的面积较大,分布较为集中,但是形状比较复杂,而极强度和剧烈侵蚀的分布零散,并且景观形状较为简单。

表4-4 耕地不同土壤侵蚀强度等级水平上景观格局指数

侵蚀强度等级	斑块密度 PD	最大斑块指数 LPI	景观形状指数 LSI	聚合度指数 AI
1. 微度	10.945 8	2.371 5	178.066 5	93.292 5
2. 轻度	15.781 2	8.750 2	178.669 3	94.683 1
3. 中度	9.630 8	0.090 1	149.728 7	90.449 4

表 4-4（续）

侵蚀强度等级	斑块密度 PD	最大斑块指数 LPI	景观形状指数 LSI	聚合度指数 AI
4. 强度	5.089 0	0.035 6	115.842 8	85.233 1
5. 极强度	3.195 6	0.009 0	92.469 5	81.350 6
6. 剧烈	2.679 1	0.012 3	91.204 1	85.245 0

4.4.4 土壤侵蚀空间格局特征

研究区耕地土壤侵蚀强度的全局空间自相关分析结果为 Moran’s I，指数为 0.209，在 0.05 的置信水平下 Z 值为 50.807，说明九台区土壤侵蚀强度的空间分布具有一定程度的空间正相关性和显著的空间聚集性。

利用 ArcGIS10.6 软件的 Anselin Local Moran’s I 工具计算研究区土壤侵蚀强度局部空间自相关指标的空间分布图，探测不同程度土壤侵蚀聚集区的空间分布情况[图 4-11(a)]。

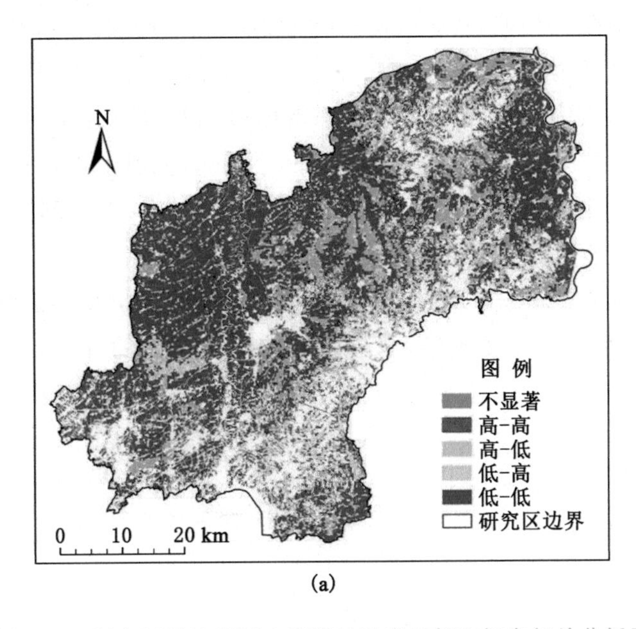

(a)

图 4-11 研究区耕地不同土壤侵蚀强度局部空间自相关分析及冷热点空间分布结果

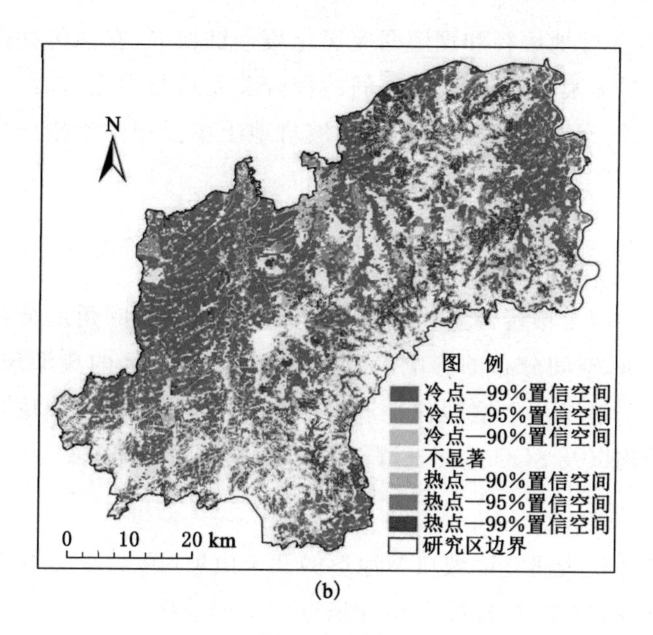

图 4-11（续）

由图 4-11(a)可知，九台区耕地土壤侵蚀强度的空间聚集状态表现出明显的“高-高”和“低-低”聚集特征，“高-高”聚集区面积占研究区耕地总面积的 8.10%左右，主要分布在东南和东北地区；“低-低”聚集区面积占研究区耕地总面积的 32.22%左右，主要分布在中部地区和西部地区。

利用 ArcGIS 10.6 软件的空间关联指数 Getis-Ord G_i^* 分析九台区耕地土壤侵蚀的冷热点空间分布情况，从 90%、95%、99%这 3 个置信水平上判断土壤侵蚀强度的冷热点空间分布特征[图 4-11(b)]。由图 4-11(a)与图 4-11(b)对比可知，九台区耕地土壤侵蚀强度的热点区与“高-高”聚集区位置高度重合，证明九台区耕地土壤侵蚀的严重区域集中分布在东南和东北的低山丘陵区。

4.5　侵蚀热点区典型坡面土壤有机碳空间迁移-再分布机制研究

研究区东南部与东北部为坡耕地的主要集中区域，结合上述侵蚀格局分析可知，这也是研究区的土壤侵蚀热点分布区，具有较强的土壤侵蚀现象。因此，为更好地解释和理解研究区土壤侵蚀格局，在强侵蚀热点区选取典型坡耕地对土壤侵蚀和 SOC 之间的耦合关系进行探索，加深土壤侵蚀对坡耕地 SOC 重分配的理解，对于典型坡耕地土壤侵蚀防治措施的实施具有重要意义。

4.5.1 坡面尺度野外土壤样品采集及理化性质测定

在分析县域土壤侵蚀空间格局的基础上，从坡面的角度分析土壤侵蚀对坡耕地 SOC 空间分布的影响，为此选择侵蚀热点区的典型坡耕地，进行土壤样品的采集以及土壤理化性质的测定，在坡面尺度对土壤侵蚀引起的土壤团聚结构以及 SOC 空间迁移-再分布的机制进行研究。

4.5.1.1 土壤样品采集

本书选择代表研究区域典型地形的 3 个山坡(图 4-12)。沿每个坡面选择三个采样点：坡顶点、侵蚀点和沉积点。每个采样点的面积约为 0.5 m×0.5 m，沿土壤剖面每隔 15 cm(即 0～15 cm、15～30 cm、30～45 cm)采集土壤样品，分析不同坡位和不同坡向中土壤侵蚀、沉积对 SOC 动态的影响，共采集了 27 个土壤样品。所采集的土样在实验室经 60 ℃烘箱干燥 72 h，并研磨过 2 mm 筛。处理后的土样储存在实验室中，直到进一步分析。

4.5.1.2 实验室化学成分分析

土壤 pH 值和土壤质地：首先对所有土壤样品进行了土壤 pH 值和土壤质地分析。将水土以 1∶2.5 的比例混合后，用 pH 值(PHS-3E)测定土壤的 pH 值。用 35%H_2O_2 去除有机质后，用激光衍射仪(LS 13320)分析土壤粒径分布，并根据美国农业部的分类标准确定土壤质地。

土壤团聚体分级：通过湿筛进行土壤团聚体分级，用于比较不同粒度间 SOC 的差异。首先将约 7g 土壤浸入去离子水中 5 min，使土壤团聚体通过崩解和溶胀进行分解(Shi et al.，2017)。然后用 250 μm 的筛子通过 50 次的手动振动提取出＞250 μm 的土壤团聚体，将剩余的土壤溶液转移到 63 μm 筛上，重复上述筛分程序以分离＜63 μm 部分，最终获得粒级为＞250 μm、63～250 μm 和＜63 μm 的土壤团聚体。最后，将不同粒级的土壤团聚体溶液经 60 ℃烘箱干燥 72 h，获取最终干燥的不同粒级的土壤团聚体材料。

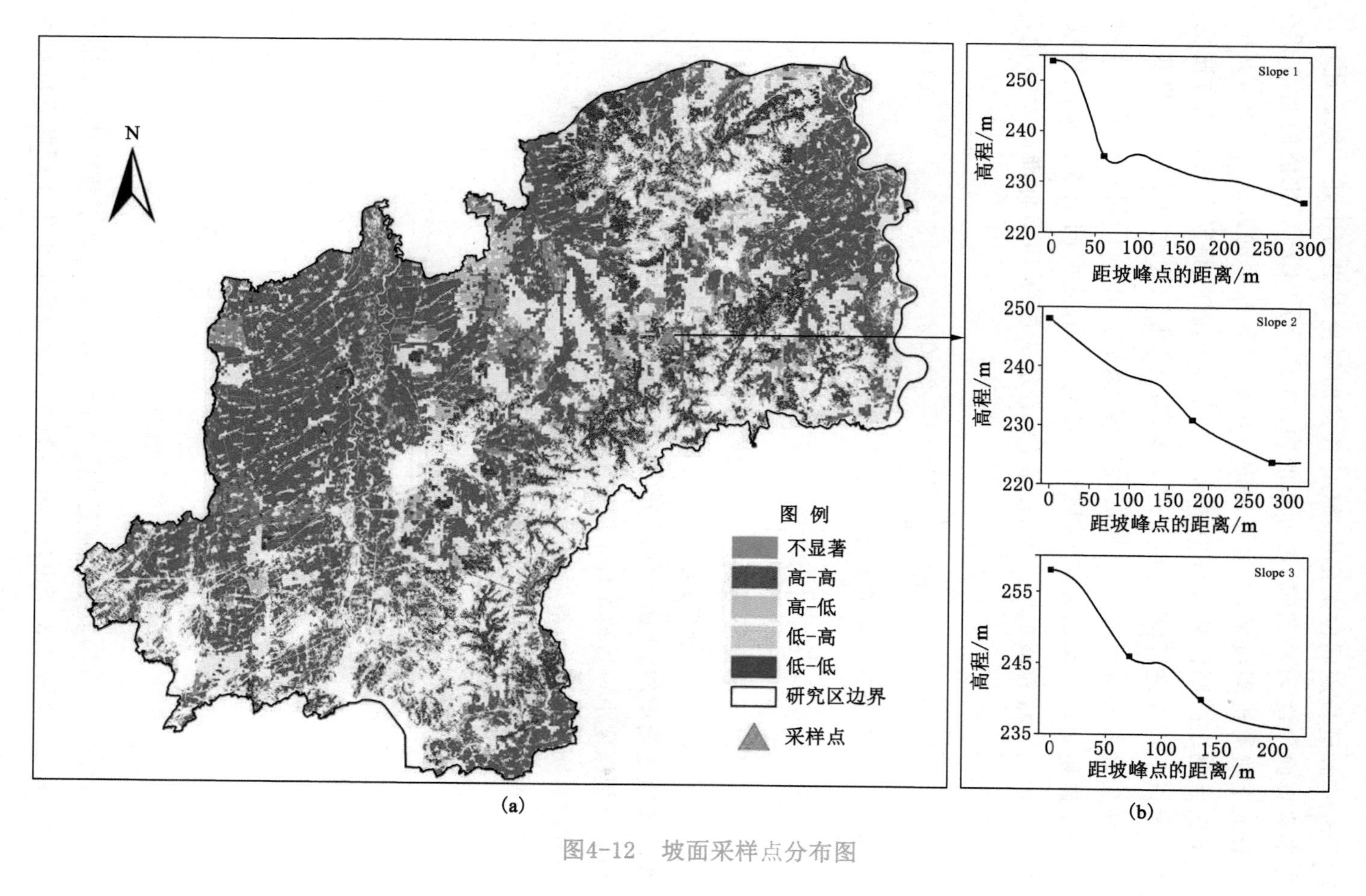

图4-12 坡面采样点分布图

SOC和碳稳定同位素比值：SOC含量的测量方法与上述一致。此外，为丰富坡面尺度SOC迁移-再分布的内涵，进行了$^{13}C/^{12}C$比值的测定，用以表征土壤有机碳质量；当前通用的分析稳定同位素的方法有很多，其中质谱法是测定碳同位素方法中最常用也是最精确的测定方法。该方法主要通过以下步骤进行测定：在上述土壤样品采集预处理的基础上，将测试样品转化分离成具有相应元素的纯气体，最后采用质谱仪按质荷比分离后测定碳稳定同位素的比率（刘哲，2019）。本书使用同位素比值质谱仪测量了不同土壤粒级的$^{13}C/^{12}C$比值，并表示为国际PDB标准的$\delta^{13}C$值，计算公式如下：

$$\delta=\left(\frac{R_{\text{sample}}}{R_{\text{standard}}}-1\right)\times 1\ 000 \tag{4-19}$$

式中，R是样品或国际标准中的$^{13}C/^{12}C$比率（Coplen，2011）。

4.5.2 坡面不同位置土壤团聚体粒级分布和土壤质地变化

比较通过湿筛程序测量的土壤团聚体粒径分布及其在不同坡位之间的变化情况，发现以下规律：首先，从山顶到坡底，黏土＋粉土部分（＜63 μm）所占比重逐渐增加，大团聚体部分（＞250 μm）所占比重逐渐减少；其次，在所有土壤深度中一致地发现了坡底土壤中微团聚体部分（63～250 μm）的百分比没有明显的变化；最后，并没有发现从表层土到底土的团聚体粒径分布变化的明确趋势。不同坡位和土壤深度的土壤团聚体粒径分布变化见图4-13。

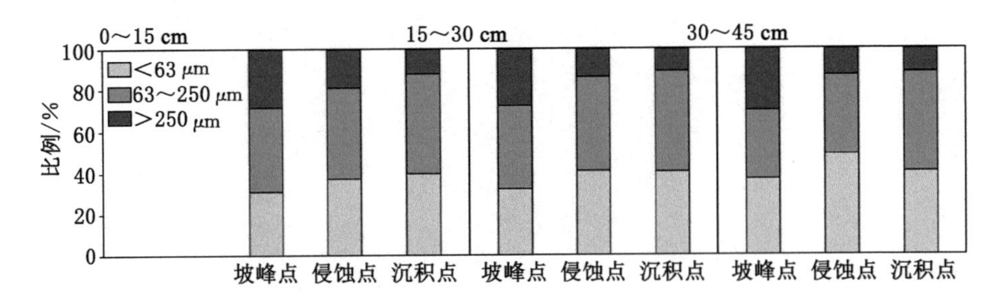

图4-13　不同坡位和土壤深度的土壤团聚体粒径分布变化图

坡顶至坡底土壤质地的演变见图4-14。图4-14统计了坡耕地的土壤质地演变特征（数据是3个山坡的平均数据），与观察到的由于细颗粒沉积导致的坡底黏土＋粉土含量增加不同，土壤质地特征在3个调查坡位基本上保持一致。这表明土壤侵蚀过程重新分配的土壤物质主要是土壤团聚体，而组成团聚体的初级颗粒的相对贡献率变化不大。

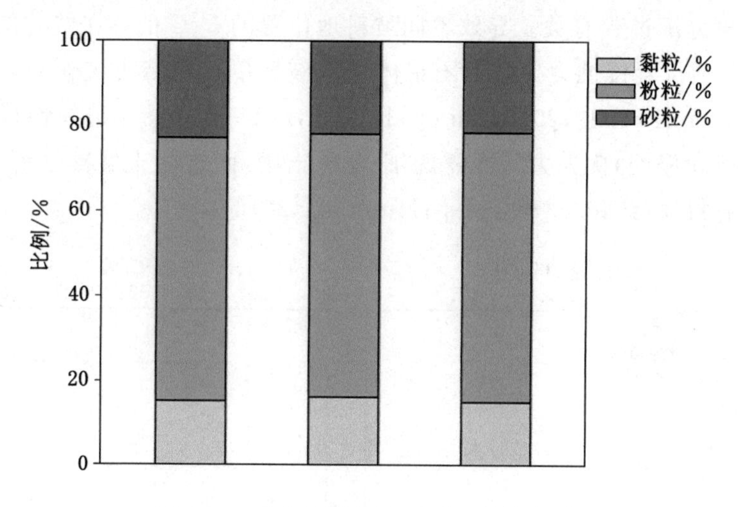

图4-14　坡顶至坡底土壤质地的演变图

4.5.3　基于碳稳定同位素示踪的SOC稳定性对土壤侵蚀的响应

坡面不同坡位SOC(a)和δ^{13}C(b)的垂直分布见图4-15。特别强调，图4-15仅报告了3个代表性山坡的平均SOC和δ^{13}C值及其标准差，发现在所有坡面位置SOC含量和δ^{13}C值两个指标的下降趋势一致。通过比较同一土层深度的结果可以发现，坡底SOC的含量最高，δ^{13}C值最负；坡峰点位置的SOC含量低于坡底位置，侵蚀点位置的SOC含量最低，其中土壤侵蚀过程导致富含有机碳的表土物质流失是造成侵蚀点SOC含量较低的可能原因。就δ^{13}C值而言，坡峰点和侵蚀点的土壤δ^{13}C值在所有深度上都相似。图4-15中SOC和δ^{13}C统计的较大标准偏差表明，即使在同一研究地点的相邻农田中，SOC也存在着显著的空间差异性，这与Shi等(2020)的研究结果相同。

大量研究表明，坡耕地底部位置的表土SOC含量较高(Doetterl et al.，2016；Berhe et al.，2018)，这与本书的研究结果一致，表明富含SOC的土壤物质优先从上坡位置移动，然后在下坡位置发生重新沉积，导致富含SOC的侵蚀土壤颗粒逐渐累积和掩埋，这也使坡耕地底部的底土(15～45 cm)

SOC浓度高于其他两个斜坡位置的表土(0～15 cm)SOC浓度。在本书中,富含有机碳的土壤颗粒从坡顶向坡脚的迁移不仅导致了较高的有机碳含量,而且还导致了更负的 $\delta^{13}C$ 值,这与"年轻"SOC的选择性迁移和土壤沿山坡的再分配过程有关。导致不同坡耕地位置的 $\delta^{13}C$ 值存在差异的机制包括:① 坡顶位置侵蚀力导致的团聚体结构破坏以及封装土壤颗粒有机碳的释放(Doetterl et al.,2016;Shi et al.,2018);② 通过尺寸选择性侵蚀过程(例如,层间侵蚀)优先去除裸露的细-轻质土壤,而这些土壤富含更年轻、不稳定的有机质(Palis et al.,1990;Hu et al.,2016)。

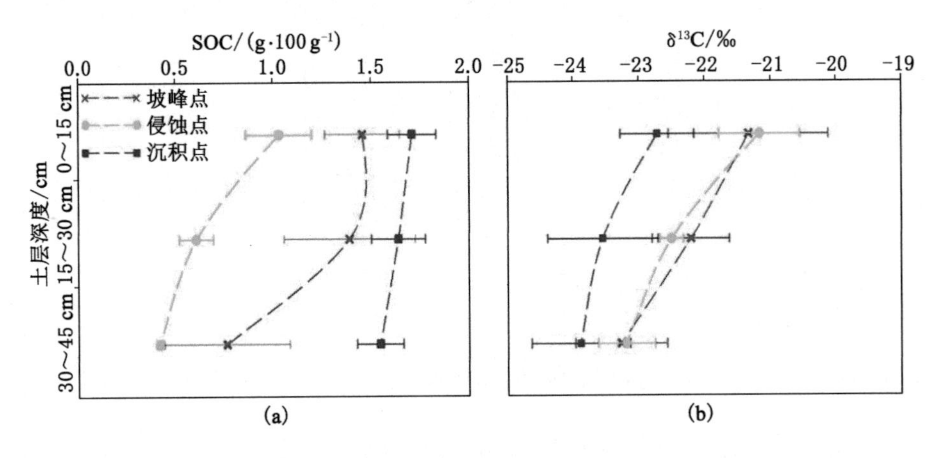

图4-15 坡面不同坡位SOC(a)和 $\delta^{13}C$(b)的垂直分布图

不同的团聚体粒径分布以及不同团聚体粒径类别之间SOC浓度的对比分布模式如图4-16所示。图4-16中的(a)、(b)、(c)3个子图分别代表0～15 cm、15～30 cm和30～45 cm深度,柱状图上方的字母a和b代表数据之间的显著性差异结果:字母不同,代表数据之间有显著性差异;字母相同,代表数据虽然有高低,但是差异不显著。研究发现,SOC浓度随团聚体大小的增加而增加意味着土壤团聚体形成的层次结构清晰。由此,由有机黏合剂聚集在一起的原生黏土+淤泥颗粒簇形成微团聚体,然后成为宏观团聚体的构建块(Tisdall et al.,1982;Six et al.,2000)。需要强调的是,SOC含量和团聚体粒径之间的正相关关系并不总是显示出统计意义,尤其是对于坡峰点和侵蚀点位置。这可能归因于山坡之间SOC的高度空间变异性。由图4-16可以看出,在每个独立的坡面上,团聚体等级与SOC浓度之间的变化趋势一致。

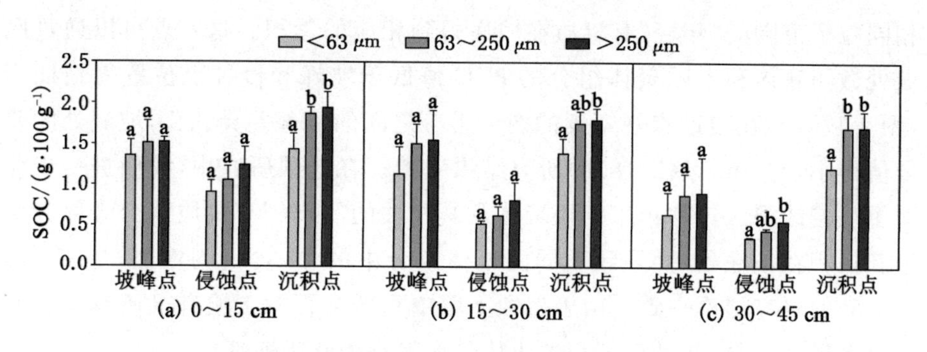

图 4-16 各坡位不同粒径等级 SOC 浓度的比较

各坡位不同粒径等级 $\delta^{13}C$ 值的比较见图 4-17。图 4-17 显示了 $\delta^{13}C$ 随团聚体粒径、坡面位置以及土壤深度的变化，其中(a)、(b)、(c)3 个子图分别代表 0～15 cm、15～30 cm 和 30～45 cm 深度，柱状图上方的字母 a 和 b 代表数据之间的显著性差异结果：字母不同，代表数据之间有显著性差异；字母相同，代表数据虽然有高低，但是差异不显著。无论团聚体粒级如何，由于"年轻"有机质优先从坡峰迁移至底坡沉积，底坡土壤的 $\delta^{13}C$ 值更负，而 $\delta^{13}C$ 通常从表土(0～15 cm)到底土(30～45 cm)降低，这可能是由于转化为玉米农田前土壤中 C3 衍生有机碳的富集。通过比较不同粒径组分的 $\delta^{13}C$ 值，侵蚀点微团聚体和大团聚体组分的 $\delta^{13}C$ 值显著高于(＜63 μm)组分，而其他坡位粒径 $\delta^{13}C$ 的分布规律不明显。微团聚体和大团聚体组分的 $\delta^{13}C$ 值较高表明，与黏土＋粉土组分相比，与这些组分相关的有机碳在年轻有机质中耗尽。这可能意味着，在侵蚀点处，微团聚体和大团聚体组分(＞63 μm)被侵蚀力分解的过程中，先前被包裹的低 $\delta^{13}C$ 值颗粒有机质被释放，随后在底坡重新沉积，导致侵蚀点(＞63 μm)组分中的"年轻"有机质流失，并导致

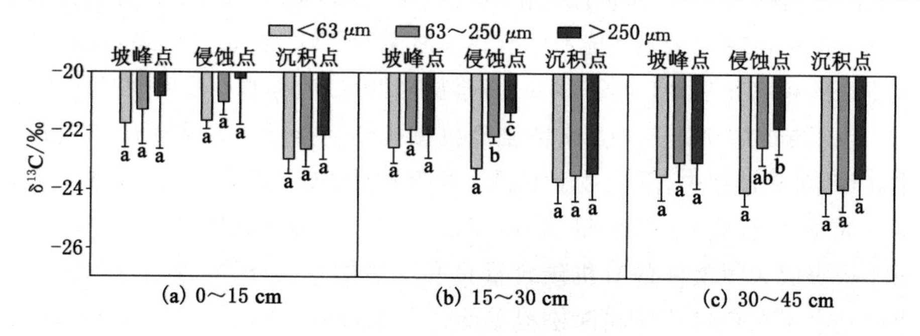

图 4-17 各坡位不同粒径等级 $\delta^{13}C$ 值的比较

相同粒径范围的“年轻”有机质在坡底得到相应的累积。这一点可以通过底坡处微团聚体和大团聚体组分的 $\delta^{13}C$ 值低于坡峰和侵蚀点位置得到证实(图 4-17),与在侵蚀点观察到的两个组分之间的显著差异相比,坡底处的差异值最小,与 Shi 等(2018)的研究结果一致。在这项研究中,我们进一步证明了从侵蚀源区迁移出来的团聚体及其相关的“年轻”有机质至少会部分地重新沉积在坡底处,并导致不同团聚体组分中的 ^{13}C 含量均增加,与 Hu 等(2016)的研究结论一致。由于侵蚀土壤中重新沉积的土壤有机质具有较高的分解能力,因此在坡底沉积的土壤具有较高的呼吸速率。

以上的研究表明,坡面侵蚀引起了局部 SOC 含量的降低以及质量退化,应在容易发生侵蚀的坡面位置采取相应的土壤侵蚀防治措施以保护和稳定 SOC;同时也证明了高分辨率反演 SOC 对于识别田块尺度土壤可蚀性的实用性。

4.5.4 面向土壤侵蚀防治的坡耕地土壤固碳和保护建议

为了实现农用地生产力的可持续发展,秸秆还田、施加有机肥、免耕、深松覆盖等保护性耕作措施已经在各地实施,这对于增加农田 SOC 含量具有重要意义(Lu et al.,2009)。从上述实验内容可以看出,东北低山丘陵区坡耕地在土壤侵蚀-沉积的作用下,SOC 在坡面尺度上重新分布,呈现出明显的数量和质量的空间分异。SOC 在侵蚀区大量流失,沉积区累积增加,这证明坡面侵蚀区具有较强的固碳潜力。在此基础上,从坡面尺度有针对性地对坡耕地侵蚀区采取固碳措施具有重要意义。

(1) 秸秆还田是增加 SOC 的最有效方式(王小彬 等,2000)。李景等(2015)通过探讨 15 年保护性耕作对坡耕地 SOC 的影响,得出只有结合秸秆还田的保护性耕作措施才能有效获得增加耕地 SOC 含量的效果,仅通过减少耕作的频率和强度(免耕、少耕)等措施对 SOC 的提高并没有明显作用。

(2) 传统的耕作方式带来的剧烈机械扰动使土壤中的大团聚体遭到严重破坏,在此过程中,原先被土壤团聚体保护的 SOC 被释放出来,进而增加了 SOC 的分解速率(李景 等,2015;Six et al.,2000);免耕覆盖和深松覆盖对土壤表层大团聚体的有机碳含量具有明显的提高作用(李景 等,2015)。可能是由于在免耕覆盖和深松覆盖的过程中,动植物残体有机碳加入并与土壤大团聚体进行结合,促进了 SOC 含量的增加与固定,使其在表层土壤中的富集程度加深(Castro et al.,2002)。

(3) 东北低山丘陵区坡耕地耕作方式以粗放经营为主,广种薄收,大多采取顺坡垄作的方式,垄作方式的改变对于控制土壤侵蚀过程、固定坡耕地侵蚀区 SOC 极为重要。其中,横坡垄作是黑土低山丘陵区坡耕地防治土壤侵蚀应用最广泛的保护措施(王宝桐 等,2008;刘平奇,2020)。横坡垄作通过有效拦截地表径流、增加土壤入渗具有减少土壤侵蚀以及保持土壤增加产量的功能。

(4) 对 15°以上的陡坡耕地实施退耕还林,对 15°以下的坡耕地综合采取工程措施与植被措施,因地制宜地修筑梯田、田间地埂植被带等。坡耕侵蚀区植被恢复过程增加了土壤碳含量,新形成的团聚体对于原有的有机碳也起到了一定的保护作用。

本章参考文献

蔡崇法,丁树文,史志华,等,2000. 应用 USLE 模型与地理信息系统 IDRISI 预测小流域土壤侵蚀量的研究[J]. 水土保持学报,14(2):19-24.

陈龙,谢高地,裴厦,等,2012. 澜沧江流域生态系统土壤保持功能及其空间分布[J]. 应用生态学报,23(8):2249-2256.

陈世发,2018. 南方红壤区典型流域土壤侵蚀格局与风险评价[D]. 福州:福建师范大学.

顾治家,谢云,李骜,等,2020. 利用 CSLE 模型的东北漫川漫岗区土壤侵蚀评价[J]. 农业工程学报,36(11):49-56.

李登科,郭铌,何慧娟,2007. 陕北长城沿线风沙区植被指数变化及其与气候的关系[J]. 生态学报,27(11):4620-4629.

李景,吴会军,武雪萍,等,2015. 15 年保护性耕作对黄土坡耕地区土壤及团聚体固碳效应的影响[J]. 中国农业科学,48(23):4690-4697.

李奎,岳大鹏,刘鹏,等,2014. 基于 GIS 与 RUSLE 的榆林市土壤侵蚀空间分布研究[J]. 水土保持通报,34(6):172-178.

刘平奇,2020. 不同耕作措施下东北黑土平/坡耕地有机碳平衡及影响因素研究[D]. 北京:中国农业科学院.

刘宇,吕一河,傅伯杰,2011. 景观格局-土壤侵蚀研究中景观指数的意义解释及局限性[J]. 生态学报,31(1):267-275.

刘哲,2019. 西藏拖浪拉钨钼多金属矿床地质特征与成因研究[D]. 北京:中国地质大学(北京).

牛宝茹,刘俊蓉,王政伟,2005. 干旱区植被覆盖度提取模型的建立[J]. 地球信息科学,7(1):84-86,97,131.

秦伟,朱清科,张岩,2009. 基于 GIS 和 RUSLE 的黄土高原小流域土壤侵蚀评估[J]. 农业工程学报,25(8):157-163.

宋富强,康慕谊,郑壮丽,等,2011. 陕北黄土高原地区土地利用/覆被分类及验证[J]. 农业工程学报,27(3):316-324.

滕洪芬,2017. 基于多源信息的潜在土壤侵蚀估算与数字制图研究[D]. 杭州:浙江大学.

王宝桐,丁柏齐,2008. 东北黑土区坡耕地防蚀耕作措施研究[J]. 东北水利水电,26(1):64-65,72.

王小彬,蔡典雄,张镜清,等,2000. 旱地玉米秸秆还田对土壤肥力的影响[J]. 中国农业科学,33(4):54-61.

章文波,付金生,2003. 不同类型雨量资料估算降雨侵蚀力[J]. 资源科学,25(1):35-41.

赵猛,姚吉利,王建,等,2020. 北京市山区小流域治理前后土壤侵蚀强度及空间格局分析[J]. 生态科学,39(5):115-123.

邹雅婧,闫庆武,谭学玲,等,2019. 渭北矿区土壤侵蚀评估及驱动因素分析[J]. 干旱区地理,42(6):1387-1394.

BERHE A A, BARNES R T, SIX J, et al., 2018. Role of soil erosion in biogeochemical cycling of essential elements: carbon, nitrogen, and phosphorus[J]. Annual review of earth and planetary sciences, 46: 521-548.

BOUYOUCOS G J, 1935. The clay ratio as a criterion of susceptibility of soils to Erosion1[J]. Agronomy journal, 27(9): 738-741.

CASTRO FILHO C, LOURENCO A, DE F GUIMARÃES M, et al., 2002. Aggregate stability under different soil management systems in a red latosol in the state of Parana, Brazil[J]. Soil and tillage research, 65(1):

45-51.

DOETTERL S, BERHE A A, NADEU E, et al., 2016. Erosion, deposition and soil carbon: a review of process-level controls, experimental tools and models to address C cycling in dynamic landscapes[J]. Earth-Science reviews, 154: 102-122.

DONG L B, LI J W, ZHANG Y, et al., 2022. Effects of vegetation restoration types on soil nutrients and soil erodibility regulated by slope positions on the Loess Plateau[J]. Journal of environmental management, 302: 113985.

FAUCETTE L, RISSE L, JORDAN C, et al., 2006. Vegetation and soil quality effects from hydroseed and compost blankets used for erosion control in construction activities [J]. Journal of soil & water conservation, 61(6): 355-362.

HU Y X, BERHE A A, FOGEL M L, et al., 2016. Transport-distance specific SOC distribution: does it skew erosion induced C fluxes? [J]. Biogeochemistry, 128(3): 339-351.

JIANG Y L, ZHENG F L, WEN L L, et al., 2019. Effects of sheet and rill erosion on soil aggregates and organic carbon losses for a Mollisol hillslope under rainfall simulation[J]. Journal of soils and sediments, 19(1): 467-477.

JOMAA S, BARRY D A, BROVELLI A, et al., 2012. Rain splash soil erosion estimation in the presence of rock fragments[J]. Catena, 92: 38-48.

LE BISSONNAIS Y, BLAVET D, DE NONI G, et al., 2007. Erodibility of mediterranean vineyard soils: relevant aggregate stability methods and significant soil variables[J]. European journal of soil science, 58(1): 188-195.

LU F, WANG X K, HAN B, et al., 2009. Soil carbon sequestrations by nitrogen fertilizer application, straw return and no-tillage in China's cropland[J]. Global change biology, 15(2): 281-305.

MAZURAK A P, 1950. Effect of gaseous phase on water-stable synthetic aggregates[J]. Soil science, 69(2): 135-148.

MCCOOL D K, BROWN L C, FOSTER G R, et al., 1987. Revised slope steepness factor for the universal soil loss equation[J]. Transactions of the ASAE, 30(5): 1387-1396.

PALIS R G, OKWACH G, ROSE C W, et al., 1990. Soil erosion processes and nutrient loss. 1. The interpretation of enrichment ratio and nitrogen loss in runoff sediment[J]. Soil research, 28(4): 623-639.

PIERI, C J M G, 1992. Fertility of soils: a future for farming in the West African Savannah[M]. Berlin: Springer.

RENARD K G, 1997. Predicting soil erosion by water: a guide to conservation planning with the revised universal soil loss equation (RUSLE)[M]. Washington, D. C.: U. S. Department of Agriculture, Agricultural Research Service.

SEUTLOALI K E, BECKEDAHL H R, 2015. Understanding the factors influencing rill erosion on roadcuts in the south eastern region of South Africa[J]. Solid earth, 6(2): 633-641.

SHARPLEY A N, WILLIAMS J R, 1990. EPIC-erosion/productivity impact calculator: 1. Model documentation [R]. Washington, DC: USDA Technical Bulletin.

SHI P, ARTER C, LIU X Y, et al., 2017. Soil aggregate stability and size-selective sediment transport with surface runoff as affected by organic residue amendment[J]. The science of the total environment, 607/608: 95-102.

SHI P, CASTALDI F, VAN WESEMAEL B, et al., 2020. Vis-NIR spectroscopic assessment of soil aggregate stability and aggregate size distribution in the Belgian loam belt[J]. Geoderma, 357: 113958.

SHI P, SCHULIN R, 2018. Erosion-induced losses of carbon, nitrogen, phosphorus and heavy metals from agricultural soils of contrasting organic matter management[J]. The science of the total environment,

618:210-218.

SIX J,ELLIOTT E T,PAUSTIAN K,2000. Soil macroaggregate turnover and microaggregate formation:a mechanism for C sequestration under no-tillage agriculture[J]. Soil biology and biochemistry,32(14):2099-2103.

TENG H F,VISCARRA ROSSEL R A,SHI Z,et al.,2016. Assimilating satellite imagery and visible-near infrared spectroscopy to model and map soil loss by water erosion in Australia[J]. Environmental modelling & software,77:156-167.

TISDALL J M, OADES J M, 1982. Organic matter and water-stable aggregates in soils[J]. Journal of soil science,33(2):141-163.

WISCHMEIER W H,MANNERING J V,1969. Relation of soil properties to its erodibility[J]. Soil science society of America journal, 33(1): 131-137.

WISCHMEIER W H,SMITH D D,1978. Predicting rainfall erosion losses: a guide to conservation planning[M]. Washington,D. C.:US Department of Agriculture.

5 土地利用变化的土壤侵蚀空间响应

在影响土壤侵蚀的因子中，土壤和地形因子在一定时期内是相对稳定的，而土地利用与气候因子在短时期内的变化却相对显著，可成为影响土壤侵蚀变化的主要驱动因子（王晓东 等，2014），其中土地利用因素是唯一的可人为调控因素。因此，掌握土地利用变化趋势，并结合区域土壤侵蚀严重程度，科学调控土地资源配置，治理黑土区土壤侵蚀问题，形成合理国土空间开发保护格局具有重要意义。目前研究仅限于针对不同土地利用类型的土壤侵蚀量简单统计，缺乏进一步的研究。本章节以研究区的土地利用数据、水文、地形、土壤、植被数据为基础，基于 ArcGIS 平台的叠加分析、区域统计等方法分析研究区土地利用变化的主要特征，并在此基础上使用 GWR 模型分析不同土地利用变化对长春市九台区低山丘陵区土壤侵蚀的影响，划分土壤侵蚀风险管控分区。

5.1 土地利用变化研究

根据各类土地的含义和长春市九台区的具体情况，将土地利用类型划分为 6 类，即耕地、林地、草地、水域、建设用地和其他用地，并利用土地利用转移矩阵进行分析。土地利用转移矩阵可以得到与一定研究时间内的各种土地流出方向及相对应的流出数量。土地利用分类体系表见表 5-1。

表 5-1 土地利用分类体系表

土地利用类型	含义
耕地	指种植农作物的土地，包括熟耕地、新开荒地、休闲地、轮歇地、草田轮作物地；以种植农作物为主的农果、农桑、农林用地；耕种 3 年以上的滩地和海涂
林地	指生长乔木、灌木、竹类以及沿海红树林地等林业用地

表 5-1（续）

土地利用类型	含义
草地	指以生长草本植物为主，覆盖度在5%以上的各类草地，包括以牧草为主的灌丛草地和郁闭度10%以下的疏林草地
水域	指天然陆地水域和水利设施用地
建设用地	指用于城乡居民点及工矿、交通等建设的土地
其他用地	指上述土地利用类型以外的其他类型的土地

5.1.1　土地利用数量变化特征

本部分内容基于1996年、2009年和2019年3期土地利用数据，通过构建1996—2009年、2009—2019年土地利用变化图谱，解释九台区土地利用变化规律。研究区土地利用结构变化统计表见表5-2。研究区1996年、2009年和2019年土地利用现状图见图5-1。

表 5-2　研究区土地利用结构变化统计表

土地利用类型	1996年		2009年		2019年		1996—2009年均	2009—2019年均
	面积/km^2	比例/%	面积/km^2	比例/%	面积/km^2	比例/%	变化率/%	变化率/%
耕地	2 099.86	63.75	2 210.12	67.09	2187.85	66.42	0.004 04	−0.001 01
林地	606.69	18.42	601.56	18.26	601.33	18.25	−0.000 65	−0.000 04
草地	125.11	3.80	30.59	0.93	27.74	0.84	−0.058 11	−0.009 33
建设用地	272.76	8.28	303.42	9.21	331.11	10.05	0.008 65	0.009 13
水域	184.87	5.61	137.45	4.17	135.02	4.10	−0.019 73	−0.001 77
未利用地	4.80	0.15	10.95	0.33	11.04	0.34	0.098 57	0.000 81

由研究区土地利用现状图（图5-1）和土地利用结构转型统计表（表5-2）发现，1996年、2009年以及2019年研究区主要的土地利用类型是耕地和林地，二者占比合计均超过80%，这与研究区位于中国主要商品粮生产基地有很大的关系。研究区1996—2009年耕地资源数量增加，由期初的2 099.86 km^2增长至2009年的2 210.12 km^2；其中林地、草地和水域等重要

生态用地面积均发生不同程度的缩减，草地的减少幅度最大；建设用地面积增加幅度不大，其年均变化率达到 0.009%；未利用地的增长幅度最大，年均变化率达到了 0.099%。研究区 2009—2019 年耕地资源数量减少，由 2009 年的 2 210.12 km^2 下降至 2019 年的 2 187.85 km^2；建设用地面积增加幅度最大，其年均变化率高达 0.009%；其中林地、草地和水域等重要生态用地面积均发生不同程度的缩减。综上，研究期内，九台区耕地面积先增加后减少，林地、草地和水域等重要生态用地面积在两个时期内发生不同程度的减少，其中在 2009—2019 年水域和草地的减少尤为明显，建设用地和未利用地面积持续增加。

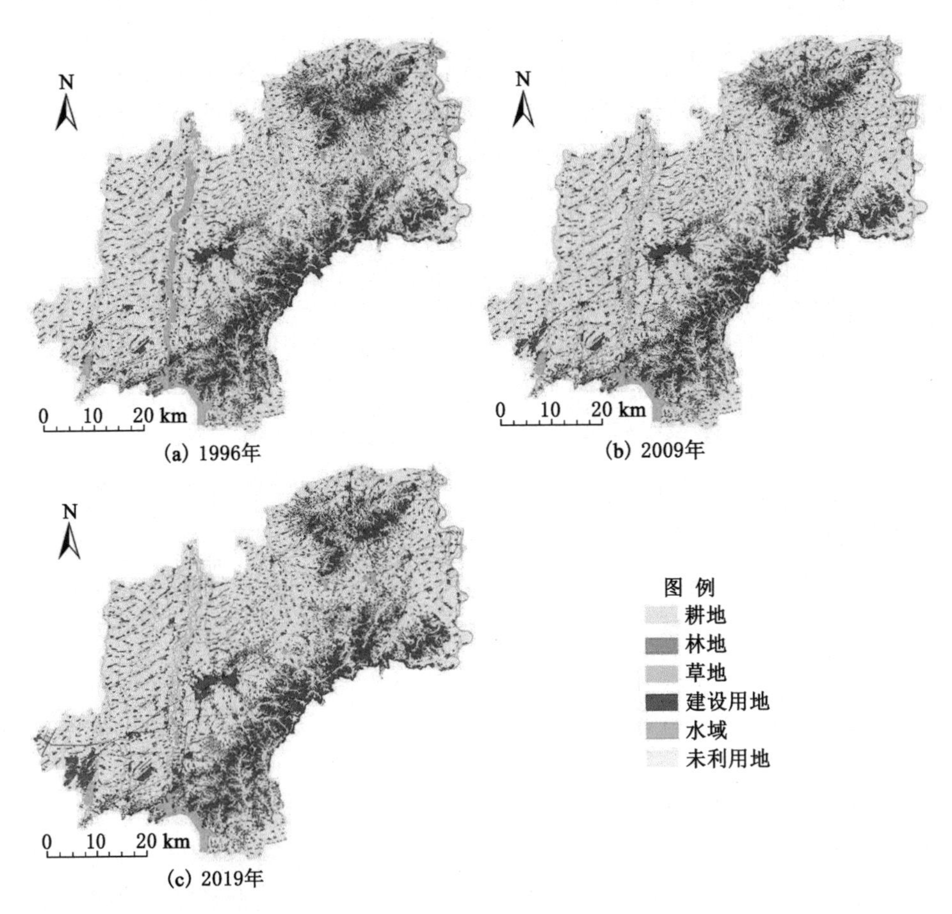

图 5-1 研究区 1996 年、2009 年和 2019 年土地利用现状图

5.1.2 土地利用类型转换分析

本书为方便土地利用转换分析，将耕地、林地、草地、建设用地、水域和未利用地的编码设置为1、2、3、4、5、6，在此基础上，运用地图代数叠加运算对不同的转换类型进行编码，运算公式如下：

$$N=A\times 10+B \tag{5-1}$$

式中，N 是土地利用类型转换编码；A 和 B 分别是研究初期和研究末期的土地利用编码。

土地利用类型转移矩阵见表5-3。表5-3中，S_{ij} 表示土地利用类型 i 在 T_1 到 T_2 期间变换为土地利用类型 j 的面积占土地总面积的百分比，S_{ii} 表示在 T_1 到 T_2 期间 i 种土地利用类型保持不变的面积百分比。S_{i+} 表示 T_1 时点土地利用类型 i 的总面积百分比。S_{+j} 表示 T_2 时点 j 种土地利用类型的总面积百分比。$S_{i+}\sim S_{ii}$ 为 T_1 到 T_2 期间土地利用类型 i 面积减少的百分比；$S_{+j}\sim S_{jj}$ 为 T_1 到 T_2 期间土地利用类型 j 面积增加的百分比。

表5-3 土地利用类型转移矩阵

		T_1				S_{i+}	减少
		B_1	B_2	…	B_n		
T_2	B_1	S_{11}	S_{12}	…	S_{1n}	S_{1+}	$S_{1+}-S_{11}$
	B_2	S_{21}	S_{22}	…	S_{2n}	S_{2+}	$S_{2+}-S_{22}$
	…	…	…	…	…	…	…
	B_n	S_{n1}	S_{n2}	…	S_{nn}	S_{n+}	$S_{n+}-S_{nn}$
S_{+j}		S_{+1}	S_{+2}	…	S_{+j}	1	
增加		$S_{+1}-S_{11}$	$S_{+2}-S_{22}$		$S_{+n}-S_{nn}$		

5.1.2.1 1996—2009年土地利用类型转换分析

1996—2009年研究区经统计共有30类具有时间异质性的土地利用转换单元(在不同时期土地利用类型不同)[图5-2(a)]，总面积达到894.99 km^2，将30类土地利用转换单元按照面积进行大小排序，前16类转换单元的面积之和占转换总面积的比例达到97.32%(表5-4)。较明显的土地利用类型转换首先是“林地→耕地”，占转换总面积的17.47%，主要分布在东北和东南的林区周边；其次是“耕地→林地”，占总转换面积的14.30%，主要分布在东北和东南林区周边的坡耕地；最后是“耕地→建设用地”，占转换总面积的13.69%，主要分布于期初村庄周边以及后期新建的交通运输用地。由表5-2和表5-4可以看出，1996—2009年各土地利用类型的总面积虽然没有发生大幅变化，但是耕地分别与林地、建设用地、水域、草地之间发生很大比例的转换。

表5-4　九台区1996—2009年主要土地利用类型转换单元排序表

排序	土地利用类型变化情况	面积/km^2	变化比率/%	累计变化比率/%
1	林地→耕地	156.34	17.47	17.47
2	耕地→林地	127.94	14.30	31.76
3	耕地→建设用地	122.51	13.69	45.45

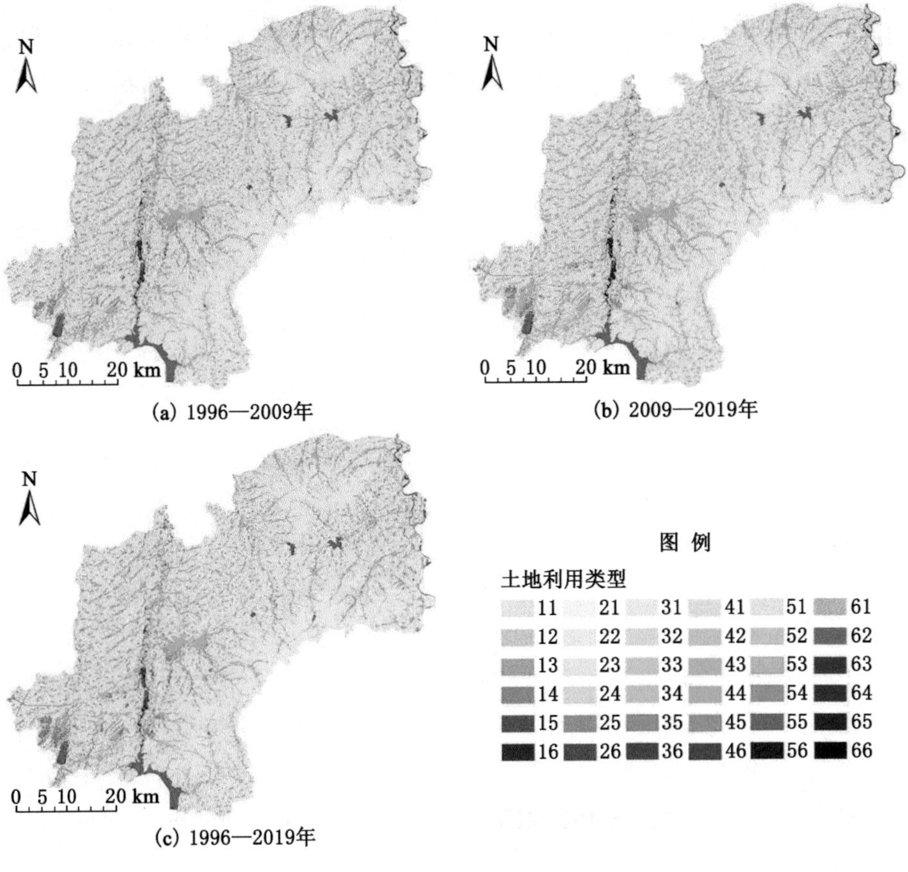

N
0 5 10 20 km

(a) 1996—2009年

N
0 5 10 20 km

(b) 2009—2019年

N
0 5 10 20 km

(c) 1996—2019年

图例
土地利用类型
11 21 31 41 51 61
12 22 32 42 52 62
13 23 33 43 53 63
14 24 34 44 54 64
15 25 35 45 55 65
16 26 36 46 56 66

图5-2　研究区土地利用类型转换图

5.1.2.2　2009—2019年土地利用类型转换分析

2009—2019年研究区经统计共有18类具有时间异质性的土地利用类型转换单元（在不同时期土地利用类型不同）[图5-2(b)]，总面积达到34.19 km^2，并将18类土地利用类型转换单元按照面积进行大小排序，前7类转换单元的面积之和占转换总面积的比例达到97.13%（表5-5）。最明显的土地利用类型转换首先是“耕地→建设用地”，占转换总面积的78.79%，主要分布于土地利用变化较为剧烈的建设用地边缘区；其次是“草地→耕地”，占总转换面积的7.63%，主要分布在九台区的中部和西部地区；再次是“水域→耕地”，占转换总面积的3.74%，主要分布于研究区的中西部地区。因此，总体来看，2009—2019年九台区土地利用类型转换以耕地转换为建设用地为主。

表5-5　九台区2009—2019年主要土地利用类型转换单元排序表

排序	土地利用类型变化情况	面积/km^2	变化比率/%	累计变化比率/%
1	耕地→建设用地	26.94	78.79	78.79
2	草地→耕地	2.61	7.63	86.43
3	水域→耕地	1.28	3.74	90.17
4	林地→建设用地	0.77	2.25	92.42
5	水域→林地	0.70	2.05	94.47
6	水域→建设用地	0.47	1.37	95.85
7	林地→耕地	0.44	1.29	97.13

综合来看，九台区在1996—2019年土地利用类型发生了较大的变化（图5-2），主要集中于耕地与林地、草地、建设用地和水域之间的相互转换，在自然因素和社会经济以及人类活动的多重影响下，耕地的变化频率最高。原因之一是1996—2009年林地和水域转换而来大量耕地，说明在商品粮利益的驱使下，区域气候、土质适宜耕种等因素导致大面积生态用地被开垦为耕地；原因之二是在区域社会经济发展的趋势下，建设用地扩张占用大量耕地，另外补充耕地的建设用地均为农村居民点用地，这与建设用地增加挂钩的政策密切相关。

5.1.3 耕地土壤侵蚀对不同土地利用类型变化的响应

研究指出,不同土地利用类型的土壤侵蚀状况存在着很大的差异,从土壤侵蚀模数的角度进行分析:耕地＞草地＞林地。本部分内容对1996—2019年不同土地利用类型转换而来的耕地土壤侵蚀模数进行了统计,结果详见图5-3。由此可见,由林地转换而来的耕地土壤侵蚀模数最大,原因之一是其中由林地转换而来的耕地大部分位于坡度较陡的林区,土壤经雨水冲刷较易脱离地表发生水土流失;原因之二是森林植被景观对于土壤侵蚀具有较好的控制能力,冠层对降雨具有很强的截留能力,较厚的冠层和枯枝落叶利于地表水下渗与保存,植被根系能提高土壤的抗侵蚀能力。毁林垦荒的行为使植被对土壤的保护能力减弱,加速了土壤侵蚀的速度和规模。另外,未利用地、草地、水域转换而来的耕地平均土壤侵蚀模数最低。

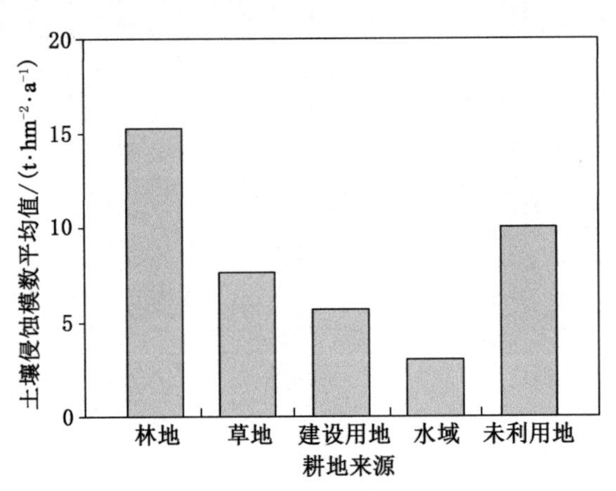

图5-3 研究区1996—2019年不同土地利用类型转换耕地的平均土壤侵蚀模数统计

在不考虑残茬覆盖、深松耕作、免耕等保护性耕作的情况下,由其他土地利用类型尤其是林地转换而来的耕地在没有地表覆盖的情况下,雨水直接冲刷耕地土壤,颗粒逐渐细碎化,封闭表土的孔隙,增加地表径流量和土壤侵蚀模数。

5.1.4 土地利用变化的驱动力分析

土地利用时空变化过程是一个复杂的系统,影响土地利用结构和地表形态变化的驱动机制多种多样。驱动力是指对地球表面的直接或间接、长期或短期作用，引起地表土地覆盖类型变化的影响因素。驱动机制是指各种驱动力对表面产生变化的具体影响行为。驱动力只是影响地表的外在形态，而驱动机制能揭示出内在的演变规律，因此从驱动力研究逐渐深入为驱动力的作用机制研究，是目前取得的一大进步。总体而言，研究区域土地利用时空变化的驱动机制可以从自然和人文两个方面进行总结。自然因素对土地利用变化的影响缓慢稳定，但经济发展水平和政策趋势等人为因素对土地利用变化的影响迅速而深刻。此外，不同的研究规模、研究区域乃至土地利用类型分布都会导致研究结果的差异。不同的驱动因素，由于数据来源和规模的不同，在很大程度上制约了对土地利用变化驱动力的研究，直接影响人们对土地利用现状的评价和对未来土地利用变化趋势的预测。因此，从多角度探讨不同驱动因素之间的相互作用模式及其与土地利用变化的数量和空间关系具有重要意义。

5.1.4.1 土地利用变化驱动因子选择与处理

1. 驱动力因子选取的原则

按照一定的规则选取驱动因子，能够避免由于驱动因子选取过于简单或烦琐造成的对土地利用变化原因解释不清楚。本书在广泛阅读并总结其他参考文献的基础上，明确九台区驱动因子的选取应遵循以下几个方面原则。

(1) 数据的可获取性

影响土地利用变化的驱动因子，数据源包括自然和人文两个方面。其中，自然数据主要来自遥感数据，人文数据主要来自统计年鉴、统计公报等，例如九台区土地利用调查成果表，九台区各乡镇统计年鉴、统计公报等。数据来源的准确性对土地利用变化原因分析结果的可靠性至关重要。为了获得影响土地利用变化的驱动因素数据，需要充分利用现有的数据库和互联网材料，以确保收集到的数据丰富可靠。

(2) 数据时空一致性

驱动因子的数据是通过对特定时间和空间进行观测而获得的，因此数据在不同时间和空间里应该是一致的，避免因时空造成的不一致性，这一点在土地利用变化研究中尤为重要。比如在人文驱动因子选取中，由于不同的人文驱动因子可能会受到多种因素的影响而变化，因此为了保证人文驱动因子数据能够反映土地利用变化规律，就要求在收集人文驱动因子数据时进行充分的准备工作。本书对于九台区土地利用变化的研究时间设定为1997—2019年，因此，在收集驱动因素数据，特别是人文驱动因素数据时，必须确保数据的“三同”，即同一时间、同一地点、同一来源，从根本上确保数据在时间和空间上的一致性。

(3) 数据的全面性

驱动因子的选取要综合考虑社会发展、经济人口以及各类法规政策等，在现有技术条件的支持下，涵盖范围越广的驱动因子数据越能挖掘出与土地利用变化之间的潜在关系。具体到本书选取的驱动因子，选取了尽可能多的数据作为基础数据，以便计算各个因子对土地利用变化的影响程度，从而在结果上保证土地利用变化驱动力分析的全面性。

(4) 数据的可量化性

由于各个地区土地利用的不同，在对其进行驱动因子分析时，都会有一定的侧重点，因此在选取驱动因子时应尽可能选取可量化的因子，例如自然因子、人文因子等。在选择这些因素时应综合考虑其对土地利用变化的影响程度。目前使用量化数字来反映驱动因子与土地利用变化的关系，需要通过软件和其他技术手段对收集到的数据进行量化，使量化的影响因子与空间位置匹配，进而分析它们与土地利用的关系。

2. 土地利用变化驱动机制

土地利用变化的驱动机制能够解释造成土地利用类型发生改变的原因以及变化的具体过程，研究促进土地利用变化的驱动因子的作用机制对于阐述二者之间的关联性是十分必要的。众所周知，任何事物都不是独立的存在，它们或多或少与其他事物之间存在着关联，驱动因子与土地利用的变化也并不例外。驱动因子与土地利用类型之间不是一一对应的关系，而是一对多甚至多对多的作用集合。例如，耕地的改变并不仅仅受到区域降雨量的影响，也与城乡建设用地的快速发展有直接的关系。因此，驱动因子之间并不是相互独立的，且这些因子与土地利用类型相互作用也不是分类独立的，而是互相作用、互相影响、互相制约的关系。对于驱动因子作用机制的研究主要分为两个方面：一是研究单一驱动因子与不同土地利用变化之间直接的关系，二是研究不同驱动因子是如何相互作用于某一土地利用类型的。作用于不同土地利用类型的驱动因子必然也是各有差异的，因此需要筛选主要驱动因子与次要驱动因子。

3. 驱动因子的分类及选取结果

以往众多学者对驱动因子的类型做了详细的划分，但是由于数据获取来源不同、研究区域条件的限制等原因，在最后的研究过程中均发现不少驱动因子之间存在相互影响甚至抵消的情况。土地利用类型在形成与转化的过程中受到了自然地理的作用，也受到了人为因素的干预。通过前面内容对九台区土地利用变化的多方面分析，在综合考虑数据的可获取性的基础上，结合九台区土地利用变化的实际情况，本部分内容将驱动因子划分为自然因子和人文因子两大类，下面分别对其进行阐述。

(1) 自然因子

九台区地形呈西南东北狭长形状。地势由西南向东北倾斜，形成西南高、东北低、中间岗川不等的自然格局。因为独特的地形，九台区形成了独具特色的土地利用类型分布。因此，影响九台区土地利用变化的自然因子应该包含高程、坡度和坡向。此外，降雨量和气温也是研究土地利用变化的重要因素。

(2) 人文驱动因子

经济是推动九台区社会发展的重要驱动力，经济的快速发展是造成城镇村及工矿用地发生变化的根本原因，当经济水平提高时，人们对于生产和生活的要求将会提高，进而影响土地利用类型之间发生相互转化。人口的增加对于土地利用变化也有积极的促进作用，当人口增加时，建设用地的需求也逐渐增加，因此人口是造成土地利用类型发生变化的重要原因。

综上所述，本书主要从自然因素和人文因素两个方面考虑，选取了影响九台区土地利用变化的 8 个驱动因子。九台区驱动因子一览表见表 5-6。

表 5-6 九台区驱动因子一览表

类型	驱动因子名称
自然因子	高程(X_1)
	坡度(X_2)
	坡向(X_3)
	降雨量(X_4)
	植被覆盖度(X_5)

表 5-6（续）

类型	驱动因子名称
人文因子	人口总数（X_6）
	地区生产总值（X_7）
	夜间灯光（X_8）

5.1.4.2 土地利用变化驱动力的共线性诊断

1. 网格单元的划分

本书将研究区的地理空间划分为空间网格单元，采取空间网格单元作为研究单位，在研究中将每个网格单元作为一个独立的研究单位，统计单元内部土地利用变化驱动因子的数据，将整个研究区划分为 3 km×3 km 的网格单元，并将每个网格单元赋予唯一的标识码，共计 372 个空间网格单元。

2. 驱动因子的计算

本书的自然因子一共包含 5 个方面的内容，分别为高程（DEM）、坡度、坡向、降雨量以及植被覆盖度。其中，DEM 是由地理空间数据云平台下载拼接后，根据九台区的范围掩膜得到的，坡度与坡向数据均是在 DEM 的基础上利用 Arcgis 软件的表面分析工具得到的，降雨量数据下载自中科院资源环境科学与数据中心，植被覆盖度数据是通过哨兵二号遥感数据计算的 NDVI。本书中的人文驱动因子共选取了 3 个方面的内容，分别为地区生产总值、夜间灯光和人口总数。通过查阅年鉴和下载有关数据，收集九台区 1996 年至 2019 年的各类人文因素数据。

3. 驱动因子共线性分析

为了研究驱动因子与土地利用变化之间的关系，首先需要对驱动因子进行共线性诊断分析和显著性诊断。共线性诊断分析是指利用线性回归模型，筛选出由于驱动因子之间具有相关关系而造成的对土地利用时空变化的解释出现误差的分析。为了查找具有高度相关性的驱动因子并将其剔除出去，本书采用 SPSS 软件的逐步回归法对 11 种驱动因子进行处理分析，并采用方差膨胀系数（VIF）衡量构建的多元线性回归模型中驱动因子共线性的严重程度。一般来说，VIF 的取值大于 1，VIF 值越接近于 1，多重共线性越轻，反之越重。膨胀系数判断依据见表 5-7。

表 5-7 膨胀系数判断依据

依据	结果
VIT<10	不存在多重共线性
10≤VIT<100	存在较强多重共线性
VIF≥100	存在严重多重共线性

对九台区 1996—2009 年及 2009—2019 年驱动因子分别进行共线性诊断分析，结果见表 5-8 和表 5-9。

表 5-8 1996—2009 年驱动因子共线性诊断分析

类型	驱动因子名称	共线性检验结果	
		容差	方差膨胀因子(VIF)
自然因子	高程(X_1)	0.617	1.620
	坡度(X_2)	0.887	1.128
	坡向(X_3)	0.987	1.013
	降雨量(X_4)	0.675	1.482
	植被覆盖度(X_5)	0.881	1.136
人文因子	人口总数(X_6)	0.819	1.221
	地区生产总值(X_7)	0.729	1.372
	夜间灯光(X_8)	0.902	1.109

表 5-9 2009—2019 年驱动因子共线性诊断分析

类型	驱动因子名称	共线性检验结果	
		容差	方差膨胀因子(VIF)
自然因子	高程(X_1)	0.911	1.098
	坡度(X_2)	0.904	1.107
	坡向(X_3)	0.977	1.024
	降雨量(X_4)	0.993	1.007
	植被覆盖度(X_5)	0.845	1.184
人文因子	人口总数(X_6)	0.619	1.615
	地区生产总值(X_7)	0.622	1.609
	夜间灯光(X_8)	0.875	1.143

由表 5-8 可知，1996—2009 年各驱动因子的方差膨胀因子均小于 10，其中高程的方差膨胀因子最高为 1.620，坡向的方差膨胀因子最低为1.013，均符合方差膨胀因子判断依据中不存在多重共线性的条件。综上所述，九台区 1996—2009 年驱动因子之间不存在多重共线性。

由表 5-9 可知，2009—2019 年各驱动因子的方差膨胀因子均小于 10，其中人口总数的方差膨胀因子最高为 1.615，降雨量的方差膨胀因子最低为 1.007，均符合方差膨胀因子判断依据中不存在多重共线性的条件。综上所述，九台区 2009—2019 年驱动因子之间不存在多重共线性。

5.1.4.3 基于 OLS 模型的驱动因子回归分析

本书基于空间自相关，建立了普通最小二乘线性回归模型（OLS 模型）。OLS 模型是一种全局非空间变量模型，用于建立因变量与其解释变量之间的关系。最小二乘法是一种全局线性回归模型，是因变量和自变量之间的多元线性函数，其计算公式为：

$$y_i = \beta_0 + \sum_i \beta_i x_i + \varepsilon_i \tag{5-2}$$

式中，β_0 为常数项，β_i 为回归系数，ε_i 为随机误差项。

本书分别对 1996—2009 年、2009—2019 年两个研究时段的影响土地利用变化的驱动因子进行 OLS 回归模型分析，回归系数的统计结果如表 5-10 和表 5-11。

表 5-10 1996—2009 年驱动因子的回归系数统计表

类型	自变量	回归系数	显著性水平
自然因子	高程（X_1）	−0.000 204	0.138 217
	坡度（X_2）	0.002 327	0.086 116
	坡向（X_3）	0.000 112	0.023 519
	降雨量（X_4）	0.000 591	0.000 000
	植被覆盖度（X_5）	−0.056 670	0.000 000
人文因子	人口总数（X_6）	−0.000 038	0.006 185
	地区生产总值（X_7）	−0.000 020	0.021 428
	夜间灯光（X_8）	−0.003 922	0.053 081

由表 5-10 可知，坡度、坡向、降雨量、植被覆盖度、人口、地区生产总值以

及夜间灯光等 7 个驱动因子的显著性均小于 0.001，在 0.05 的显著性水平上具有统计学意义，高程驱动因子的显著性水平为 0.138 217，不能说明其具有统计学意义。其中，高程、植被覆盖度、人口总数、地区生产总值和夜间灯光影响因子呈负相关，坡度、坡向和降雨量因子呈正相关。在 8 个驱动因子中，植被覆盖度回归系数的绝对值最大为 0.056 670，其次是夜间灯光，系数为 0.003 922。由系数大小可知，1996—2009 年，植被覆盖度和坡度是影响土地利用变化的主要驱动力，其余驱动因子系数虽小，但是对土地利用变化也产生了一定的影响作用。

表 5-11　2009—2019 年驱动因子的回归系数统计表

类型	自变量	回归系数	显著性水平
自然因子	高程(X_1)	0.004 982	0.000 004
	坡度(X_2)	0.008 391	0.524 662
	坡向(X_3)	−0.001 686	0.000 289
	降雨量(X_4)	−0.000 508	0.255 953
	植被覆盖度(X_5)	−0.679 140	0.067 668
人文因子	人口总数(X_6)	0.004 674	0.083 850
	地区生产总值(X_7)	−0.002 486	0.061 995
	夜间灯光(X_8)	0.043 678	0.091 252

由表 5-11 可知，高程、坡向、植被覆盖度、人口总数、地区生产总值以及夜间灯光 6 个驱动因子的显著性均小于 0.001，在 0.05 的显著性水平上具有统计学意义，高程和降雨量驱动因子的显著性水平为 0.138 217，不能说明其具有统计学意义。其中，坡向、降雨量、植被覆盖度和地区生产总值影响因子呈负相关，高程、坡度、人口总数和夜间灯光因子呈正相关。在 8 个驱动因子中，植被覆盖度回归系数的绝对值最大为 0.679 140，其次是夜间灯光，系数为 0.043 678。由系数大小可知，2009—2019 年，植被覆盖度和夜间灯光是影响土地利用变化的主要驱动力，其余驱动因子系数虽小，但是对土地利用变化也产生了一定的影响作用。

此外，1996—2009 年土地利用变化与驱动因子回归分析的 R^2 为 0.48，2009—2019 年的 R^2 为 0.37，说明土地利用变化与本文所选的驱动因子是显著相关的。

综上所述，本书采用OLS回归方法构建驱动因子与九台区两个时间段的土地利用变化数据之间的回归模型。由回归系数及其显著性分析可知，本书选用的驱动因子与土地利用变化之间具有明显的关联性，其中植被覆盖度与夜间灯光是影响九台区土地利用变化的两个最显著的驱动力因子。

5.2 基于格网的土地利用强度与耕地景观指数时空分异分析

大量研究表明土地利用类型变化对土壤侵蚀产生显著的影响，由此本书不再进行赘述。本书选择可能对土壤侵蚀产生影响的土地利用因素（土地利用强度和耕地景观破碎度），为后期研究其与土壤侵蚀之间的耦合关系奠定数据基础。

5.2.1 网格单元的划分

考虑本书对土壤侵蚀风险研究和土地利用因子分析的共同需求，采取空间网格单元作为研究单位，将研究区的地理空间划分为空间网格单元，在接下来的研究中将每个网格单元作为一个独立的研究单位，统计单元内部土壤侵蚀风险和土地利用因子数据，达到了实现信息空间统计的目的。网格单元的大小应综合考虑研究区范围内研究尺度的适宜性、单元数据计算的方便性，并尽量减少研究区边界对计算结果的干扰（刘蜀涵，2018）。本书现将整个研究区划分为3 km×3 km的网格单元，并将每个网格单元赋予唯一的标识码，共计445个空间网格单元。被边界破坏的网格单元，保留研究区范围内的全部网格部分，按实际＋裁剪后的面积计算，以保证计算结果的准确性。

5.2.2 土地利用强度与耕地利用景观指数时空分异分析

5.2.2.1 土地利用强度

1. 土地利用强度的计算方法

土地利用强度被广泛定义为“人类对土地资源开发利用、保护管理等措施的干扰强度等级”（孙菲菲 等，2020），根据已有的研究成果（庄大方 等，

1997;李通 等,2020)以及本书的研究目的,土地利用强度依据土地利用类型被定量地描述为 4 个不同的等级(表 5-12)。其中,土地受人类活动的影响越大,则土地利用强度数值越高,反之,则是受自然因素的影响越大。

表 5-12 不同土地利用类型的土地利用强度赋值

土地利用类型	土地利用强度分级指数
未利用地	1
林地、草地、水域	2
耕地	3
建设用地	4

考虑到同一网格单元内分布有多种土地利用类型的可能性,导致同一网格单元内存在多个土地利用强度的数值,因此需要采用土地利用强度分析模型计算该网格单元的土地利用综合强度指数,计算公式如下:

$$Q_j = 100 \times \left(\sum_{i=1}^{n} q_i \times p_i \right) \tag{5-3}$$

式中,Q_j 是指第 j 个网格单元的土地利用强度综合指数;n 是土地利用强度分级数量;q_i 是指该网格单元内第 i 级土地利用强度指数;p_i 是该网格单元内第 i 级土地利用强度所占网格总面积的比例。研究区 1996 年、2009 年、2019 年土地利用强度空间分布图见图 5-4。

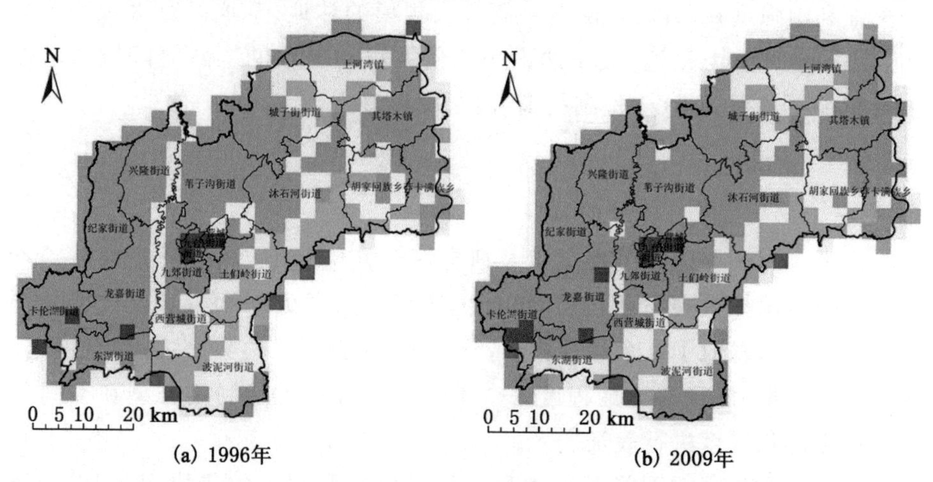

图 5-4 研究区 1996 年、2009 年、2019 年土地利用强度空间分布图

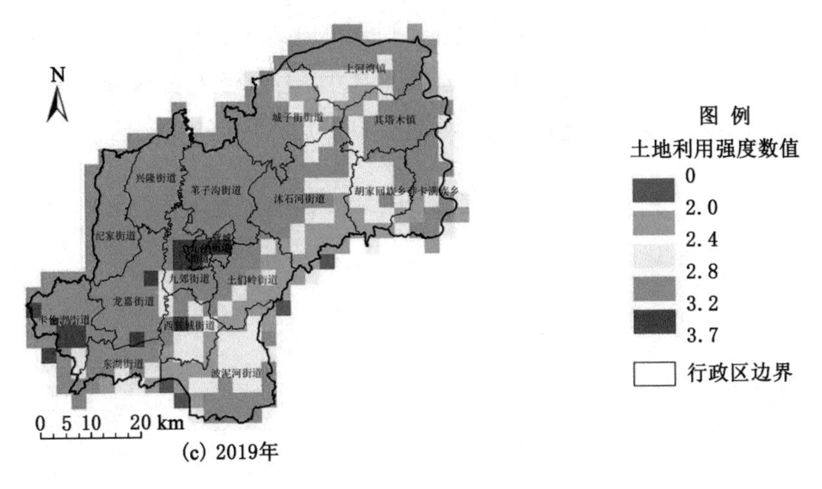

图 5-4（续）

2. 研究区土地利用强度时空分异特征

图 5-4 显示，1996 年、2009 年和 2019 年土地利用强度在研究区内均呈现出东南、东北低而中西部较高的分布特征。九台区土地利用强度高值区域主要分布在九台街道、营城街道、卡伦湖街道和龙嘉街道，土地利用低值区域主要分布在东南部及东北部的波泥河街道、土们岭街道、沐石河街道、城子街街道以及上河湾镇等地区。从时间尺度上来看，随着时间的推移(1996—2019 年)，九台区的土地利用强度低值区域在逐渐减少，表明研究区的土地利用强度在不断增加，这主要是大规模的林地、草地以及水域等重要的生态用地开垦为耕地，城乡建设用地侵占耕地导致的。高值区域的增加主要集中在龙嘉街道、卡伦湖街道、西营城街道。

5.2.2.2 土地利用景观指数

1. 土地利用景观指数的计算方法

本书参照既存的相关文献以及研究区的实际情况，从表征景观破碎度特征的角度选择景观指数，进而统计土地利用景观破碎度与土壤侵蚀的耦合关系。本书选取了 3 个景观指数，分别为斑块密度、边界密度、聚合度，分别从景观数量、形状和集聚程度 3 个不同的层面对土地利用类型在空间分布中的破碎化程度进行表征。

(1) 斑块密度(PD)指某种类型土地的单位面积上的斑块面积，以表征斑块的破碎化程度。

$$PD=N/A \tag{5-4}$$

式中，N 是景观中土地利用类型的斑块面积；A 是景观总面积。PD 值越大，表示景观越破碎。

(2) 边界密度(ED)指某种类型土地的单位面积上的斑块边界总长度，以表征斑块的形状特征。

$$ED=E/A \tag{5-5}$$

式中，E 是景观中土地利用类型的斑块边界总长度；A 是景观总面积。ED 值越大，表示景观的形状越复杂，即景观越破碎。

(3) 聚合度(AI)是基于同土地利用类型斑块像元间的公共边界长度来计算的，当某土地利用类型的所有斑块像元间不存在公共的边界时，该土地利用类型的聚合度最低，反之，聚合度最高。

$$AI=\left[\frac{g_{ii}}{\max\rightarrow g_{ii}}\right]\times 100 \tag{5-6}$$

式中，g_{ii} 是相应土地景观类型的相似邻接斑块数量。AI 值越大，表示景观集聚化程度越高，即景观破碎程度越低。

(4) 景观破碎度指数(F)根据上述景观指数计算得到，计算之前首先对景观指数进行正负向的确定以及标准化处理，计算方法如下：

$$\dot{X}_{ij}=\begin{cases}\dfrac{X_{ij}-X_{j\min}}{X_{j\max}-X_{j\min}}, & \text{正向指标}\\[2ex] \dfrac{X_{j\max}-X_{ij}}{X_{j\max}-X_{j\min}}, & \text{负向指标}\end{cases} \tag{5-7}$$

式中，$\dot{X}_{ij}$ 是第 i 个网格单元第 j 个景观指标的标准化数值；X_{ij} 是第 i 个网格单元第 j 个景观指标数值；$X_{j\max}$ 和 $X_{j\min}$ 分别指所有网格单元内第 j 个景观指标的最大值以及最小值。

景观破碎度指数(F)具体的计算公式如下：

$$F=(\alpha\times PD)\times(\beta\times ED)\times(\gamma\times AI) \tag{5-8}$$

式中，PD、ED、AI 指景观指标的标准化数值；α、β、γ 分别为 PD、ED、AI 的权重，由层次分析法确定，分别被赋值 0.29、0.29 和 0.42。

2. 土地利用景观指数及破碎度演变特征

通过 ArcGIS 软件将九台区 2009 年和 2019 年两个年份的土地利用数据转化为 30 m×30 m 的栅格数据，然后使用 Fragstats 软件计算 6 种土地利用类型的 PD、ED、AI，统计结果见表 5-13。

表 5-13　1996 年、2009 年和 2019 年研究区土地利用景观指数统计表

年份	土地利用类型	PD	ED	AI
1996 年	耕地	0.25	19.21	76.92
	林地	0.22	8.39	65.71
	草地	0.33	4.46	11.93
	建设用地	0.54	8.41	24.30
	水域	0.22	3.67	47.39
	未利用地	0.01	0.01	16.85
2009 年	耕地	2.32	61.76	93.09
	林地	2.43	28.64	88.08
	草地	1.53	5.53	56.68
	建设用地	4.29	26.29	78.46
	水域	3.41	15.36	71.40
	未利用地	0.19	1.07	76.61
2019 年	耕地	2.50	62.32	92.96
	林地	2.51	28.82	88.01
	草地	1.47	5.18	55.35
	建设用地	4.35	27.27	79.51
	水域	3.36	15.01	71.53
	未利用地	0.19	1.09	76.45

表 5-13 显示，1996—2009 年、2009—2019 年这两个时期的计算结果相似，耕地的边界密度远远高于其他 5 种土地利用类型，说明耕地景观的分布集中连片，但其景观的形状最复杂，破碎程度最高；耕地的聚合度指数高于其他土地利用类型，说明耕地的斑块间连通性较好。对比不同时期以及不同土地利用类型的景观指数可以看出：九台区的土地利用结构以耕地为主，而耕地的主要景观特点是聚集程度良好，但其破碎度程度加剧，这对于边缘耕地斑块的质量产生不利影响。林地、草地以及水域等重要生态用地景观指数的变化表明其斑块逐渐向破碎化方向发展。建设用地由于用途逐渐精细化，斑块的划分逐渐细致，导致建设用地的斑块密度以及边界密度的指数增高而显示景观破碎化程度加剧。

3. 耕地景观指数及破碎度时空演变特征

(1) 斑块密度(PD)

研究区1996年、2009年、2019年耕地景观指数空间分布图见图5-5。由图5-5可以看出,九台区除东南部和东北部的林区以外耕地的斑块密度数值均相对较低,即斑块密度的低值区主要分布在中西部以及东部集中连片的典型农耕区。九台区主城区附近的斑块密度指数略有升高,原因可能是城郊建设用地的扩张导致耕地斑块区域破碎化。

(2) 边界密度(ED)

由图5-5可以看出,九台区边界密度指数处于较高水平的耕地占绝大部分的比例,高值区主要是分布在中西部以及东部的典型农耕区,而东南以及东北林区的边界密度指数相对较低。2009—2019年,九台区主城区以及西南区建制镇的边界密度略有减少,其他区域边界密度并没有出现变化。

(3) 聚合度(AI)

由图5-5可以看出,九台区聚合度指数处于较高水平的耕地占绝大部分的比例,高值区主要是分布在中西部以及东部的典型农耕区,而东南以及东北林区的聚合度指数相对较低。2009—2019年,西南区建制镇的聚合度略有减少,表明建设用地的扩张使耕地的斑块遭受分割,使建设用地周边的耕地斑块趋于破碎化。

(4) 耕地景观破碎度(F)

研究区1996年、2009年、2019年耕地破碎度指数空间分布见图5-6。由图5-6可以看出,九台区耕地景观破碎度高值区域均主要是分布在东南以及东北林区的西营城街道、波泥河街道、土们岭街道、沐石河街道和苇子沟街道,耕地景观破碎度的低值区域主要分布在地势平坦的集中农耕区,证明与林地交错分布的坡耕地比位于平原的集中农耕区耕地具有更高的破碎化程度。从时间尺度上来看,随着时间的推移(1996—2019年),九台区的耕地景观破碎度低值区域在逐渐减少,表现为逐渐增加的趋势,表明了研究区整体的耕地景观破碎度的不断增加。西营城街道、波泥河街道、土们岭街道这3个街道的耕地景观破碎度增加趋势最为明显,这主要是由于低山丘陵区大规模的林地被开垦为耕地;此外,西南方位的建制镇(卡伦湖街道和东湖街道)的破碎度指数略有上升,其主要是由城乡建设用地侵占耕地导致的,表明建设用地的扩张使耕地的斑块遭受分割,使建设用地周边的耕地斑块趋于破碎化。

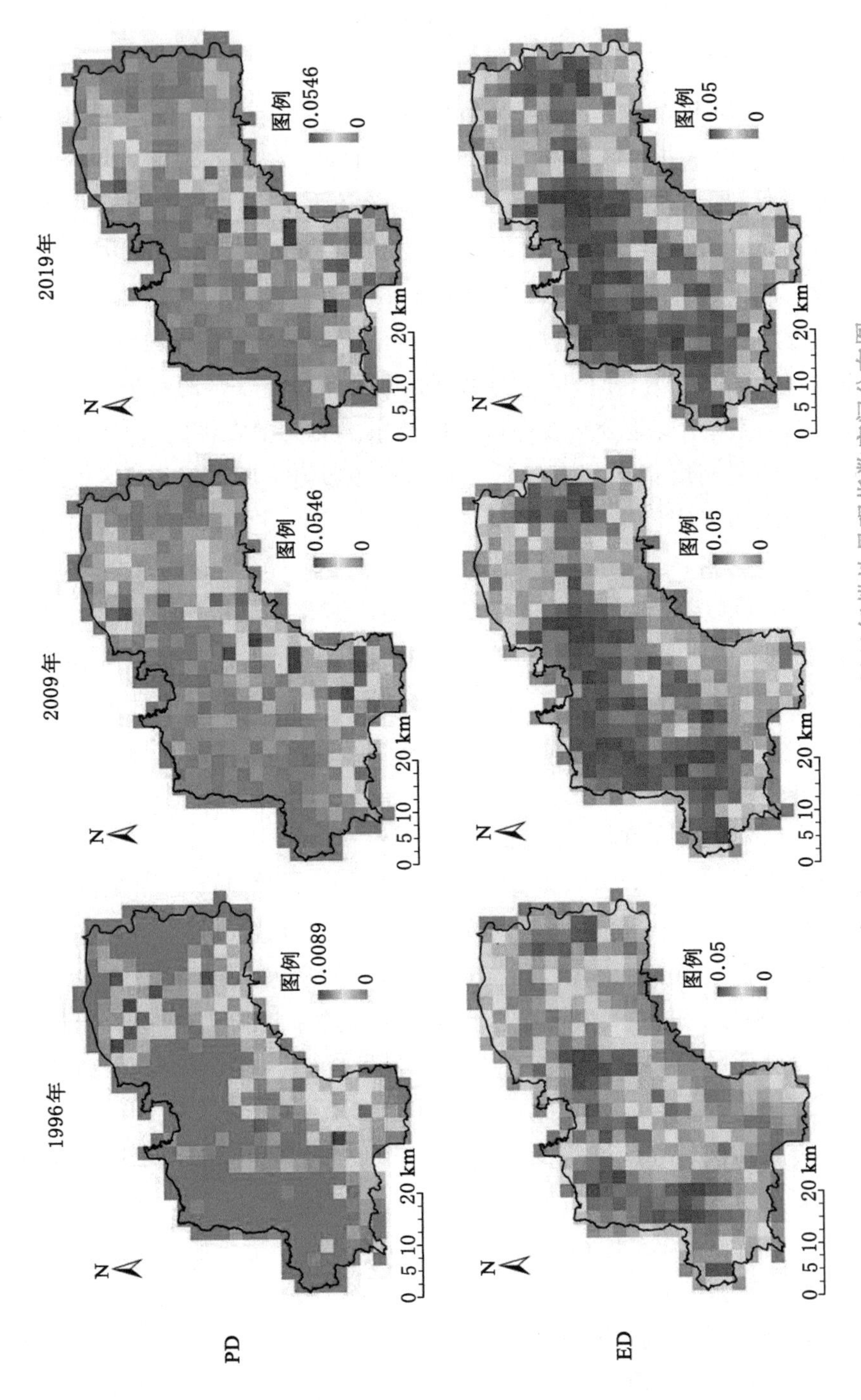

图5-5　研究区1996年、2009年、2019年耕地景观指数空间分布图

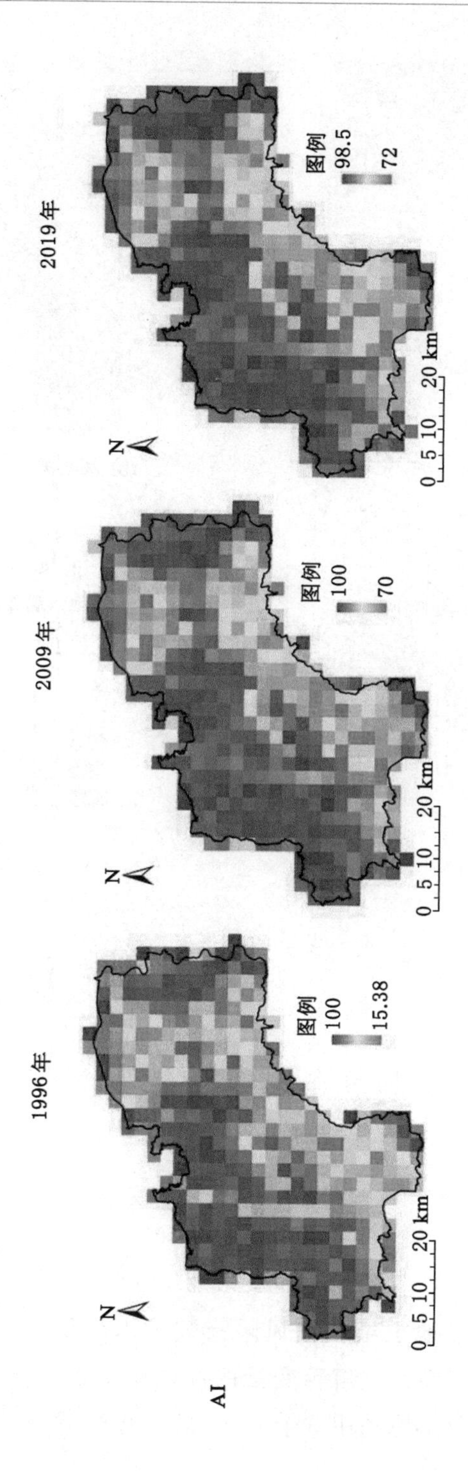
AI
1996年
图例
100
15.38
N
0 5 10 20 km
2009年
图例
100
70
N
0 5 10 20 km
2019年
图例
98.5
72
N
0 5 10 20 km

图5-5（续）

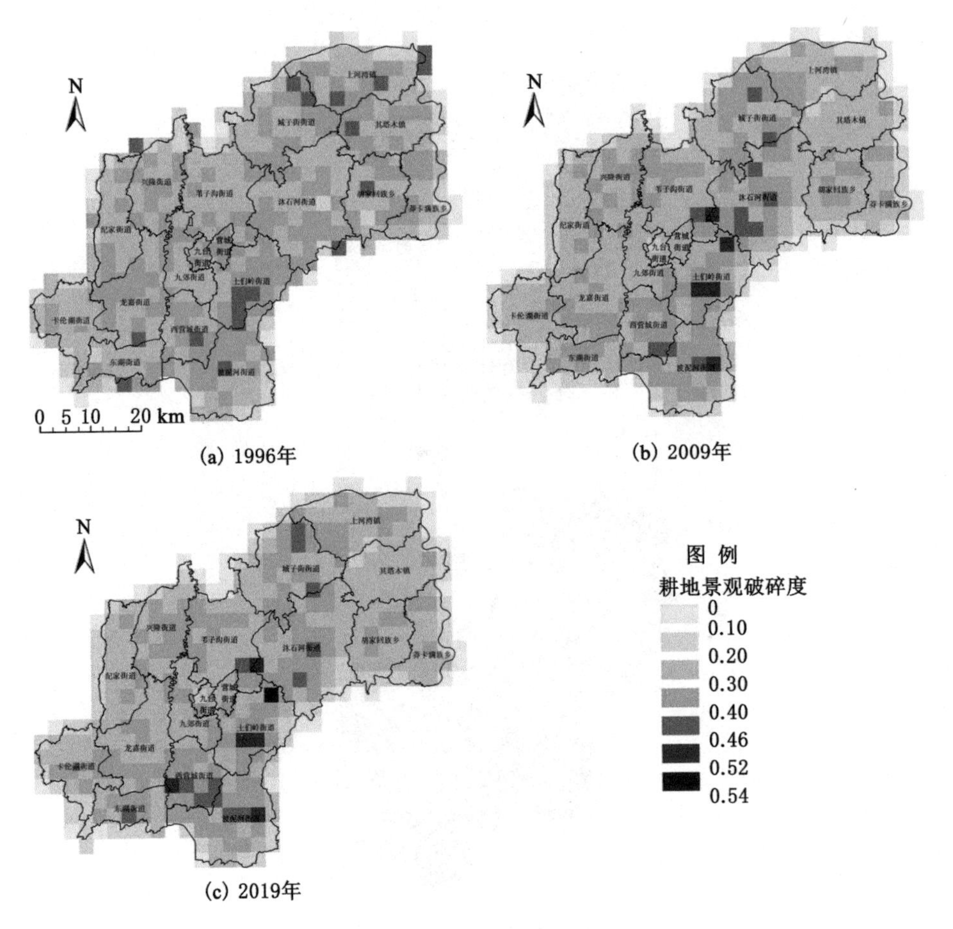

图 5-6 研究区 1996 年、2009 年、2019 年耕地破碎度指数空间分布图

5.3 基于 GWR 模型耕地土壤侵蚀的土地利用因子分析

5.3.1 GWR 模型解释变量的选择与数据处理

5.3.1.1 变量的选择

以研究区 2019 年耕地土壤侵蚀风险指数为因变量，研究数据尺度为 3 km×3 km 的空间网格单元。解释变量的选取则考虑对土壤侵蚀造成影响的自然、社会经济以及土地利用 3 个方面，最终选择了 9 个解释变量因子

构建解释指标体系，包括：高程(X_1)、坡度(X_2)、降雨量(X_3)、土壤有机碳含量(X_4)、植被覆盖度(X_5)、居民点比重变化(X_6)、路网密度变化(X_7)、土地利用强度变化(X_8)、耕地景观破碎度变化(X_9)。其中，土地利用强度和土地利用景观破碎度两个指标进一步从土地利用的角度探究其对土壤侵蚀空间分布的影响。

5.3.1.2　数据的来源及处理

由于选取的解释变量存在着量纲和尺度方面的差异，因此在建模之前需要对数据进行预处理。高程、坡度、降雨量以及植被覆盖度均是以栅格的格式存储的自然要素，但是栅格单元的大小不同；居民点比重和路网密度等社会经济数据以及土地利用强度和土地利用景观破碎度等土地利用条件则以研究区的土地利用数据为基础，为实现三种类型解释变量的空间尺度的统一。本书选择 3 km×3 km 的空间网格单元直接作为研究单位进行自然条件、社会经济条件以及土地利用条件的统计汇总，通过数据的空间可视化实现多种解释变量的统一表达。其中，高程和坡度数据来源于 ALOS DEM 30 m 数字高程模型，降雨量数据来源于 WorldClim 5 km 降雨量数据，土壤有机碳数据源自本书的第 3 章中基于哨兵二号遥感影像数据反演得到的空间连续性耕地土壤有机碳分布图，植被覆盖度数据则是通过哨兵二号遥感数据计算的 NDVI，上述数据均可在 ArcGIS 软件中的栅格数据重采样功能统计出网格单元的影响数值。土地利用数据则是基于全国土地调查及 2019 年土地利用变更调查数据库结合遥感影像人工目视解译得到，进而通过提取研究区道路、建设用地、耕地等土地利用类型来计算网格单元的居民点比重和路网密度指标。土地利用强度以及土地利用景观破碎度数据的获取及计算方法在 5.2 中进行了详细的介绍。本节选取的 9 种解释变量的空间分布如图 5-7 所示。

5.3.1.3　解释变量的空间分布特征

1. 基于网格单元的自然因素解释变量空间分布

由图 5-7 可以看出，5 种自然因素解释变量具有显著的空间异质性，高程和坡度均表现出东南及东北地区低、中西部及东部地区高的空间分布特征，高值区及研究区坡耕地主要集中于波泥河街道、土们岭街道、沐石河街道、城子街街道、胡家回族乡以及上河湾镇，这同时也是土壤有机碳分布的

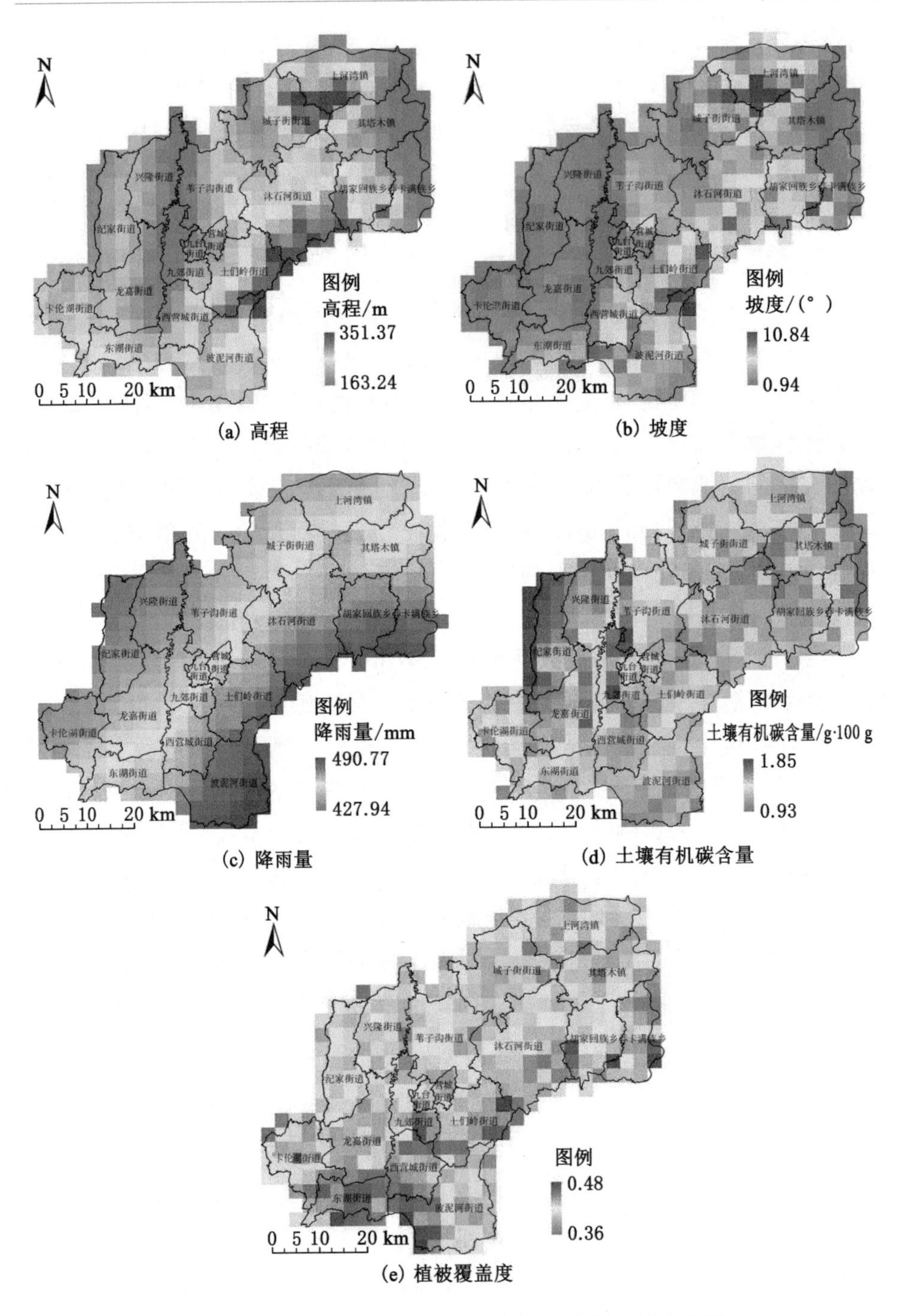

图 5-7　基于网格单元的自然因素解释变量空间分布图

低值聚集区；由于研究区属于温带大陆性季风气候，其降雨量呈现出由东南向西北逐渐降低的趋势。

2. 社会经济及土地利用条件的空间分布情况

社会经济和土地利用条件解释变量空间分布见图 5-8。由图 5-8 可以看出，1996—2019 年，居民点比重和路网密度呈整体增加的态势，但是变化的范围不大，主要集中在建设用地比较集中的九台街道、西营城街道和卡伦湖街道等乡镇，说明该地区在经济发展的过程中，出现了明显的建设用地扩张。图 5-8(c)展现了 1996—2019 年研究区土地利用强度变化的空间分布情况，位于低山丘陵区的西营城街道、波泥河街道、土们岭街道、沐石河街道、

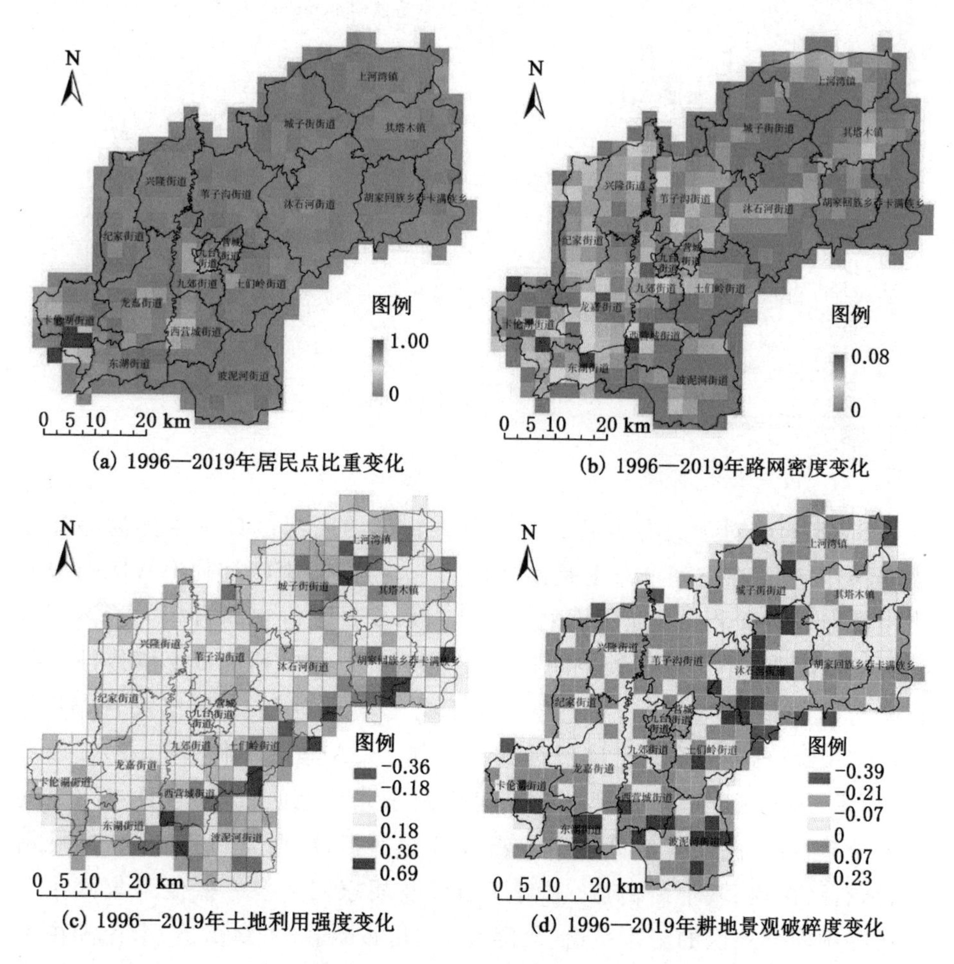

(a) 1996—2019年居民点比重变化

(b) 1996—2019年路网密度变化

(c) 1996—2019年土地利用强度变化

(d) 1996—2019年耕地景观破碎度变化

图 5-8 社会经济和土地利用条件解释变量空间分布图

胡家回族乡、其塔木镇、城子街街道以及上河湾镇表现出强烈的土地利用强度变化，这些乡镇同时也分布有耕地景观破碎度变化正高值区。

5.3.1.4 自变量的数据检验

自变量的多重共线性检验结果见表 5-14。由表 5-14 可知，自变量的方差膨胀因子(VIF)均小于 5，条件指数(condition index)均小于 30，即本书选取的 9 个解释变量均通过了多重共线性检验。

表 5-14 自变量的多重共线性检验结果

类型层	解释变量	共线性检验结果	
		容差(Tolerance)	方差膨胀因子(VIF)
自然条件	高程(X_1)	0.94	1.07
	坡度(X_2)	0.67	1.49
	降雨量(X_3)	0.44	2.27
	土壤有机碳含量(X_4)	0.50	1.99
	植被覆盖度(X_5)	0.79	1.27
社会经济条件	居民点比重变化(X_6)	0.92	1.09
	路网密度变化(X_7)	0.88	1.14
土地利用条件	土地利用强度变化(X_8)	0.93	1.08
	耕地景观破碎度变化(X_9)	0.98	1.02

5.3.1.5 因变量的空间自相关检验

GWR 模型对于具有明显的空间集聚特征的因变量具有更优的解释效果，假如因变量在空间分布上是离散的，缺失空间集聚特征使 GWR 模型的应用显得毫无意义。因此建模之前需要对因变量进行空间自相关检测。从 4.4.4 章节的耕地土壤侵蚀空间自相关分析结果可知，研究区土壤侵蚀指数具有明显的集聚特征。为了进一步证明土壤侵蚀的空间相关性，使用 3 km×3 km的网格单元土壤侵蚀数据制作 LISA 集聚图件(图 5-9)。如图 5-9 所示，研究区土壤侵蚀模数在东南部及东北部地区较高，且具有明显的集聚分布特征，高值聚集区主要分布在波泥河街道、西营城街道、土们岭街道、沐石河街道、城子街街道、上河湾镇以及胡家回族乡。低值聚集区主要分布在中西部地区的纪家街道、兴隆街道、九郊街道、龙嘉街道、卡伦湖街道等乡镇和东部地区的其塔木镇。

在确定解释变量通过多重共线性检验和因变量具有空间自相关性的基础上，即可建立地理加权回归模型。分析之前，为了将不同量级的解释变量数据转换为同一量级，减少数据的离散性分布，运用 SPSS 22.0 软件对 9 种解释变量数据进行 Z-score 标准化。核函数选择 Gaussian 函数 Fixed 固定距离法，并通过 AICc 准则确定模型的最优带宽，最终在 Arcgis 10.6 软件中进行地理加权回归分析，对回归结果进行数据统计以及空间可视化处理。

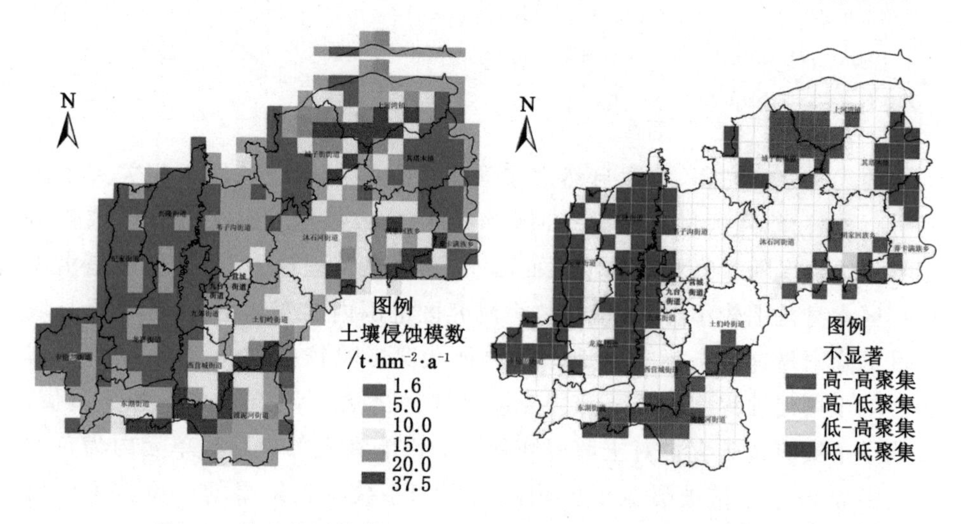

图 5-9　基于格网的耕地土壤侵蚀空间分布及 LISA 空间集聚图

5.3.2　GWR 模型回归结果分析

5.3.2.1　回归系数统计结果

对 GWR 模型的土壤侵蚀各解释变量的回归系数进行了初步统计（表 5-15），结果显示，9 个解释变量的回归系数统计数值同时存在正值和负值，证明解释变量与耕地土壤侵蚀的关系在不同网格单元内既存在着正相关关系又存在着负相关关系。下面以统计结果的中位数对回归结果进行解释。

表 5-15　解释变量的回归系数统计表

解释变量	最小值	上四分位	中位数	平均值	下四分位	最大值	标准差
高程（X_1）	−1.89	−0.05	0.08	−0.01	0.20	1.01	0.45
坡度（X_2）	4.03	5.54	5.94	6.18	6.46	9.04	1.09

表 5-15(续)

解释变量	最小值	上四分位	中位数	平均值	下四分位	最大值	标准差
降雨量(X_3)	−1.76	−0.92	−0.55	−0.56	−0.17	0.63	0.51
土壤有机碳含量(X_4)	−2.56	−0.72	−0.47	−0.56	−0.30	0.29	0.49
植被覆盖度(X_5)	−0.57	0.06	0.16	0.24	0.41	1.54	0.35
居民点比重变化(X_6)	−1.42	0.17	0.83	0.69	1.19	3.01	0.69
路网密度变化(X_7)	−0.67	0.00	0.11	0.10	0.20	1.46	0.30
土地利用强度变化(X_8)	−1.98	−0.68	0.49	0.46	0.62	1.39	0.37
耕地景观破碎度变化(X_9)	−1.92	−0.37	−0.16	−0.17	0.25	1.04	0.59

前述文字对高程、坡度自然因素解释变量与土壤侵蚀的正相关关系已经进行了解释;降雨量自然因素回归结果中位数显示在绝大部分区域耕地土壤侵蚀程度随着降雨量的增大而减小,这显然与理论不符,这可能是由于研究区本身范围较小,降雨量在整个研究区范围内的变化不大,证明了县域尺度的降雨量这一指标对耕地土壤侵蚀状况影响较小;土壤有机碳含量作为影响土壤侵蚀程度的重要解释变量,回归系数统计结果的中位数为负值,表明了土壤有机碳含量对土壤侵蚀程度的影响在大部分网格单元内为负效应。由表 5-15 中植被覆盖度影响因素回归系数统计结果的中位数可以看出,耕地土壤侵蚀程度随着植被覆盖度的增大而增大,结合图 5-7(e)可知,可能是由于植被覆盖度整个研究区变化不大导致的,间接证明了县域尺度范围内植被覆盖对耕地土壤侵蚀的影响较小。在社会经济条件中,居民点比重变化、路网密度变化以及土地利用条件中的土地利用强度变化这一指标回归系数的中位数和平均值均为正值,说明居民点比重变化、路网密度变化以及土地利用强度变化和耕地土壤侵蚀程度之间的关系在绝大部分网格单元内存在着较大的正相关关系,也就是说居民点比重变化值的增加对于土壤侵蚀状况的严重程度具有正效应;耕地景观破碎度变化回归系数的中位数和平均值均为负值,表示耕地土壤侵蚀程度在绝大部分的网格单元内随着耕地景观破碎度变化解释变量变化值的增加而降低。从回归系数的数值大小上可以看出,解释变量对土壤侵蚀的影响程度,坡度对土壤侵蚀的解释能力最高。

综上所述,由表 5-15 可以看出,耕地土壤侵蚀解释变量回归系数除坡度以外,均显示了空间的异质性,即对土壤侵蚀的影响既存在正相关作用也存在负相关作用，进一步证实了解释变量的空间差异性分布对模型回归效果有显著的影响。自然条件因素解释变量综合作用对土壤侵蚀的影响偏大于社会经济条件因素和土地利用条件因素。

GWR模型标准误和局部相关系数空间分布见图5-10。其中，图5-10(b)是基于地理加权回归模型处理结果的局部拟合优度 R^2 空间分布情况。结果显示，各研究单元的 R^2 分布在0.6～0.93，平均值达到0.82，由此可见本书选择的9个解释变量对低山丘陵区坡耕地土壤侵蚀状况的综合解释力较强。如图5-10所示，研究区东北部和西南部的 R^2 较大，呈现出由中部地区向西南东北两个方向逐渐增加的态势。

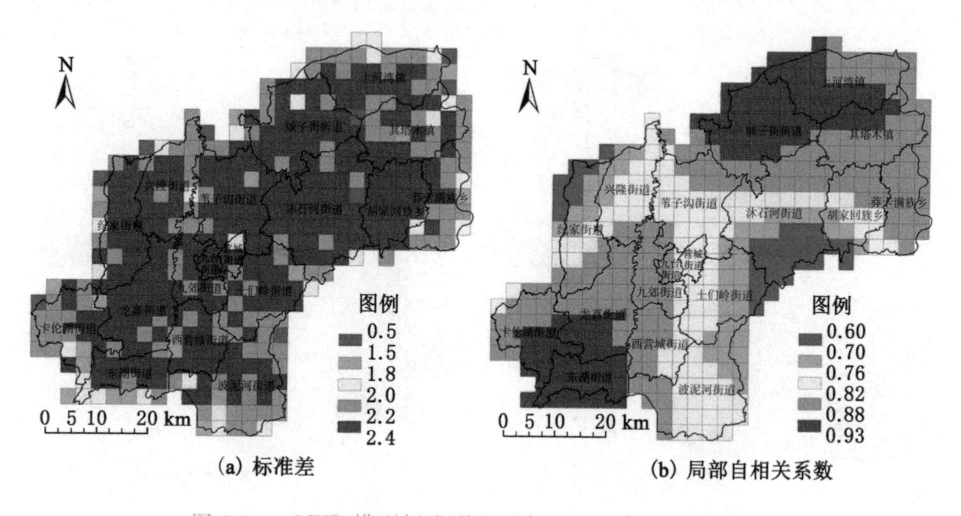

图5-10 GWR模型标准误和局部相关系数空间分布图

5.3.2.2 解释变量回归系数的空间分布情况

为了解不同解释变量对耕地土壤侵蚀影响的空间差异性，本部分内容对9种解释变量的模型回归系数进行了空间可视化处理（图5-11和图5-12）。

1. 自然因素解释变量回归系数空间分布

分析结果显示，高程因素回归系数的正中心主要分布在九台区的东南部，而负值中心分布在西南部海拔低、地形平坦的耕地；坡度与耕地土壤侵蚀程度的相关性最大，回归系数均为正值，证明坡度对土壤侵蚀的影响显著，具有很强的正效应；降雨量回归系数的正值中心位于整个研究区的东部，

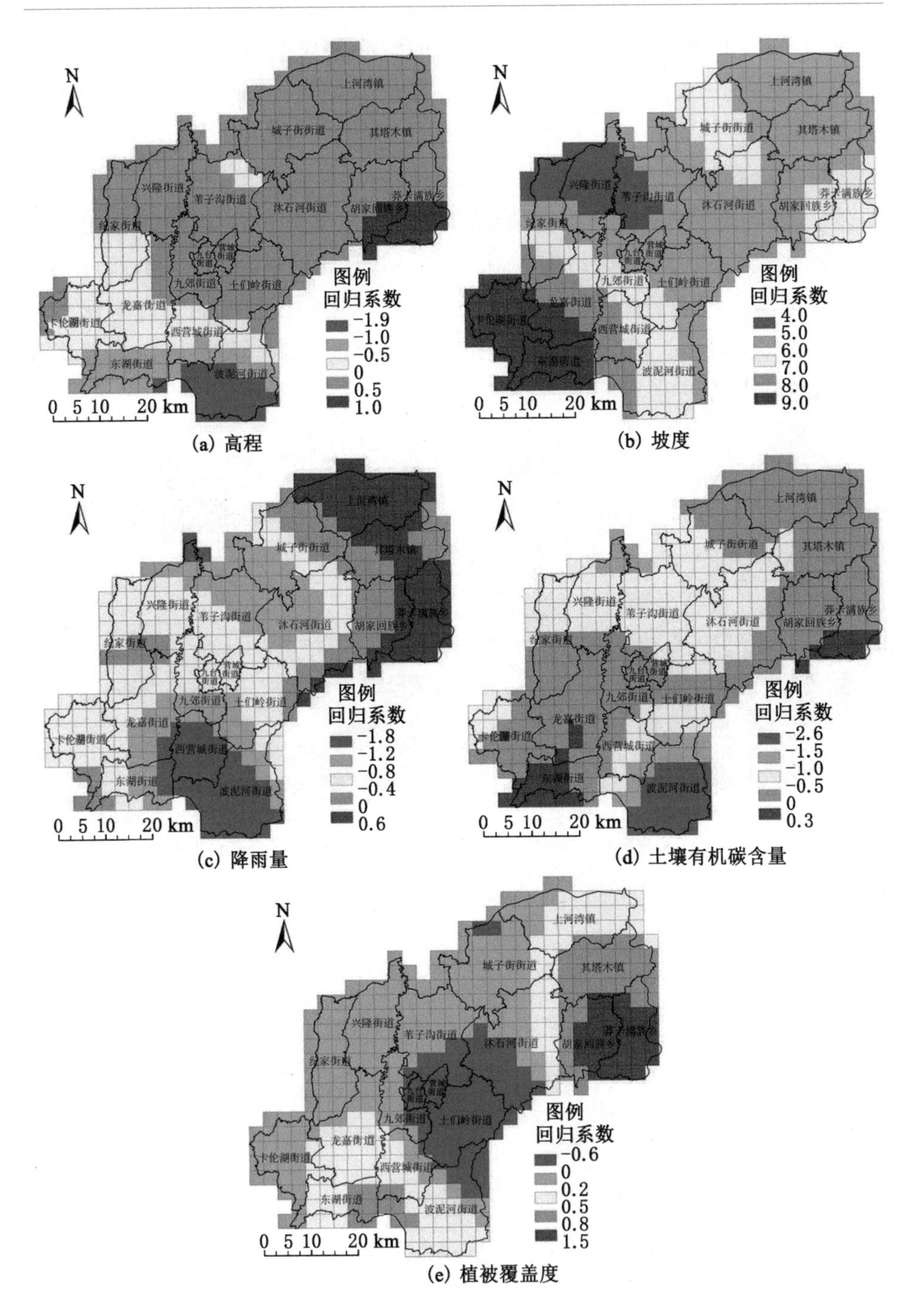

图 5-11 GWR 模型自然因素解释变量回归系数空间分布图

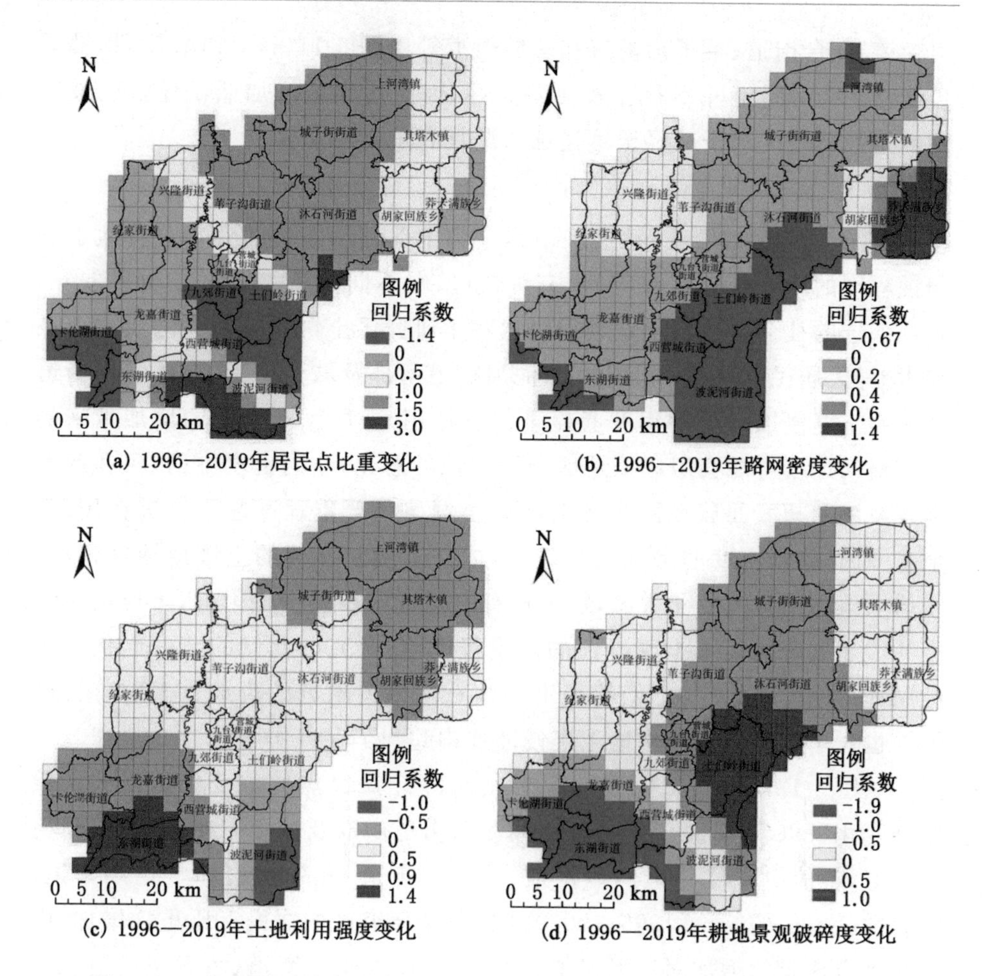

(a) 1996—2019年居民点比重变化

(b) 1996—2019年路网密度变化

(c) 1996—2019年土地利用强度变化

(d) 1996—2019年耕地景观破碎度变化

图 5-12　GWR 模型社会经济及土地利用因素解释变量回归系数空间分布图

集中在上河湾镇、其塔木镇、莽卡满族乡等乡镇，在整个研究区绝大部分网格单元中回归系数为负值，大体上呈现出由东向西逐渐降低的趋势，说明降雨量对研究区大部分区域耕地土壤侵蚀状况具有负效应；土壤有机碳影响因素回归系数在绝大部分网格单元为负值，负值中心集中在波泥河街道，正值的分布区域较少，集中在东湖街道、龙嘉街道以及莽卡满族乡，说明土壤有机碳含量对研究区大部分的区域耕地土壤侵蚀严重程度具有负效应，即土壤有机碳含量的增加在一定程度上对土壤侵蚀的严重程度起到抑制作用；植被覆盖度影响因素回归系数正值中心分布在南部地区和东部地区，并呈现出以此为中心向内逐渐减小的态势，负值主要分布在土们岭街道、沐石河街道、九台街道、苇子沟街道和营城街道等由图 5-11(e)可以看出，植被覆盖度在空间分布上并不存在较大差异性，因此适当地增加低山丘陵区坡耕地的植被覆盖度对于减轻土壤侵蚀状况具有重要的作用。

2. 社会经济及土地利用因素解释变量回归系数空间分布

由图 5-12 可以看出，社会经济因素和土地利用条件的变化对耕地土壤侵蚀程度的影响既有正效应，也有负效应，在不同乡镇之间存在明显差异。各项备选的社会经济及土地利用因素对于研究区土壤侵蚀格局的影响存在较大差异：居民点比重的变化在波泥河街道南部及城子街街道、沐石河街道区域对土壤侵蚀的严重程度起显著促进作用，即居民点密度的增加带来的人口活动加剧可能会引起该地区土壤侵蚀的恶化；路网密度方面，仅在莽卡满族乡以及胡家回族乡的东部对区域土壤侵蚀严重程度起到促进作用，其余范围内，路网密度的增加幅度较小，或并未引起显著的土壤侵蚀加剧；在整体土地利用强度变化方面，距离长春市较近的东湖街道附近，土地利用强度的增加显著加大了土壤侵蚀的严重程度，在研究区北侧的坡度起伏较大区同样得出类似规律；土们岭街道和沐石河街道附近的耕地景观破碎程度增加也对于该区域的坡耕地土壤侵蚀加剧起到了促进作用。

从图 5-12(a)GWR 模型中 1996—2019 年居民点比重变化的回归系数空间变化可以看出，正值区域位于波泥河街道南部及城子街街道、沐石河街道区域，负值中心位于土们岭街道、波泥河街道、九郊街道和卡伦湖街道。结合图 5-8(a)的结论：1996—2019 年内整个研究区的居民点比重均增加，因此居民点比重的增加对波泥河街道的西南部、城子街街道、沐石河街道以及苇子沟街道的严重耕地土壤侵蚀程度具有积极的促进作用，对波泥河街道的东北部、土们岭街道、九郊街道和卡伦湖街道的耕地土壤侵蚀产生负效应影响。

从图 5-12(b)GWR 模型中 1996—2019 年路网密度变化的回归系数空间变化可以看出，路网密度变化影响因素的正值中心分布在东部的莽卡满族乡以及胡家回族乡的东部，负值中心则集中分布在沐石河街道、土们岭街道、西营城街道和波泥河街道。结合图 5-8(b)的结论：1996—2019 年内整个研究区的路网密度均增加，莽卡满族乡以及胡家回族乡东部村庄路网密度的增加对严重耕地土壤侵蚀程度具有积极的促进作用，而在沐石河街道、土们岭街道、西营城街道和波泥河街道范围内，耕地土壤侵蚀状况并没有随着路网密度变化值的增加而严重。

从图 5-12(c)GWR 模型中 1996—2019 年土地利用强度变化的回归系数空间变化可以看出，土地利用强度变化影响因素回归系数正值区域分布在距离长春市较近的东湖街道、卡伦湖街道以及龙嘉街道，在研究区北侧的坡度起伏较大区(上河湾镇、其塔木镇、胡家回族乡、城子街街道)同样得出类似规律。结合图 5-8(b)和图 5-8(c)可以看出，处于正值区的东湖街道、卡伦湖街道和龙嘉街道 1996—2019 年土地利用强度增大的原因为建设用地的扩张(城镇的扩张以及交通运输用地的建设)，占用了大量的耕地资源，尤其是卡伦湖街道，建设用地密度的增加不仅使得原本的植被受到破坏，表土的抗蚀能力减弱，而且建设用地的不透水性增加了径流量，对城郊的耕地土壤侵蚀状况造成不利的影响。

前述研究得出的土壤侵蚀状况较严重的大部分乡镇(沐石河街道、上河湾镇、城子街街道、胡家回族乡、土们岭街道、苇子沟街道)均处于正值区，原因可能是低山丘陵区中林地被开垦为坡耕地，地块丧失了林区植被对土壤的保护能力，土地利用强度升高，毁林垦荒的行为加速了土壤侵蚀的速度和规模。负值中心分布在波泥河街道，间接说明波泥河街道毁林开荒的现象并不严重。

从图 5-12(d)GWR 模型中 1996—2019 年耕地景观破碎度变化的回归系数空间变化可以看出，正值中心位于土们岭街道以及沐石河街道南部，并呈现出以此为中心向两边逐渐降低的趋势。正值区与低山丘陵区以及严重耕地土壤侵蚀区域的分布相似，说明该区域在耕地向林地扩张的过程中，耕地斑块破碎化程度上升，对土壤侵蚀的加剧起到了积极的作用。负值中心主要分布在东湖街道、卡伦湖街道和龙嘉街道，该区域存在着建设用地扩张的情况，耕地破碎化程度上升，但是在该区域并没有对土壤侵蚀的状况起到积极的促进作用。

综上，结合土壤侵蚀格局来看，居民点比重、土地利用强度、耕地自身景观破碎程度的增加均会不同程度地对周边耕地土壤的侵蚀格局产生显著影响，其中以居民点比重和耕地景观破碎度变化对于高侵蚀模式区域的影响范围最广。土地利用强度起到正向作用的东湖街道，其耕地资源土壤侵蚀程度尚低，但是也受到周边土地开发的严重影响，需要结合适当的土地调控手段进行国土空间开发保护格局优化，从而避免土壤侵蚀的进一步加剧。

5.4 东北黑土区坡耕地土壤侵蚀防治措施建议

土壤侵蚀是造成原位土壤流失和土地退化(例如土壤有机碳流失)的主要原因,还会造成地表水污染、水库淤积以及洪水风险增加(Lal,2001;Jean,2018)。因此,及时采取土壤侵蚀整治措施对于保护土壤资源以及农用地的生产力至关重要。

基于土壤侵蚀模数的县域耕地土壤侵蚀空间分布图,可以将乡镇作为防治的基本单元来定量、精准、清晰地反映整个县域土壤侵蚀的程度和强度及其空间分布特征,并结合土壤侵蚀严重程度指数聚类以及相关空间分析得到耕地土壤重点预防和治理的乡镇分布。经研究得出,九台区耕地土壤侵蚀防治的重点区域是坡耕地,主要位于沐石河街道、波泥河街道、上河湾镇、城子街街道、胡家回族乡、土们岭街道等6个地区。根据研究区耕地土壤侵蚀空间及其驱动机制研究,从乡镇的尺度对于东北低山丘陵区县域耕地土壤侵蚀状况针对性地提出防治措施。

选取沐石河街道、波泥河街道、上河湾镇、城子街街道、胡家回族乡、土们岭街道等6个地区为研究区耕地土壤侵蚀的重点防治区域,主要原因包括以下三点:① 以上乡镇有大量的耕地是由林地转化而来,大部分为坡度较陡的坡耕地,并且坡度越大,耕地土壤侵蚀的状况就越严重,在此背景下土壤经雨水冲刷较易脱离地表发生水土流失;② 森林植被景观对于土壤侵蚀具有较好的控制能力,其冠层对降雨具有很强的截留能力,较厚的冠层和枯枝落叶利于地表水下渗与保存,植被根系能提高土壤的抗侵蚀能力,毁林垦荒的行为使植被对土壤的保护能力减弱,加速了土壤侵蚀的速度和规模;③ 耕地向林地扩张的过程,耕地斑块破碎化程度上升,对土壤侵蚀的加剧起到了积极的作用。针对以上情况,本书从土地管理的角度针对性地提出以下四点耕地土壤侵蚀防治措施:

(1) 鉴于土壤有机碳对耕地土壤侵蚀的负相关作用,以及土壤侵蚀过程对土壤有机碳迁移-空间再分布的影响,将农业活动最为频繁的坡中部划定为土壤侵蚀防治重点区,该区域生态环境受到很大的干扰,主要采取保水保土耕作方式,其中包括改变垄作方式(横坡垄作)、改变微地形(沟垅种植、修筑坡式梯田及台田)、增加植被覆盖度(草田轮作、栽种树木以及植被覆盖地埂)以及提高土壤可蚀性(免耕少耕、深耕深种、增施有机肥以及秸秆还田覆盖等保护性耕作措施),上述措施通过保水保土以及增加SOC含量来改善耕地土壤侵蚀状况。尤其对于坡中部(即本书研究的侵蚀点),应大力采取秸秆还田、免耕覆盖、深松覆盖等固碳措施,增加土壤有机碳含量,提高对土壤侵蚀严重程度的抑制作用,对于维持坡耕地的生产力具有重要作用。

(2) 鉴于坡度对于耕地土壤侵蚀的显著正相关性,建议结合《黑土区水土流失综合防治技术标准》,根据坡度选择合适的土壤侵蚀防治措施:将坡度在15°以上的坡耕地划定为土壤侵蚀修复区,禁止开垦,主要实施封山育林治理措施,已开垦的耕地必须实行退耕还林,以植被的自然恢复为主要措施,人工修复为辅,减少开发建设以及农业活动等人类活动的干扰,在保护优先的前提下,通过生态自然修复达到水土保持的目的;坡度在3°以下的坡耕地采取等高改垄的措施,3°～5°的坡耕地采取修筑坡式梯田、植被覆盖地埂的措施,5°～8°的坡耕地则可以采用修筑水平梯田的方式,8°～15°的坡耕地可以通过修筑台田、栽种树木的方式来防治水土流失。

(3) 基于耕地土壤侵蚀与景观破碎度之间的关系,发现景观破碎化是促进土壤侵蚀产沙以及输沙的重要驱动力,在此基础上对破碎程度较高的坡耕地进行有效整合,聚零为整,提高耕地间的连通性,这样既能保持生态系统结构和功能的稳定,又能有效地防治边缘耕地块的土壤侵蚀状况,减轻水土流失。

(4) 基于GWR模型的社会经济与土地利用条件回归结果可以看出,土地利用强度和耕地景观破碎度变化对耕地土壤侵蚀具有显著的影响,因此低山丘陵区土壤侵蚀的防治必须以土地资源的合理利用为前提。低山丘陵区土地可持续利用以及水土流失防治问题非常复杂。土地利用规划和水土保持规划分别作为土地利用管理和水土流失防治的依据,在具体实施过程中各自为政,成了加剧水土流失的重要原因(杨子生 等,2001)。因此,建议以县域为单位,将土地利用规划和水土保持规划相结合,为低山丘陵区土地资源的可持续利用和人地关系协调发展提供科学依据。

本章参考文献

李通,闫敏,陈博伟,等,2020.海南岛海岸带土地利用强度与生态承载力分析[J].测绘通报(9):54-59.

刘蜀涵,2018.基于耕地保护的典型黑土区生态用地增量配置研究[D].长春:吉林大学.

孙菲菲,张增祥,左丽君,等,2020.土地利用强度研究进展、瓶颈问题与前景展望[J].草业科学,37(7):1259-1271.

王晓东,蒙吉军,2014.土地利用变化的环境生态效应研究进展[J].北京大学学报(自然科学版),50(6):1133-1140.

杨子生,2001.论水土流失与土壤侵蚀及其有关概念的界定[J].山地学报,19(5):436-445.

庄大方,刘纪远,1997.中国土地利用程度的区域分异模型研究[J].自然资源学报,12(2):105-111.

JEAN P,2018. Soil erosion in the Anthropocene: research needs[J]. Earth surface processes and landforms,43(1):64-84.

LAL R, 2001. Soil degradation by erosion [J]. Land degradation & development,12(6):519-539.

6 东北低山丘陵区典型县域土壤退化风险与生态退耕格局研究

黑土退化是威胁国家粮食安全的严重隐患，近年来愈发受到重视（孔祥斌，2020）。东北地区已经历多轮大规模、高强度开垦活动，区域粮食产能虽然得以保障，但同时流失大量林地、草地、湿地等具备高生态系统服务价值的土地资源，整体耕地分布北向迁移，空间适宜性不断变差（孔祥斌，2020），黑土地随之出现结构性功能退化（宋戈 等，2022）。20 世纪 80 年代至 21 世纪 20 年代，松辽平原区土壤有机碳减少约 131 Mt（宋戈 等，2022）；三江平原土壤有机质含量由 10.9%降至 5.9%以下，氮、磷含量分别下降 3.69%、0.22%（李世泉 等，2008）。这说明东北黑土区农业系统韧性降低，不利于国家藏粮于地战略和长期粮食稳产增产目标（汪景宽 等，2021）。亟待开展生态治理保护与农田空间置换（Beyer et al.，2022），以协调东北黑土区农业发展与生态保护矛盾，系统提升耕地空间适宜性。

耕地空间适宜性可被定义为国土空间对持续性耕种的固有适宜程度（孔祥斌，2020）。东北地区后备耕地资源充足，在耕地总量动态平衡政策影响下，已成为全国重要的耕地开发和易地补充区（韩晓增 等，2018a），但不乏部分自然条件差、生产能力低、负面效应强的边际土地被开垦为耕地，其持续耕种造成的生态损失将超出产能贡献，是导致东北黑土区耕地空间适宜性变差的重要原因（韩晓增 等，2018b）。目前，有学者提出应遵循“提”“守”“退”的思路重构农业空间，逐步提升耕地空间适宜性（孔祥斌，2020）。其中，“退”即通过开展生态退耕加强东北地区农业系统韧性和黑土地利用的可持续性（杨梅 等，2017）。在生态退耕领域，学者主要围绕退耕规模测算（白玮 等，2007；关小克 等，2020；郑新奇 等，2007）、退耕格局监测与优化（侯孟阳 等，2019；展秀丽 等，2015；周德成 等，2012）、退耕的生态与产能效应（闫慧敏 等，2012；李陈 等，2016）、退耕补偿机制构建（王欧 等，2005；黄富祥等,2002)等方向开展研究。退耕格局是指导耕地保护生态治理工程精准落地的重要基础,相关研究主要通过建立最小累积阻力模型(邱硕 等,2018;李恒凯 等,2020;王金亮 等,2016;潘竟虎 等,2015)和需求压力指数(王永艳等,2014)等方法评价耕地空间适宜性并构建退耕格局,在此基础上依据多情景比照(陈红 等,2019)、潜力测算(宋戈 等,2019)等途径拟定退耕方案、给出退耕建议。仅以基础生态安全约束为主要退耕依据对粮食产能的影响较大,不仅忽视了区域农业-生态主体矛盾与核心退化问题(刘国彬 等,2017),也未能充分协调和权衡粮食安全与生态安全,将影响退耕决策的准确性和科学性。

鉴于此,本书针对黑土资源分布广泛且退化问题相对严重的漫川漫岗地形,选择长春市九台区为典型县域,围绕水土流失、面源污染以及资源质量和稳定性减退等黑土地核心退化问题,基于生态安全约束强度设置不同退耕情景,通过对比各情景下耕地数量、质量与生态效益,拟定退耕方案,旨在为研究区后续退耕决策提供依据。研究对于缓和东北黑土区农业-生态矛盾、基于空间适宜视角实现东北地区耕地资源可持续利用与粮食长久稳产目标具有科学意义。

6.1 数据来源和研究方法

6.1.1 数据来源及处理

本书包含土地利用数据、自然环境数据与耕地调查数据。其中土地利用数据来自 2019 年 Sentinel-2 高分辨率多光谱成像卫星影像数据,分辨率为 10 m,源于欧洲航天局数据共享网站,并通过 ENVI 5.3 软件对遥感影像进行辐射定标、大气校正等预处理步骤,结合研究区实际需要对影像进行监督分类,确定土地利用类型为耕地、林地、草地、水体、建设用地及未利用地。经国土调查数据检验,解译数据精度达到 90%以上,满足研究要求。

自然环境数据包含 DEM 数据、土壤类型数据、气象数据、流量监测数据以及 NDVI 指数数据等。其中,DEM 数据来源于 SRTM,空间分辨率为 90 m;气象数据由中国气象数据网(http://data.cma.cn/)下载,内容包括研究区内各气象站点的降水、气温、湿度、风速、日照小时数的日均值数据;流量监测数据来自研究区临近流域水文站，通过流域面积换算法获取各流域内子流域的流量过程数据；植被覆盖度指数数据基于哨兵二号遥感地表反射率产品，通过谷歌地球引擎(GEE)平台计算全年最高值；土壤类型数据来自中国土壤类型数据库。全部数据经重采样后统一至 1 km 空间分辨率。

耕地调查数据包括耕地质量数据和不稳定耕地分布数据。其中，耕地质量数据来自农用地分等结果，提取包括土壤有机质含量、土壤 pH 值、土层厚度等基础信息；不稳定耕地分布数据来源于不稳定耕地调查，依照资源分布状况提取河道耕地及林区耕地作为研究基础。此外，利用 DEM 数据计算分别得出研究区坡度、坡长及地表粗糙度数据；提取主要道路空间分布信息，计算得出每个栅格到主要道路的成本距离。

6.1.2 技术路线

提升耕地空间适宜性，首先应严格管控和持续整治、修复永久基本农田的核心产区（孔祥斌，2020）；其次通过开展农田空间置换（Beyer et al.，2022），退耕边际耕地，再利用土地整理、开发、质量建设等手段补齐由于生态退耕造成的粮食损失，实现产能和资源的"进出平衡"，以充分协调生态安全与粮食安全。传统退耕情景模拟以水源涵养、景观游憩等基础生态约束为主要依据，以生态优先原则统筹退耕格局（邱硕 等，2018；李恒凯 等，2020）。虽然在模拟强度上考虑了与粮食生产的协调性，但其本质是从数量上找补平衡点，忽略了耕地属性的空间差异性和区域主要生态-农业矛盾。这种模式在最大程度上保障了生态安全，但也可能损耗其中的优质耕地资源，这与东北黑土区作为商品粮生产基地的战略性定位相冲突。因此，本书提出以基础生态约束为前提，以复合型黑土退化风险为核心的融合退耕思路（图 6-1），系统提升黑土区耕地空间适宜性。

漫川漫岗区黑土地以水土流失强度大、面源污染范围广、资源质量和稳定性难保障等为主要瓶颈（顾广贺 等，2015），是影响黑土地可持续利用的核心退化问题。因此，在水源涵养、景观游憩及生物多样性等基础生态因素约束下，优先退耕以下三类耕地资源：① 地形坡度起伏明显、水土流失强度较高的耕地；② 在自然地理环境与耕作管理方式影响下，持续耕种将存在严重面源污染威胁的耕地；③ 资源稳定性差且质量较低，产收难以保障的边际耕地。

如下，设定粮食安全情景、综合协调情景和生态安全情景三种不同退耕强度，依据不同退耕情景下耕地数量、质量、生态（主要考虑支持与调节服务价值）变化情况，拟定退耕方案并提出退耕建议。

粮食安全情景：以粮食安全为目标，尽可能维持耕地数量。仅有强生态约束下的黑土退化高风险地区需要退耕。

综合协调情景：以综合权衡为目标，兼顾粮食安全和生态保护。在此情景下，强生态约束和中生态约束下的黑土退化高风险地区需要退耕。

生态安全情景：以生态安全为目标，重点考虑区域生态环境改善和生态效益增加。此情景下约束力最高，强、中、弱生态约束下的黑土退化高风险地区均需要退耕。

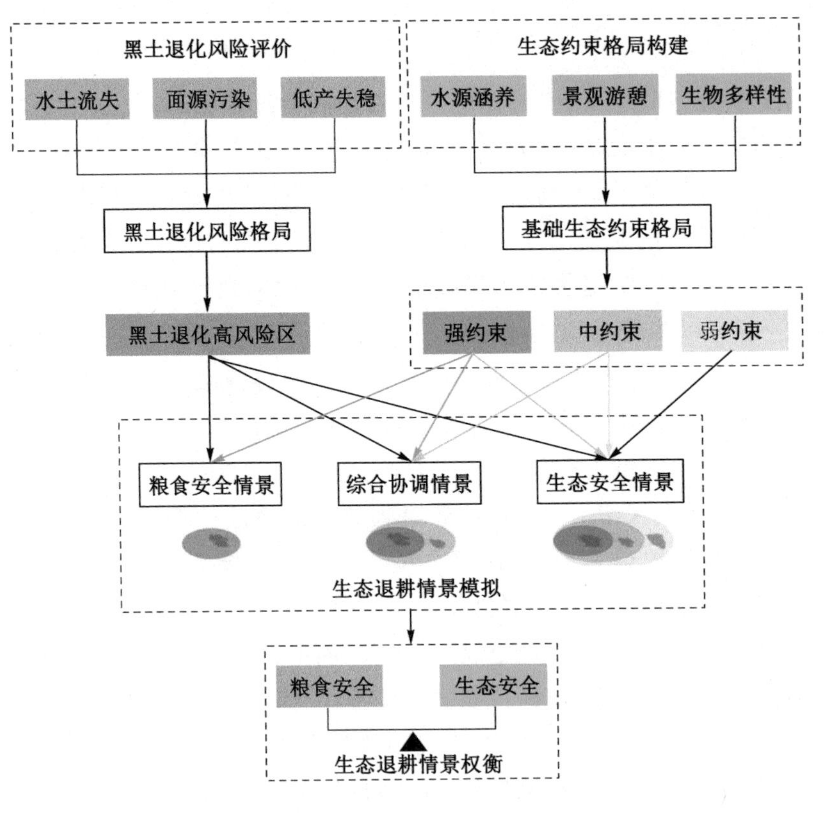

图 6-1　技术路线图

6.1.3 黑土退化风险与基础生态约束

6.1.3.1 面源污染风险格局

本书基于 SWAT 模型建立面源污染格局。SWAT 模型能够在不同土壤类型和土地利用的大尺度流域内模拟流域产流、产沙以及营养物负荷等的变化情况。本书基于研究区 DEM 数据构建研究区河网，将研究区划分为 102 个子流域，设置土地利用和土壤数据的分类阈值均为 5%，进而对径流、水质参数率定及检验，并对研究区各子流域年平均氮、磷负荷量进行空间特征分析(图 6-2)，结合研究区实际及模型结果，最终面源污染格局以总氮含量与总磷含量的均值表示。

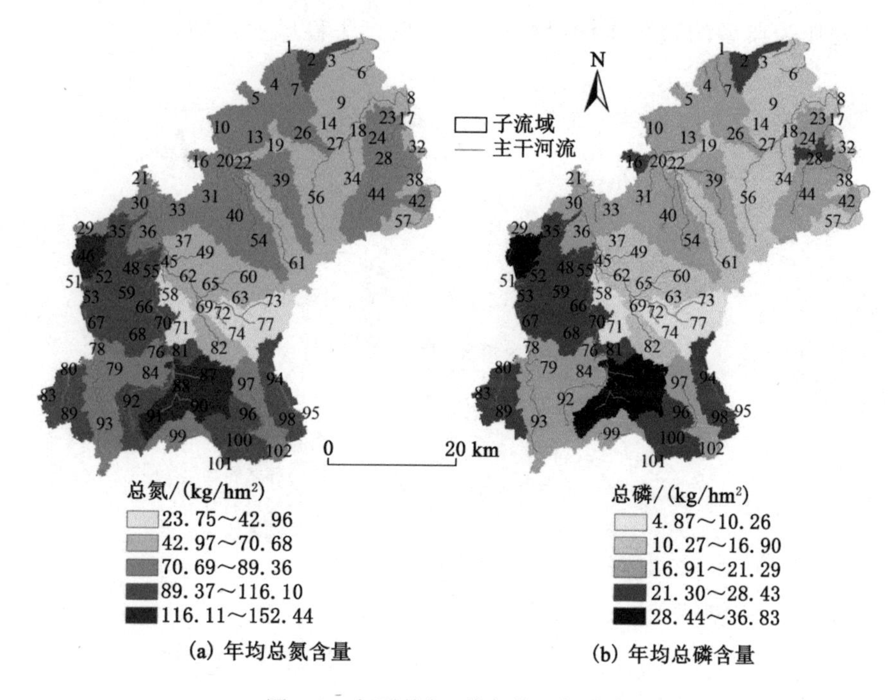

图 6-2 年平均氮、磷负荷空间分布

6.1.3.2 水土流失风险格局

本书主要依据修正土壤流失方程(RULSE)测度研究区水土流失强度并得出其空间分布状况，其公式为：

$$A = R \times K \times \mathrm{LS} \times C \times P \tag{6-1}$$

式中，A 表示年均土壤流失量；R 表示降雨侵蚀力因子；K 表示土壤可蚀性因子；LS 为坡度坡长因子；C 为植被覆盖与管理因子；P 为水土保持措施因子。依据相关研究（祝元丽，2021；冯强 等，2014；王万忠 等，1996；许月卿 等，2006）进行因子赋值与计算。

6.1.3.3 低产失稳风险格局

研究区低产失稳风险是指由于土地利用环境与质量较差导致的低稳定性与低产能风险。低产失稳风险格局的建立分为两个步骤：第一，基于基础质量要素开展耕地质量评价并依据自然断点法按质量从优到劣划分为四个评价等级，选定其中四级耕地为存在低产风险的耕地资源；第二，在此基础上叠加不稳定耕地调查结果（图 6-3），提取其中存在低产风险且稳定性较差的耕地作为典型的边际耕地，构建研究区低产失稳风险格局。

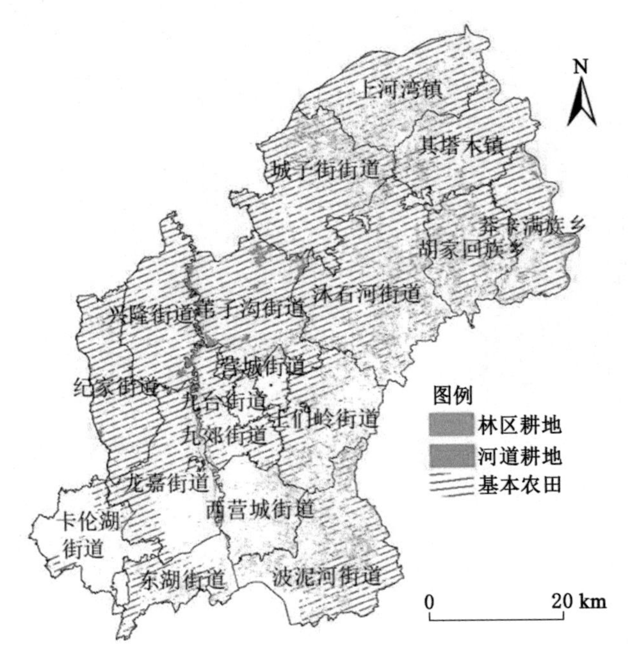

图 6-3 研究区不稳定耕地分布

结合研究区实际及相关研究成果，质量评价通过以下方式计算：

$$LQI=0.3\times NDVI+0.25\times SD+0.2\times SOM+0.15\times Slope+0.1\times pH \tag{6-2}$$

式中，LQI 为耕地质量指数，NDVI 为研究区植被覆盖度指数，SD 为土层厚度，SOM 为土壤有机质含量，Slope 为坡度，pH 为土壤酸碱值。

综上，本书结合层次分析法及研究区实际情况，分别针对面源污染风险格局、水土流失风险格局、低产失稳风险格局设置 0.40、0.25、0.35 的权重综合建立黑土退化风险格局。

6.1.3.4　基础生态约束格局

为减缓农业-生态冲突，维护研究区整体生态安全，本书在上述黑土退化风险基础上增设生态约束条件，识别退化程度较高、生态威胁严重、对资源可持续利用影响较大的耕地地块。结合研究区漫川漫岗地形和土地利用情况，本书参考相关研究（刘蜀涵，2018），选定水源涵养、景观游憩及生物多样性三项要素构建生态约束格局。

其中，水源涵养和景观游憩格局采用最小累积阻力模型（MCR）建立，以反映土地利用类型及人类活动对于生态的影响。其中，最小累积阻力表示物种基于生态源地向外扩散的水平运动过程所受阻力成本，在本书中分别用来模拟研究区水体拓展延伸和人群交流活动过程中需要克服各类阻力所耗费功的总和，以此评估并保护重要生态地区水文调蓄功能及旅游观光价值。其公式为：

$$\mathrm{MCR} = f_{\min} \sum_{j=n}^{i=m} (D_{ij} \times R_i) \tag{6-3}$$

式中，MCR 表示最小累积阻力值；f 表示反映正相关关系的相应正函数；min 表示景观单元对于不同的源地取累积阻力最小值；D_{ij} 表示源地 j 到景观单元 i 的空间距离；R_i 表示景观单元 i 对源头拓展的阻力系数。

阻力指标的确立决定了基于水源或人群向外发展的水平运动过程所受阻力程度，依据研究区实际情况选取降雨量、坡度等评价因子（表 6-1）。上述评价结果数值越高，表示所受阻力越大，生态适宜性越差。

表 6-1　水源涵养与景观游憩格局评价因子体系

系统层	指标层	因子分级及权重				
		10	20	30	40	权重
水源涵养因素	降雨量/mm	＞150	100～150	50～100	＜50	0.50
	坡度/(°)	＜2	2～5	5～15	＞15	0.20
	NDVI	≥0.65	0.50～0.65	0.30～0.50	＜0.30	0.30

表 6-1（续）

系统层	指标层	因子分级及权重				
		10	20	30	40	权重
景观游憩因素	相对高程/m	＜50	50～100	100～150	＞150	0.20
	土地利用类型	建设用地	林地、草地	耕地、未利用地	水体	0.40
	坡度/(°)	＜2	2～5	5～15	＞15	0.25
	距道路距离/m	＜100	100～1 000	1 000～5 000	＞5 000	0.15

另一方面，生态源地是物种扩散和维持的源点，是生态安全格局的核心要素，其本身应具有较高的生境质量（吴健生 等，2013）。故采用 InVEST 模型中生境质量（Habitat Quality）模块构造生物多样性格局，公式如下：

$$Q_{xj}=H_j\left[1-D_{xj}^2/(D_{xj}^2+k^2)\right] \tag{6-4}$$

式中，Q_{xj} 表示景观 H_j 在景观格局 j 中的生境适宜性；k 为半饱和常数；D_{xj} 表示景观类型 j 栅格 x 的生境胁迫水平。

综上，参考马才学等（马才学 等，2022；于成龙 等，2021）的研究成果及研究区实际情况，本书最终分别针对水源涵养格局、景观游憩格局和生物多样性格局设置 0.30、0.30 和 0.40 的权重，同时依据指标方向性综合建立基础生态约束格局。

6.1.3.5 生态系统服务价值

退耕遵从适宜性与邻近性原则，对于邻近林地的退耕地块采取还林措施，而河道或草地附近则采取退耕还草措施。为评估不同退耕情景下生态效益变化，本书引入生态系统服务价值进行分析，依据中国生态系统服务价值当量表（谢高地 等，2003）与吉林省生态系统服务价值当量因子（张莉金 等，2023），拟定研究区当量因子为 2 221.41，结合研究区实际状况，最终确定研究区的各土地利用类型单位面积生态系统服务价值当量系数（表 6-2），并依此分析退耕前后研究区生态系统服务价值变化，公式如下：

$$\mathrm{ESV}=\sum(V_{ci}\times A_i) \tag{6-5}$$

式中，ESV 代表生态服务价值，V_{ci} 是第 i 类用地单位面积的生态服务价值（元/hm^2），Ai 为第 i 类土地的面积（hm^2）。

表 6-2 研究区生态系统服务价值系数/元

生态系统服务		耕地		林地	草地
		旱地	水田		
调节服务	气体调节	1 488.34	2 465.77	4 820.46	4 376.18
	气候调节	799.71	1 266.20	14 439.17	11 573.55
	净化环境	222.14	377.64	4 287.32	3 820.83
支持服务	水文	599.78	6 042.24	10 529.48	8 485.79
	土壤保持	2 288.05	22.21	5 886.74	5 331.38
	维持养分循环	266.57	422.07	444.28	399.85
	生物多样性	288.78	466.50	5 353.60	4 842.67

6.2 九台区土壤退化风险与生态退耕格局

6.2.1 研究区黑土退化风险格局

研究区面源污染风险存在显著空间差异[图 6-4(a)]，整体呈现自西南向东北递减趋势，23.8%的高污染地区主要集中在农耕强度较大的西部纪家街道和南部西营城街道，其中西部地区基本农田遍布密集，且主要为旱作耕地，污染物产量总体较大；南部地区地势起伏明显，林区耕地分布密集，土壤可蚀性相对较强，污染物进入附近水体的可能性增大；相较而言，研究区东北部地区植被覆盖度较高，区域环境未受明显影响。此外，研究区耕地资源的水土流失状况多数处于较低或低风险水平[图 6-4(b)]，局部植被覆盖与长势状况良好，近年来生态治理及水土流失防治工程已取得初步成效；较高风险与高风险区域分别占研究区的 13.7%与 2.6%，且集中分布在东部漫川漫岗地形特征显著区，在胡家回族乡与莽卡满族乡附近尤为突出，该类区域侵蚀沟分布相对密集，水土流失问题在高强度农业压力下将进一步加速土壤肥力下降，严重危害黑土地利用的可持续性。

叠加河道耕地与林区耕地范围获取其质量结构及空间位置可知，研究区河道耕地质量普遍较差(表 6-3)，处于三级和四级质量水平的耕地地块合计超过其总面积的 50%，不仅利用的稳定性难以得到保障，且产能贡献度也相对更低。此外，研究区西部饮马河流域分布大量低质量、稳定性差的边际

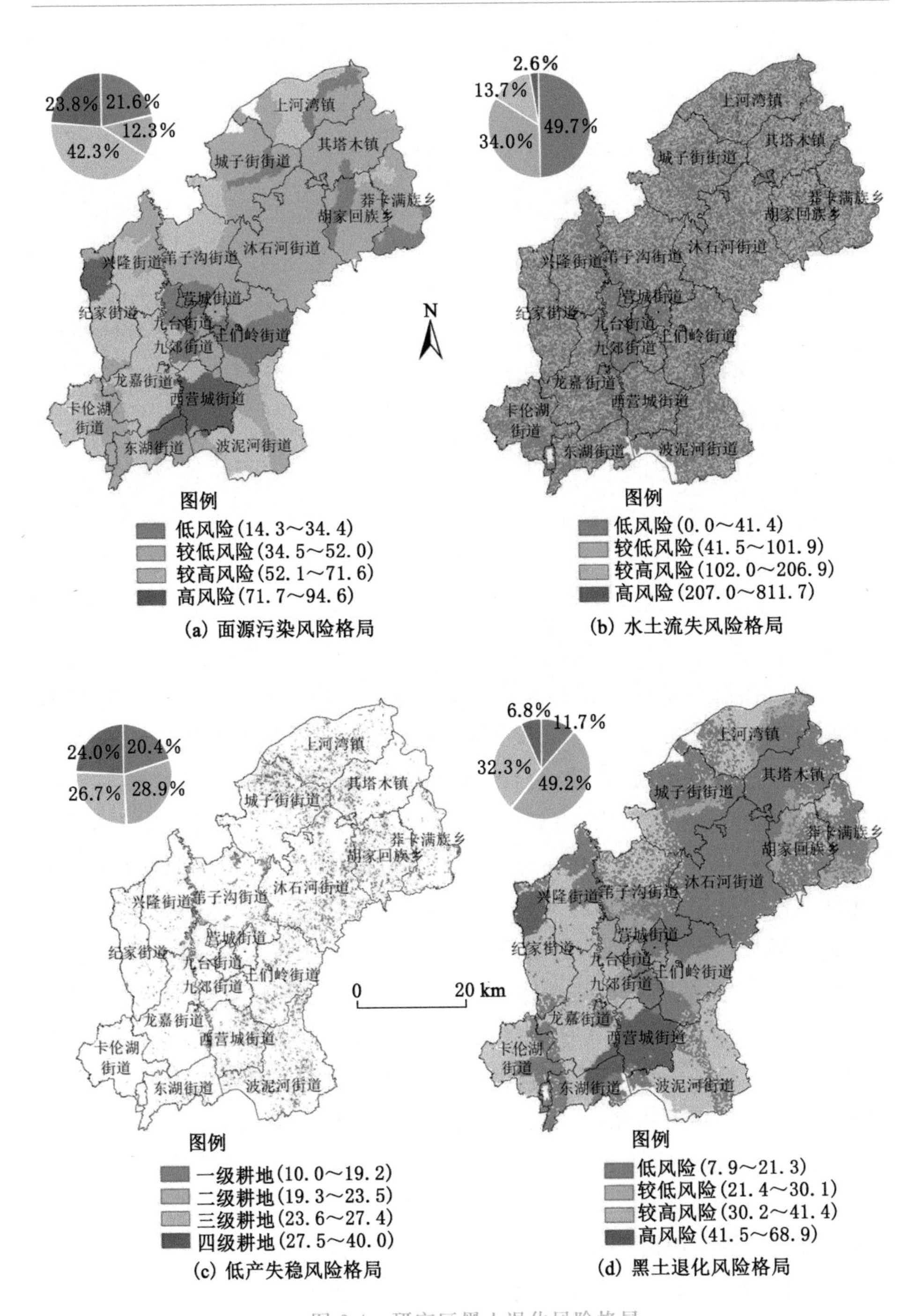

图 6-4　研究区黑土退化风险格局

耕地资源[图 6-4(c)],该类耕地同时还存在较高的面源污染风险;而东部及北部的地势起伏地带则零星散乱分布更多低质林区耕地资源,同时伴随有较高水土流失风险。

表 6-3 研究区不稳定耕地资源统计数据

不稳定耕地类型	面积/ha	占耕地总量/%	不稳定耕地质量结构			
			一级/%	二级/%	三级/%	四级/%
河道耕地	3 175.1	1.5	18.7	27.5	23.1	30.7
林区耕地	11 721.1	5.4	22.0	30.3	30.4	17.3

综合上述三类风险要素得出研究区黑土退化风险格局[图 6-4(d)]。研究区黑土退化程度在空间上整体呈现西南向东北递减趋势,与研究区面源污染强度分布大致相似,退化严重地区主要集中在面源污染较为严重的西部纪家街道和南部西营城街道。此外,中部河道耕地沿线部分边际耕地,不仅质量偏低,且水体污染受农耕影响较大,黑土退化风险也相对严重。

6.2.2 研究区基础生态约束格局

研究区水源涵养格局与游憩风险格局的整体数量结构相似,约有 50%的范围属于低生态约束区,且处于高约束状态的区域均不超过 5%[图 6-5(a)、图 6-5(b)]。在空间分布方面,水源涵养的中、高约束区主要集中在研究区西部的传统农耕范围内,该地区农业条件虽然相对优越,但区域的水源涵养需求对开垦活动约束性较强;景观游憩格局的中、高约束区更多分布于东部地势起伏地带,在上河湾镇、其塔木镇及蒙卡满族乡等地尤为集中;此外,研究区生物多样性保护显然受到农耕活动影响更大[图 6-5(c)],除北部和东部林地、草地等生态资源集中分布区外,其余 60.9%范围内的耕地资源均处在生物多样性保护的强约束之下,部分区域已不适合实施土地开发工程。

综合上述三类要素得出研究区生态约束格局[图 6-5(d)]。研究区基础生态约束性在空间上整体呈现西高东低的趋势,与研究区农耕活动强度分布一致,约有 15%的区域在水源涵养、游憩安全及生物多样性保护多方面受到高强度约束压力。其中,西部平原地区的水源涵养与生物多样性为农耕活动的主要约束因素;而中部和东北部区域则多数同时面临三类生态约束,与农耕活动冲突显著,持续耕种的适宜程度较低,基础生态环境有待治理改善。

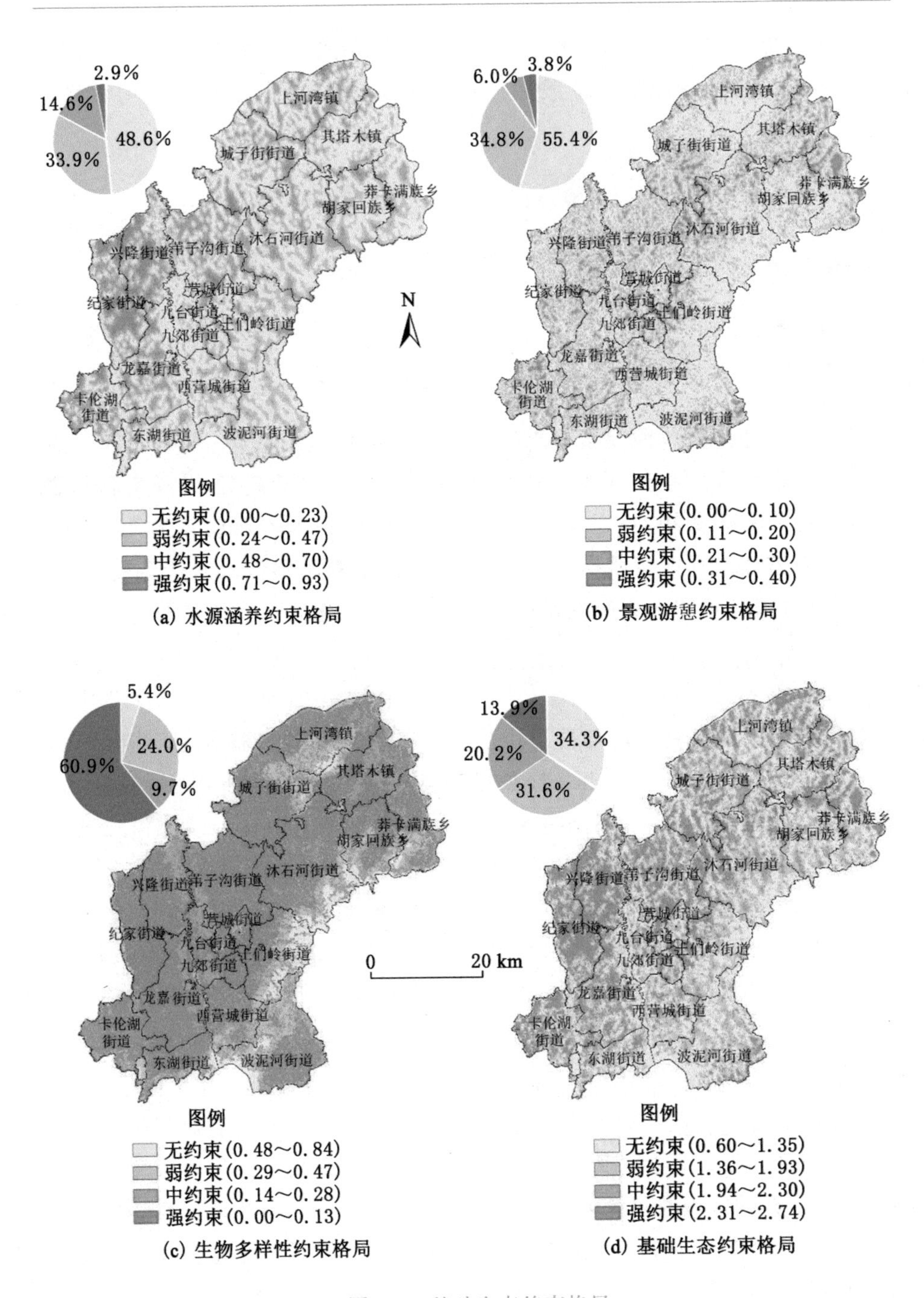

图 6-5 基础生态约束格局

6.2.3 研究区生态退耕情景模拟与建议

退耕格局仅考虑生态约束时，在粮食安全情景、综合协调情景和生态安全情景下分别退耕 8.4×10³、10.9×10³ 与 29.4×10³ ha 的耕地资源，约占研究区耕地总量的 3.8%，5.0%与 13.5%，多涉及研究区西部的优质耕地资源[图 6-6(a)、图 6-6(b)、图 6-6(c)]，该部分耕地粮食生产能力较强，退耕后虽能大幅提升区域生态效益，但同时将极大损害核心产能，耕地数量及平均质量大幅下降(表 6-4)，与国家粮食稳产增产目标冲突较大。

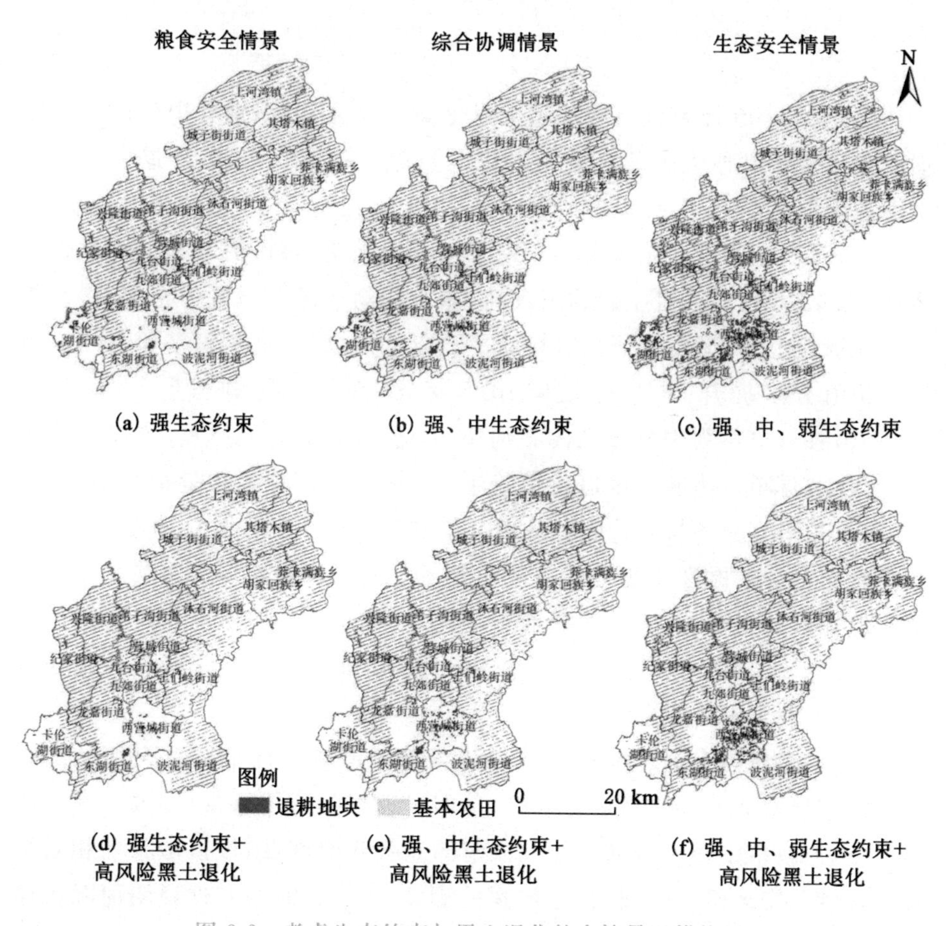

图 6-6 考虑生态约束与黑土退化的多情景退耕格局

表 6-4　多退耕情景下的耕地数量、质量与区域生态系统服务价值变化

多生态退耕情景		退耕后耕地资源变化			生态系统服务价值/亿元		
		耕地面积/10^3 ha	退耕百分比/%	平均质量指数	调节服务	支持服务	合计
耕地资源现状		217.6	/	23.8	25.8	10.4	36.2
粮食安全情景	基础生态约束	209.2	3.8	20.7	28.1	11.8	39.9
	叠加退化风险	215.6	0.9	24.3	26.3	10.6	36.9
综合协调情景	基础生态约束	206.7	5.0	18.8	30.1	12.1	42.2
	叠加退化风险	211.0	3.0	25.6	27.3	11.0	38.3
生态安全情景	基础生态约束	188.2	13.5	16.3	62.9	23.4	86.3
	叠加退化风险	200.1	8.0	17.1	56.0	22.6	78.6

因此，本书在此基础上叠加黑土退化高风险区，以识别其中生产能力受损严重且持续耕种生态危害较大的耕地资源。结果表明，三种退耕情景对生态系统服务价值均有提升作用。在粮食安全情景下，拟开展生态退耕 2.0×10^3 ha，主要退耕范围分布于南部西营城街道，该区域耕地因农耕强度较高，面源污染严重，且生态约束较高，加之周围林区耕地较为密集，将其作为优先退耕范围，退耕后研究区耕地平均质量指数为 24.3，调节服务与支持服务价值分别提升 26.3 亿元和 10.6 亿元；在综合协调情景下，拟退耕 6.6×10^3 ha，退耕集中分布在沐石河街道，该处水土流失严重，建议退耕还林，增强水源涵养功能。该退耕情景下，研究区平均耕地质量指数最高，为 25.6，同时调节服务与支持服务价值分别提升 27.3 亿元和 11.0 亿元，总值较粮食安全情景提升 3.8%；生态安全情景下的区域耕地调节服务与支持服务价值提升最为显著，但在该情景下，退耕后研究区平均耕地质量指数显著降低，说明该退耕情景涉及大量优质耕地资源，如仅秉持生态优先原则开展退耕，将不利于区域粮食生产。

综上，考虑黑土退化风险的综合协调情景能够在保证粮食产能的同时提升区域耕地调节和支持服务水平，是相对理想的退耕格局(图 6-7)。在该情景下，退耕范围集中分布于研究区南部地势起伏区域，该区域存在相对严重的面源污染风险，是退耕的主导风险因素(占 63.8%)。这说明面源污染已成为影响研究区农业生产的紧迫问题，对于维护整体生态系统与黑土地可持续利用十分不利。建议加强施肥管理，通过优先退耕其中的林区耕地

等措施建立隔离屏障，在缓解面源污染的同时构建重要生态廊道以减小基础生态约束强度（李怡 等，2021）。

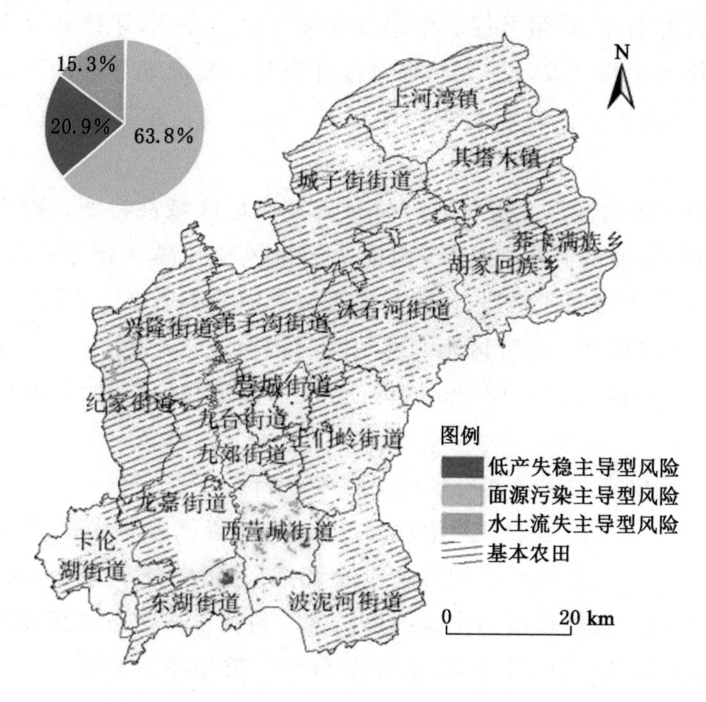

图 6-7 综合协调情景下主导风险分布

此外，有 20.9%的退耕范围由低产失稳风险主导，主要分布于东湖街道，该地区林草密集，多数为林区不稳定耕地且水源涵养功能较差，易导致土壤侵蚀与肥力降低，持续耕种的外部成本将逐渐加大，建议结合实际情况选择性还林还草或发展特色生态农业，构建多元化农产品生产与供给体系；研究区 15.3%的退耕范围受水土流失风险主导，主要分布于东部典型漫川漫岗地形的沐石河街道，该区域耕地的生态负荷相对较大，周围零星分布产能较低的不稳定耕地，说明该地区水土流失严重，耕地受多重风险主导，建议优先开展生态修复与治理。

6.2.4 结论与讨论

6.2.4.1 结论

本书选取九台区为漫川漫岗地形的典型县域，提出黑土退化风险与基础生态约束共同作用的生态退耕思路，厘清农业-生态矛盾并强调粮食主产区退耕格局应同时注重生态安全与粮食安全。通过对比多不同强度退耕情景的耕地资源数量、质量及区域生态系统服务价值变化，评估和权衡不同退耕方案并提出退耕建议。研究结果对提升东北川漫岗地形条件下的耕地空间适宜性、加强黑土区农业系统韧性具有理论意义。本章得出以下四个研究结论。

（1）漫川漫岗区黑土退化风险分布具备典型区域性特征。研究区西部地势稍平坦，耕地资源相对优质，但面源污染风险较高且分布广泛，是该区域主要黑土退化问题。此外，在饮马河流域集中分布有 3.2×10^3 ha 的低质量、不稳定河道耕地。研究区东北部地势起伏明显，黑土退化以水土流失风险为主，且分布有 11.7×10^3 ha 的低质量、不稳定林区耕地，占总体耕地资源的 5.4%。

（2）基础生态约束强度与区域资源禀赋特征存在空间一致性。研究区西部面源污染高风险区的农耕活动强度大、耕地资源相对优质，但基础生态约束性较强。高生态约束区约占总体的 13.9%，集中分布于这一区域，以水源涵养和生物多样性保护为主要约束因素。研究区东北部地区受地形条件影响，耕地坡度较大、质量不高，基础生态约束类型相对复杂、分布散乱，但整体约束水平不高。

（3）相较于传统以基础生态约束为依据开展退耕的方法，考虑黑土退化风险可充分识别其中的边际耕地、减轻对粮食安全的影响。模拟结果表明，在粮食安全情景、综合协调情景和生态安全情景下，研究区分别拟退耕 2.0×10^3 ha、6.6×10^3 ha、17.5×10^3 ha 的耕地资源，退耕后研究区耕地平均质量指数分别为 24.3、25.6 和 17.1，可提升调节和支持服务价值约 36.9 亿元、38.3 亿元和 78.6 亿元。生态安全情景生态效益最高但退耕后耕地质量下降明显，因此选定综合协调情景下的高退化风险耕地资源作为优先开展生态退耕的对象。

（4）在该情景下，超过 60%的退耕范围由面源污染风险主导，建议应加强施肥管理，优先退耕邻近河道的耕地资源，在缓解水体污染的同时构建生态廊道以减轻生态约束。此外，有 20.9%的退耕范围由低产失稳风险主导，多分布林区不稳定耕地且水源涵养功能较差，持续耕种的外部成本较大，可选择性退耕还林还草或发展特色生态农业；约 15.3%的退耕范围由水土流失风险主导，主要分布于东部沐石河街道，该区域耕地布局散乱，退化类型复杂且风险较高，建议优先开展退耕与国土空间生态修复。

6.3 东北低山丘陵区退耕建议

生态退耕仅是提升东北漫川漫岗地形区耕地资源空间适宜性的前置环节，其本质是舍弃对于粮食安全贡献度较低的边际产能，通过保育措施恢复生态环境、加强基础生态支持服务与调节服务，提高生态环境的自调节能力，从而保障东北黑土区农业系统的长久、持续运行。此部分丢失的产能可通过开垦适宜性高但生态负效应低的后备耕地资源、推行可持续或生态集约化农业(张莉金 等，2023)、开展土地整理与质量建设工程等多措并举进行补给，以保障在全球粮食供应短缺的现状下实现本土粮食生产能力稳中有升，同时防微杜渐，以确保东北黑土地农业韧性与资源利用的可持续性，在应对未来气候变化、极端天气事件频发的情况下依旧能稳产保供。本书对提升东北地区耕地空间适宜性及黑土地可持续利用具有科学意义。但受制于数据、方法限制，对于黑土地主要退化风险刻画存在不足之处，将在后续研究中加以修正、细化。

本章参考文献

白玮，郝晋珉，张秋平，等，2007. 土地利用总体规划中生态退耕规划标准指标体系构建与应用[J]. 农业工程学报，23(1)：72-76.

陈红，史云扬，柯新利，等，2019. 生态与经济协调目标下的郑州市土地利用空间优化配置[J]. 资源科学，41(4)：717-728.

冯强，赵文武，2014. USLE/RUSLE 中植被覆盖与管理因子研究进展[J]. 生态学报，34(16)：4461-4472.

顾广贺，王岩松，钟云飞，等，2015. 东北漫川漫岗区侵蚀沟发育特征研究[J]. 水土保持研究，22(2)：47-51.

关小克，王秀丽，任圆圆，等，2020. 黄河沿岸不同生态功能区耕地整治与优化调控研究[J]. 农业机械学报，51(12)：175-183，237.

韩晓增，李娜，2018a. 中国东北黑土地研究进展与展望[J]. 地理科学，38(7)：1032-1041.

韩晓增，邹文秀，2018b. 我国东北黑土地保护与肥力提升的成效与建议[J]. 中国科学院院刊，33(2)：206-212.

侯孟阳，姚顺波，邓元杰，等，2019. 格网尺度下延安市生态服务价值时空演变格局与分异特征：基于退耕还林工程的实施背景[J]. 自然资源学报，34(3)：539-552.

黄富祥，康慕谊，张新时，2002. 退耕还林还草过程中的经济补偿问题探讨[J]. 生态学报，22(4)：471-478.

孔祥斌，2020. 中国耕地保护生态治理内涵及实现路径[J]. 中国土地科学，34(12)：1-10.

李陈，靳相木，2016. 基于质量提升的规划期内县域耕地产能占补平衡潜力评价[J]. 自然资源学报，31(2)：265-274.

李恒凯，刘玉婷，李芹，等，2020. 基于 MCR 模型的南方稀土矿区生态安全格局分析[J]. 地理科学，40(6)：989-998.

李世泉，张树文，王岩松，等，2008. 黑土区三江平原水土流失变化趋势研究[J]. 中国水土保持(7)：34-37.

李怡，赵小敏，郭熙，等，2021. 基于 INVEST 和 MCR 模型的南方山地丘陵区生态保护红线优化[J]. 自然资源学报，36(11)：2980-2994.

刘国彬，上官周平，姚文艺，等，2017. 黄土高原生态工程的生态成效[J]. 中国科学院院刊，32(1)：11-19.

刘蜀涵，2018. 基于耕地保护的典型黑土区生态用地增量配置研究[D]. 长春：吉林大学.

马才学，杨蓉萱，柯新利，等，2022. 基于生态压力视角的长三角地区生态安全格局构建与优化[J]. 长江流域资源与环境，31(1)：135-147.

潘竟虎，刘晓，2015. 基于空间主成分和最小累积阻力模型的内陆河景观生态安全评价与格局优化：以张掖市甘州区为例[J]. 应用生态学报，26(10)：3126-3136.

邱硕，王宇欣，王平智，等，2018. 基于 MCR 模型的城镇生态安全格局构建和建设用地开发模式[J]. 农业工程学报，34(17)：257-265，302.

宋戈，刘燕妮，张文琦，等，2019. 基于可改良限制因子的耕地质量等别提升潜力研究[J]. 农业工程学报，35(14)：261-269.

宋戈，张红梅，2022. 东北典型黑土区耕地轮作休耕的空间重构[J]. 自然资源学报，37(9)：2231-2246.

汪景宽，徐香茹，裴久渤，等，2021. 东北黑土地区耕地质量现状与面临的机遇和挑战[J]. 土壤通报，52(3)：695-701.

王金亮，谢德体，邵景安，等，2016. 基于最小累积阻力模型的三峡库区耕地面源污染源-汇风险识别[J]. 农业工程学报，32(16)：206-215.

王欧，宋洪远，2005. 建立农业生态补偿机制的探讨[J]. 农业经济问题，26(6)：22-28，79.

王万忠，焦菊英，1996. 中国的土壤侵蚀因子定量评价研究[J]. 水土保持通报(5)：1-20.

王永艳，李阳兵，邵景安，等，2014. 基于斑块评价的三峡库区腹地坡耕地优化调控方法与案例研究[J]. 生态学报，34(12)：3245-3256.

吴健生，张理卿，彭建，等，2013. 深圳市景观生态安全格局源地综合识别[J]. 生态学报，33(13)：4125-4133.

谢高地，鲁春霞，冷允法，等，2003. 青藏高原生态资产的价值评估[J]. 自然资源学报，18(2)：189-196.

许月卿，邵晓梅，2006. 基于 GIS 和 RUSLE 的土壤侵蚀量计算：以贵州省猫跳河流域为例[J]. 北京林业大学学报，28(4)：67-71.

闫慧敏，刘纪远，黄河清，等，2012. 城市化和退耕还林草对中国耕地生产力的影响[J]. 地理学报，67(5)：579-588.

杨梅，刘章勇，2017. 农业土地共享和土地分离及其潜在的生物多样性效应[J]. 中国生态农业学报，25(6)：787-794.

于成龙，刘丹，冯锐，等，2021. 基于最小累积阻力模型的东北地区生态安全格局构建[J]. 生态学报，41(1)：290-301.

展秀丽，严平，谭遵泉，2015. 基于 GIS 技术的青海湖流域综合整治类型区划分及整治方向[J]. 地理科学，35(1)：122-128.

张莉金，白羽萍，胡业翠，等，2023. 不同 SSP-RCP 情景下中国生态系统服务价值评估[J]. 生态学报，43(2)：510-521.

郑新奇，杨树佳，象伟宁，等，2007. 基于农用地分等的基本农田保护空间规划方法研究[J]. 农业工程学报，23(1)：66-71.

周德成,赵淑清,朱超,2012.退耕还林还草工程对中国北方农牧交错区土地利用/覆被变化的影响:以科尔沁左翼后旗为例[J].地理科学,32(4):442-449.

祝元丽,2021.东北低山丘陵区土壤侵蚀格局及其对土地利用变化的响应研究[D].长春:吉林大学.

BEYER R M,HUA F Y,MARTIN P A,et al.,2022.Relocating croplands could drastically reduce the environmental impacts of global food production[J].Communications earth & environment,3:49.

7 东北低山丘陵区黑土退化防治的对策和建议

7.1 行政和法律的保障作用

《中华人民共和国黑土地保护法》的实施是我国黑土资源保护史上的一座里程碑,它标志着国家对于这一宝贵资源的高度重视,也为黑土退化防治提供了法律保障。在黑土资源保护政策的发展历程中,经历了"萌芽""建设""体系化""法治化"四个阶段,这一演进过程体现了对黑土资源保护意识的不断提升和制度建设的逐步完善(高佳 等,2024)。在《中华人民共和国黑土地保护法》中,有几项关键规定对黑土退化防治起到了重要的引导作用(林国栋 等,2023)。《中华人民共和国黑土地保护法》第九条规定:"国务院农业农村、水行政等主管部门会同四省区人民政府建立健全黑土地质量监测网络,加强对黑土地土壤性状、黑土层厚度、水蚀、风蚀等情况的常态化监测,建立黑土地质量动态变化数据库,并做好信息共享工作。"这项规定的实施有助于政府部门及时了解黑土地的变化状况,为采取相应的保护措施提供了科学依据。该法第十四条规定:"国家鼓励采取综合性措施,预防和治理水土流失,防止黑土地土壤侵蚀、土地沙化和盐渍化,改善和修复农田生态环境。"这一规定强调了综合治理的重要性,不仅要预防水土流失,还要防止土壤侵蚀、土地沙化和盐渍化等问题,为黑土退化防治提供了全面的方案。第十三条规定:"县级以上人民政府应当推广科学的耕作制度,采取以下措施提高黑土地质量。……(二)因地制宜推广免(少)耕、深松等保护性耕作技术,推广适宜的农业机械"。这条规定强调了因地制宜的原则,要根据不同地区的实际情况采取相应的保护措施,充分利用现代农业技术手段,提高黑土地的质量和生产力。然而,仅有法律条文是不够的,还需要各级政府和相关部门切实履行责任,贯彻执行《中华人民共和国黑土地保护法》的新要求。黑龙江、吉林、辽宁、内蒙古等四省区，作为黑土地保护的主要区域，需要加强政策落实力度，促进黑土地保护工作的持续发展。针对不同地区的具体情况，要细化保护目标方案，建立完善的政策奖罚机制，以激励和约束各级政府和农民的行为。因此，各级政府在制定黑土退化防治政策时应密切关注《中华人民共和国黑土地保护法》的相关规定，结合当地的实际情况，采取有效措施，保护好黑土资源，真正做到有法可依，有法必依。这不仅是对法律的尊重，也是对黑土地保护事业的责任担当。只有政府和社会各界通力合作，才能实现黑土退化防治的目标，让我国宝贵的黑土资源得到更好的保护和永续利用（尹祥 等，2022）。

7.2 技术措施的核心作用

因地制宜实施保护性耕作技术，是防止黑土退化的核心手段。通过保护性耕作能够有效防止人为因素造成的土壤侵蚀，同时能够提高土壤质量，提高作物产量。保护性耕作技术主要有免耕、条耕、秸秆覆盖垄作少耕技术以及覆盖耕作与垂直耕作等。各种保护性耕作技术介绍和优势见表 7-1（敖曼 等，2021）。保护性耕作技术在黑土退化防治的过程中取得了一定的成效。其中，以“梨树模式”为技术示范的保护性耕作方式得到了广泛的认可。推广保护性耕作技术是防止黑土退化、保护土壤资源、实现农业可持续发展的重要举措（秦猛 等，2023）。然而，尽管这一技术在一定程度上取得了成效，但在推广过程中仍然面临着一系列挑战和问题。部分地区存在着观念冲突的问题。由于不同地区的农民文化、生产习惯、经济水平不同，对保护性耕作技术的理解和认知也有所差异（李秀钰，2024）。一些农民可能更习惯于传统的耕作方式，对新技术持保守态度，甚至存在着误解和排斥。因此，相关部门需要加强宣传教育，增强农民对保护性耕作技术的认知和接受度，引导他们从实际利益出发，积极采纳新技术。推广体系效率不高是制约保护性耕作技术推广的另一大难题。当前，虽然各地纷纷成立了保护性耕作技术推广机构或组织，但由于推广模式不够灵活、推广方式不够多样化以及人员培训和指导不够到位等问题，导致推广效率低下。因此，有关部门应当加大对推广机构的培训和支持力度，建立更加完善的推广体系，提高推广效率。技术区域化创新不足也是一个值得关注的问题。由于不同地区的自然环境、农业生产条件存在差异，适用于某些地区的保护性耕作技术在其他地区可能并不适用，甚至会出现适得其反的情况。因此，推广保护性耕作技术需要结合当地的实际情况，进行技术的区域化创新，研发出适合本地农业生产的保护性耕作技术模式，从而更好地发挥其作用。

表 7-1 保护性耕作技术及其优势

<table>
<tr><th>保护性耕作技术</th><th>定义</th><th>优势</th></tr>
<tr><td>免耕技术</td><td>将作物残茬均匀覆盖地表，播种前不进行任何土壤耕作</td><td>减少风蚀、水蚀，增加水分下渗，蓄水抗旱；减少有机质的分解</td></tr>
<tr><td>条耕技术</td><td>在行间进行 10～20 cm 宽度的耕作，一般可通过深松培土的方式进行；作业后，行间形成一个 5～8 cm 高、10～20 cm 宽的小垄台</td><td>提高播种地温和播种质量</td></tr>
<tr><td>垄作技术</td><td>将秸秆或作物残茬放在垄沟，垄台简单扫茬平整处理后直接播种；在玉米等作物拔节期前，深松中耕培土、整理垄型</td><td>提高土温、改善排水性能</td></tr>
<tr><td>覆盖耕作</td><td>覆盖耕作指通过凿式犁、圆盘耙或者旋耕耙对土壤进行耕作，使部分秸秆混入土壤</td><td rowspan="2">均可实现大量秸秆下提高播种质量、一定程度提高地温</td></tr>
<tr><td>垂直耕作</td><td>利用波纹刀、圆盘刀等耕作机具严格顺着拖拉机行进的方向设置，使耕作部件垂直进入土壤，不进行水平方向的扰动</td></tr>
</table>

推行保护性耕作技术需要做到以下五点。① 相关部门需要统一思想和口径，坚定理念，因地制宜地推动保护性耕作技术在不同地区的推广。在风蚀、水蚀严重的地区，应当加大技术推广力度，保护黑土资源使其减轻或不再退化。② 推广人员的技术水平需要达到一定水平，推广示范技术的到位率和示范效果应该较高。推广人员应该对技术了如指掌，并且具备良好的沟通能力和示范能力，能够将保护性耕作技术生动地展示给农户，激发农户的学习热情。③ 需要保证技术推广人才和资金的充足。推广人员应该受到足够的培训和支持，技术专家应该有更大的用武之地。同时，政府部门应该加大对保护性耕作技术推广的资金支持，确保推广工作能够顺利进行。④ 为了更好地推广保护性耕作技术，还需要将技术模式的适宜应用区域细致化。不同地区的农业生产条件不同，适合的技术模式也会有所差异。因此，需要针对每个县、每个乡镇，甚至每个村庄，制定相应的技术推广方案，建立高标准的示范田，从而推进保护性耕作技术快速、正确推广。⑤ 保护性

耕作技术不仅是一种土壤耕作方法，还可以与品种选择、种植密度、施肥方式、病虫草害防治、收获方式等其他农业生产环节相结合，形成综合生产技术体系。因此，需要集合农机、农艺、土肥、植保等多学科专家人才，共同研究保护性耕作综合生产技术体系，为推广部门提供系统的解决方案。

积极推进各种工程措施，防治黑土退化。通过实施各类工程措施可以有效地保护黑土资源，减少土壤侵蚀和流失，防止黑土层的退化，维护土壤的肥沃度（温磊磊 等，2023）。工程措施能通过改善土壤的物理性质、化学性质和生物性质，促进土壤结构的稳定，增加土壤的有机质含量，提高土壤的保水保肥能力，有利于农作物的生长发育。在增强土壤的抗风蚀和抗水蚀能力的同时，减少水土流失，保持土壤的稳定性，维护农田生态系统健康运行。因此，工程措施对于黑土退化防治至关重要。水土保持工程是其中一项重要措施，通过修建梯田、沟渠、坎培、护坡等工程，可以有效减少水土流失的发生。梯田的修建可以减缓水流速度，使水土有机会渗入土壤，降低水土流失的可能性；沟渠和坎塘的建设能够引导雨水，避免径流对土壤的侵蚀，进而保护黑土资源。此外，护坡工程可以稳固土壤，防止坡面的崩塌，降低土壤流失的程度。水源涵养与人工增雨工程是重要的防治措施之一。通过修建水库、塘坝、水窖等水利工程，可以增加地下水位，提高土壤的含雨量，从而有利于黑土的保湿和保水。人工增雨工程则可以通过技术手段增加降雨量，改善水文条件，进而减少水土流失的发生，保护黑土资源的完整性。土壤改良与施肥工程也是黑土退化防治的重要举措之一。通过添加有机肥料、矿物质肥料等，可以改善土壤结构，增加土壤肥力，促进植物生长，从而保护和改良黑土。有机肥料的施用可以增加土壤的有机质含量，改善土壤通透性和保水能力，有助于黑土的保持和更新。矿物质肥料则可以为植物提供必要的营养元素，增加作物产量，从而减少土地的耕作频率，降低土壤侵蚀的风险。农田防护林建设是另一项重要的工程措施。通过在农田周边建设防护林带，可以有效稳固土壤，减少水土流失的发生。防护林带可以起到拦截风沙、抑制风速的作用，减少风蚀对土壤的侵蚀。同时，防护林带的植被覆盖还可以减少雨水的冲刷，保护土壤的完整性，防止土壤退化。此外，防护林带的树木还能吸收大量二氧化碳，提高空气质量，提高生态环境的稳定性。这些工程措施相互配合，综合施策，可以有效地防治黑土退化，保护黑土资源，维护生态环境的稳定。

国家水土保持与生态工程要引领黑土退化防治项目。东北地区作为国家的重要商品粮基地,为国家的粮食安全作出了巨大贡献。高强度过度利用土地是导致水土流失加剧的根源,因此,黑土区水土保持生态建设亟须国家工程项目的引领。由于东北地区的农户、乡村乃至县市层面经济实力有限,缺乏足够的资金进行大规模的水土保持和生态治理。因此,建议国家加大对黑土区的财政支持力度,投入专项资金用于水土保持与生态补偿(张兴义 等,2020)。这不仅可以减轻地方政府和农户的负担,也能确保治理工作的顺利开展。设立专项资金,用于黑土区的水土保持与生态建设。该资金应包括多种用途,例如项目规划、技术研发、设备采购、工程实施、农户补贴等,确保资金的全面覆盖和有效使用。根据黑土区的实际情况,制定不同层级的财政扶持政策。对经济条件较差的乡村和县市,提供更高比例的财政补贴和支持,确保这些地区能够顺利实施水土保持项目。除了财政支持外,还可以通过多种金融渠道筹措资金,例如发行绿色债券、吸引社会资本、设立生态基金等,增加资金来源,支持黑土区的生态建设。国家、省、市、县各级政府应加强协作,建立资金统筹机制,确保资金使用得透明和高效。各级政府应共同参与项目的规划、执行和监督,形成合力,确保治理效果。

为了激发土地使用者的积极性和主动性,应大力推行“以奖代补”政策。通过这种政策,将治理责任与利益直接挂钩,谁治理谁受益(陈明波,2017)。具体措施包括财政奖励、补贴机制、技术支持和培训、政策保障、社会参与机制等。财政奖励,根据治理成效给予财政奖励。对治理效果显著的土地使用者,政府应给予直接的财政奖励,鼓励他们持续投入治理工作。这不仅能够激励土地使用者的积极性,还能形成良好的示范效应,带动更多人参与。补贴机制,对参与治理的农户和土地使用者进行补贴。补贴项目包括种子、肥料、农药等生产资料的补贴以及机械设备的购置补贴,降低农户的生产成本,提高治理的经济效益。技术支持和培训,提供技术支持和培训,帮助农户掌握先进的水土保持技术,提高治理效果。政府可以组织农业专家和技术人员深入农村,开展技术指导和培训,推广保护性耕作、轮作间作、植被覆盖等科学技术,提高治理水平。政策保障,制定和完善相关法律法规,保障土地使用者的权益。政府应出台一系列政策措施,例如土地承包权保障、农田水利设施维护、生态补偿机制等,确保土地使用者在治理过程中和治理后能够持续受益。社会参与机制,建立社会参与机制,鼓励企业、非政府组织和公众参与黑土区的水土保持和生态建设。通过多方参与，形成社会合力，共同推动黑土区的生态治理和保护。只有政府、科研机构、农民等多方共同合作，共同努力，才能实现黑土退化防治目标，保护好我国宝贵的黑土资源。

7.3 科技创新的支撑作用

在黑土退化防治中，充分发挥科技创新的支撑作用至关重要。科技创新不仅可以提供有效的技术手段和解决方案，还能够为黑土保护和治理提供科学依据和可持续发展路径（王志刚，2021；杨建雨 等，2023）。因此，加强科技创新在黑土退化防治中的应用，对于保护黑土资源、维护生态环境、促进农业可持续发展具有重要意义。科技创新为黑土退化防治提供了先进的技术手段（姜明 等，2021）。通过研发和应用新型的土壤改良剂、植物生长调节剂、土壤保水剂等，可以有效改善土壤质地，提高土壤肥力，减缓土壤退化的速度。同时，利用遥感技术、地理信息系统等现代技术手段，可以实现对黑土资源的动态监测和管理，及时发现土地退化的迹象，为科学施策提供数据支持。利用遥感技术对黑土地的退化进行实时监测和分析，卫星遥感技术能够覆盖广阔的地域，实现对大范围黑土地的监测。通过卫星遥感数据，可以获取全球范围内的土地覆盖信息，对黑土地的分布、面积、变化趋势等进行全面、及时掌握。这种全球视角可以帮助决策者更好地了解黑土地的整体状况，及时调整保护和治理策略。航空遥感技术具有更高的空间分辨率，能够提供更为详细的土地信息。通过航空遥感，可以获取高清晰度的土地影像，捕捉到土地利用的微观变化。这种高分辨率的数据有助于深入了解黑土地的局部特征，识别植被覆盖状况、土壤质地等细节信息，为制定针对性的保护措施提供更精准的依据。利用地理信息系统（GIS）技术结合遥感技术可以实现对黑土地的空间分析和可视化（李发鹏 等，2006；于磊 等，2007）。GIS 可以将遥感数据与其他空间数据进行整合，进行多维度、多角度的分析。通过 GIS，可以对黑土地的空间分布、土地利用变化趋势等进行可视化展示，为决策者提供直观、清晰的信息呈现，帮助其更好地制定保护和治理方案。统计学和机器学习等方法能够从遥感数据中挖掘出隐藏在背后的规律和关联。通过数据分析，可以识别出影响黑土地退化的主要因素，分析其空间分布和影响程度。这种基于数据的分析方法有助于更加全面地了解黑土地的退化机制，有针对性地制定相应的保护和治理策略。大数据分析技术的应用为黑土地保护提供了新的思路和手段。大数据分析能够处理海量的地理空间数据，揭示土地利用变化的时空模式和趋势（李之超 等，2023）。通过大数据分析，可以发现土地利用变化的规律性，预测黑土地退化的趋势，及时调整保护措施，最大限度地减缓黑土地的退化速度。利用遥感技术和相关科技手段对黑土地的保护和治理具有重要意义。随着技术的不断创新和应用水平的提升，相信科技创新将为黑土地保护工作提供更多的支持和帮助，促进黑土地资源的可持续利用和生态环境的持续改善。

通过加强科研院所和高校的研究力量，培养和引进一批土壤学、农业工程、生态环境等领域的专业人才，不断提升黑土退化防治的技术水平和管理能力。科研院所和高校在黑土退化防治领域的研究力量需要不断增强。这些机构应当加大对黑土退化机理、水土保持技术、生态修复方法等方面的研究力度，深入挖掘黑土地保护的科学内涵，探索解决黑土退化问题的有效途径和方法；同时，还应该加强跨学科、跨部门的合作研究，形成多方合力，共同应对黑土退化面临的挑战。科研机构需要积极培养和引进相关领域的专业人才。这些人才应具备扎实的理论基础和丰富的实践经验，能够独立开展黑土退化防治的科研和技术攻关工作。同时，应加强人才队伍的交流与合作，促进经验和技术的共享和传承，形成人才培养和科研创新的良性循环。只有不断提升技术水平、培养人才队伍、加强科研成果的转化和推广，才能更好地应对黑土退化面临的挑战，实现黑土地的可持续利用和保护。因此，有关部门和科研机构应加强合作，共同推动黑土退化防治工作取得新的突破和进展。

通过打造科技示范园区，进一步强化科技成果的转化、推广和应用，实现黑土防治措施的全面推广（葛全胜 等，2021）。水土保持科技示范园和生态文明工程作为新时代水土保持宣传示范工作的重要载体和抓手，应该发挥更大的作用。建设高质量的水土保持科技示范园至关重要。这些示范园应当因地制宜、内容丰富，涵盖不同地区的特色和需求。通过在示范园中展示先进的水土保持技术和模式，可以为当地农民和管理者提供直观、实用的参考。参观者可以通过亲身体验和观察，了解不同技术的优缺点，学习到操作方法和注意事项，从而提升他们的水土保持意识和实践能力。同时，示范园还可以成为技术推广和培训的平台，定期举办培训班、讲座和交流会，促进技术的传播和交流，推动水土保持工作的全面开展。示范园的内容应包含多种水土保持技术和模式，涵盖植被恢复、土壤保护、水资源管理等方面。例如，可以在示范园中设置多个展示区，分别展示不同的水土保持工程和技术，例如梯田工程、沟渠治理、护坡种植等，让参观者全面了解各种技术的应用效果和操作方法。创建一批特色突出、成效显著的高水平水土保持示范工程对于推动水土保持工作的开展至关重要。这些示范工程应该覆盖水土保持治理、生态修复、农田防护林建设等多个方面，旨在通过实地示范验证，证明技术的可行性和效果，为更广泛的应用提供示范和借鉴。这些示范工程的选择应考虑到地区的水土保持需求和特点。针对不同地区的水土流失情况和生态环境问题，选择具有代表性的示范工程项目。例如，在水土流失严重的山区，可以选择开展沟壑治理和植被恢复示范工程；在平原地区，可以重点打造农田防护林示范工程。示范工程的建设应注重技术创新和效果评估。在建设过程中，要采用最新的水土保持技术和方法，注重创新和实用性。同时，要对示范工程的建设效果进行全面评估，包括水土保持效果、生态环境效益和经济社会效益等方面，确保项目达到预期的效果。示范工程的成果应及时进行推广和应用。通过举办观摩会、技术培训和经验交流等活动，向周边地区和相关部门介绍示范工程的建设经验和成果，促进技术的推广应用。同时，要加强对示范工程的管理和运营，确保项目长期稳定运行，发挥示范引领作用。此外，要更好地发挥示范园和示范工程的示范、引领和辐射作用。通过组织考察、培训、交流等活动，引导更多的地方政府和农户学习借鉴先进经验，推动技术的推广应用。同时，要注重在示范工程中总结经验、提炼模式，形成可复制、可推广的经验做法，为水土保持工作的长期推进提供有益借鉴。总的来说，加强水土保持科技示范园和生态文明工程的建设和运营，是提高东北黑土区水土保持工作质量和效益的重要举措。通过充分发挥示范效应，促进技术创新和模式推广，将有助于营造黑土地水土资源保护与可持续利用更加良好的社会氛围。

深入理论研究对于黑土退化机制和水土保持措施的探索至关重要，理论探索为理解和应对黑土地保护与治理提供了坚实的理论基础和指导（韩晓增 等，2021）。针对黑土退化机制的研究能够帮助全面了解黑土地退化的过程和原因。黑土地的退化是一个复杂的过程，受到自然因素和人类活动的共同影响。通过深入研究，可以探究自然因素例如气候变化、水土流失、植被覆盖变化等对黑土地的影响机制以及人类活动如过度开垦、不合理的农业管理等对黑土退化的影响(韩晓增 等，2018)。另外，关于水土保持措施对土壤碳、氮、微生物及水文过程的影响和调控机理也需要进一步研究。这些因素不仅与土壤侵蚀密切相关，还对土壤质量、生态系统功能等方面产生重要影响。针对长缓起伏地形下的土壤侵蚀、搬运、沉积过程以及水土流失与河湖水沙关系等问题，也需要持续加强研究。这些问题涉及地形、水文、土壤等多个方面的复杂交互作用，对于有效防治水土流失具有重要意义。因此，需要通过实地观测、模拟试验等手段，深入研究长缓起伏地形下水土流失的特点和规律，为制定针对性的防治策略提供科学依据。这种深入理论研究可以帮助更准确地把握黑土退化的规律和趋势，为有效防治黑土退化提供理论支持。加强对理论研究有助于提高水土保持措施的科学性和实效性。水土保持措施是防止黑土退化的重要手段，包括梯田建设、护坡种植、沟渠治理等。通过深入理论研究，可以探索这些措施的内在机理和作用原理，了解其对土壤保护和生态恢复的实际效果。例如，深入研究梯田工程在水土保持中的作用机制，可以帮助设计出更科学、更有效的梯田结构和布局方式，提高梯田的抗洪抗旱能力，减缓土地退化速度。这种理论研究还能够推动水土保持技术的创新和进步，为黑土地保护工作提供更为可靠的技术支撑。此外，深入理论研究也是推动黑土地保护与治理工作的长远发展的关键。通过理论研究，可以不断深化对黑土地保护的认识，发现问题的根源和症结所在，提出更系统、更科学的解决方案。例如，通过对不同地区黑土地特点和退化机制的深入分析，可以制定出针对性更强、更具可操作性的保护策略和措施，实现保护工作的精准施策。这种理论研究还能够为黑土地保护工作提供前瞻性的思路和方法，为未来黑土地保护与治理工作的持续推进提供智力支持。综上，深入理论研究对于黑土地保护与治理至关重要，不仅是认识黑土退化机制和水土保持措施效果的基础，更是推动黑土地保护工作不断向前发展的关键动力。只有通过不断深化理论研究，加强对黑土地保护与治理的理论探索和实践探索，才能够更好地保护和利用这一宝贵的土地资源，实现黑土地保护工作的长远发展。

本章参考文献

敖曼，张旭东，关义新，2021.东北黑土保护性耕作技术的研究与实践[J].中国科学院院刊，36(10)：1203-1215.

陈明波，2017.吉林省黑土资源退化的成因及治理对策[D].长春：吉林农业大学.

高佳，朱耀辉，赵荣荣，2024.中国黑土地保护：政策演变、现实障碍与优化路径[J].东北大学学报(社会科学版)，26(1)：82-89.

葛全胜，王介勇，朱会义，2021.统筹推进黑土地保护与乡村振兴：内在逻辑、主要路径及政策建议[J].中国科学院院刊，36(10)：1175-1183.

韩晓增，李娜，2018.中国东北黑土地研究进展与展望[J].地理科学，38(7)：1032-1041.

韩晓增，邹文秀，杨帆，2021.东北黑土地保护利用取得的主要成绩、面临挑战与对策建议[J].中国科学院院刊，36(10)：1194-1202.

姜明，文亚，孙命，等，2021.用好养好黑土地的科技战略思考与实施路径：中国科学院"黑土粮仓"战略性先导科技专项的总体思路与实施方案[J].中国科学院院刊，36(10)：1146-1154.

李发鹏，李景玉，徐宗学，2006.东北黑土区土壤退化及水土流失研究现状[J].水土保持研究，13(3)：50-54.

李秀钰，2024.突泉县保护性耕作技术推广现状及问题分析[J].中国农机装备(2)：110-112.

李之超，廖晓勇，姚启星，等，2023.基于"大数据＋人工智能"科研范式的黑土地保护与利用智能决策[J].数据与计算发展前沿，5(3)：39-48.

林国栋，吕晓，牛善栋，2023."政策路径-政策工具-政策评价"框架下的中国黑土地保护政策文本分析[J].资源科学，45(5)：900-912.

秦猛，董全中，薛红，等，2023.我国保护性耕作的研究进展[J].河南农业科学，52(7)：1-11.

王志刚，2021.充分发挥科技创新在保护利用黑土地中的关键支撑作用[J].中国科学院院刊，36(10)：1127-1132.

温磊磊，许海超，秦伟，等，2023.东北黑土区水土保持重点工程措施保存现状及其问题[J]. 水土保持通报,43(1):417-423.

杨建雨,王永亮,苟鹏飞,等,2023. 东北黑土地退化的原因及保护策略[J]. 现代农业研究,29(12):148-150.

尹祥,袁伟,2022. 我国立法保护东北黑土地[J]. 生态经济,38(9):9-12.

于磊,张柏,2007. 基于 GIS 的黑土区农业地球化学环境质量综合评价研究[J]. 水土保持研究,14(6):446-448.

张兴义,刘晓冰,2020. 中国黑土研究的热点问题及水土流失防治对策[J]. 水土保持通报,40(4):340-344.